# 快速城镇化地区乡村景观服务时空分异与可持续性管理研究

曹 宇 著

ZHEJIANG UNIVERSITY PRESS
浙江大学出版社

图书在版编目(CIP)数据

快速城镇化地区乡村景观服务时空分异与可持续性管理
研究/曹宇著. —杭州:浙江大学出版社,2020.9
ISBN 978-7-308-20600-6

Ⅰ.①快… Ⅱ.①曹… Ⅲ.①乡村-景观规划-研究-中国
Ⅳ.①TU982.29

中国版本图书馆 CIP 数据核字(2020)第 176512 号

## 快速城镇化地区乡村景观服务
## 时空分异与可持续性管理研究

曹 宇 著

| | | |
|---|---|---|
| 责任编辑 | 潘晶晶 | |
| 责任校对 | 金佩雯 | |
| 封面设计 | 周 灵 | |
| 出版发行 | 浙江大学出版社 | |
| | (杭州市天目山路 148 号 邮政编码 310007) | |
| | (网址:http://www.zjupress.com) | |
| 排 版 | 杭州朝曦图文设计有限公司 | |
| 印 刷 | 浙江省邮电印刷股份有限公司 | |
| 开 本 | 710mm×1000mm 1/16 | |
| 印 张 | 17.75 | |
| 字 数 | 350 千 | |
| 版 印 次 | 2020 年 9 月第 1 版 2020 年 9 月第 1 次印刷 | |
| 书 号 | ISBN 978-7-308-20600-6 | |
| 定 价 | 98.00 元 | |

审图号:浙杭 S(2020)040 号

# 前　言

　　生态系统服务研究自 20 世纪 60 年代发展至今,日趋成为资源环境领域的研究热点和前沿。作为与人类福祉密切相关的新兴交叉学科方向,生态系统服务的基本概念、基础理论、研究方法及技术手段得到了不断的发展和完善,然而传统的以自然生态系统为研究对象、以单一生态系统类型为研究尺度的研究范式,在探索和指导人类经济与社会活动的科学决策与应用实践中表现出了一定程度上的研究局限。景观是由不同自然生态系统和社会生态系统所构成的地域综合体,景观尺度则成了探究人类活动与自然环境相互作用关系的最合适尺度。因此,近年来,随着景观服务理念越来越多地被学界所关注,景观服务研究日趋成为该领域新的学科增长点及未来重要的学科发展方向。而可持续性科学作为横跨自然科学与社会科学的重要交叉融合学科,探索基于景观服务的社会经济可持续发展路径及管理策略,已然成了资源环境管理领域从基础研究跨向决策实践的重要课题。

　　乡村景观是典型的人与自然相互作用的产物,兼具自然生态、人文文化、美学价值等多功能特性。自 20 世纪 80 年代以来,我国广大乡村地区发生了翻天覆地的改变,尤其在经济、社会发展水平较高的地区,快速的工业化和城镇化进程急剧地影响着区域性乡村景观空间格局及生态系统服务功能的形成、发展和时空演变过程。乡村景观的可持续发展问题已成为我国政府持续关注的农业、农村、农民(以下简称"三农")问题中重大的国家战略问题,尤其是党的十九大以来,我国提出的乡村振兴战略,更是为解决好乡村地区的"三农"问题、建设好美丽乡村奠定了坚实的制度与政策保障。

　　鉴于此,本书围绕乡村景观服务与景观可持续性管理主题,探索了我国快速城镇化地区乡村的可持续发展实施路径及管理策略,以期能够为提升我国乡村的可持续性管理水平、维持区域生态安全体系、实现乡村振兴战略提供科学决策依据。本书内容共分 9 章:第 1 章为绪论,主要介绍研究的背景意义、相关基本概念及国内外研究进展;第 2 章属于理论架构内容,通过对相关重要基础理论的梳理和总结,明确景观格局-服务-可持续性的理论逻辑,阐释快速城镇化地区乡村景观可持续性内涵,构建了本项研究的理论分析框架;第 3 章介绍了研究区的基本概况、数据来源及相关数据预处理工作,明确了研究内容、研究方法和技术路线;第4章在构建乡村景观分类体系的基础上,分别从全域和村级尺度分析了近年来研究区乡村景观格局的时空动态变化特征;第5章划分了乡村景观功能及乡村景观服务的类别,提出和构建了各类景观服务评估方法体系及乡村景观服务综合评估模型,探讨了各乡村景观服务能力时空变化特征及分异规律,阐释了乡村景观格局演变与景观服务能力的相互作用关系;第6章从时间、空间、供需维度构建景观可持续性"三维魔方"评估模型,明晰研究区乡村景观服务能力在时间、空间及供需关系匹配上的可持续性表征,实现基于"三维魔方"评估模型的乡村景观可持续能力测度,揭示基于村级尺度上乡村景观综合可持续能力的地域分异特征;第7章从客观福祉和主观福祉两大视角刻画人类福祉内涵,剖析典型乡村的人类福祉水平及其表现特征,揭示乡村景观服务-景观可持续性-人类福祉间的相互关系;第8章通过乡村景观服务簇聚类分析,实现乡村景观主导功能类型分区,明确乡村景观可持续性管理路径,探索快速城镇化背景下的乡村景观可持续发展策略及政策建议;第9章是本书的重要结论及对未来研究发展趋势的展望。

本书得到了浙江省自然科学基金项目(LY19D010012)、浙江大学重大基础理论研究专项项目(中央高校基本科研业务费专项资金)、浙江大学文科教师教学科研发展专项项目的支持。同时,本书的成稿从野外调研、资料搜集、数据整理到文本编辑等工作,均离不开课题组王嘉怡、曹宇(女)、方晓倩、李国煜、包家豪、滕治良、刘永杰、陈清清、邹杰等博(硕)士研究生的共同努力,也感谢童菊儿教授和汪晖教授给予本书的宝贵建议和大力支持。囿于著者水平和能力,书中很多拙见仅为一家之言,某些观点或许稍显稚嫩,部分研究结果亦非尽善尽美,难免存在诸多不当、甚至是错漏之处,还望各位同仁和读者多多包容、批评指正。

本书可供从事土地科学、资源环境科学、生态学、地理学、管理学等研究领域的教学与科研人员及自然资源管理、国土空间规划、国土空间生态修复、国土综合整治、城市发展与管理、农业农村发展等相关职能部门的管理人员参考,也可作为自然资源管理、土地科学、环境科学、资源科学、生态科学、地理科学、公共管理学等高年级本科生及硕士/博士研究生教材。

学无止境,研无止境!路漫漫其修远兮,吾辈当上下而求索!

著　者
二〇二〇年仲夏
于浙江大学紫金港校区

# 目　录

# 第1章 绪论

在人类活动的持续影响下,地球上的各类景观均在不断地发生着变化。其中,在快速城镇化发展进程中,城市景观一直受到人们的广泛关注,但也需要注意到乡村景观的悄然变化。对于一个地区而言,城市虽是区域社会经济发展的心脏,但其发展却难以离开广袤的乡村景观,因为乡村景观所具有的很多功能是城市所不能替代的,而这对区域的可持续发展至关重要。因此,如何构建一个系统的评估框架,以促进乡村景观可持续发展,变得愈发重要。基于此,本章首先提出本研究的背景和意义,继而对本研究所涉及的"乡村景观""景观服务""景观可持续性""人类福祉"等关键概念进行界定和阐释,在此基础上,回顾国内外土地利用/土地覆被变化与生态系统服务研究的相关成果,进而系统梳理本研究的重点内容"景观服务、景观可持续性、乡村可持续性及人类福祉"的相关研究进展,为构建本研究的理论框架奠定基础。

## 1.1　研究背景及意义

### 1.1.1　研究背景

20世纪以来,世界人口的增加、社会经济的发展及科学技术的进步,使得人类对地球生物圈的影响强度越来越大,人类活动已成为地球上现存各种景观变化的主要驱动力,甚至正在成为一种超越自然的力量(Crutzen,2002;Fraser et al.,2003;Foley et al.,2005;Turner,2010;McCluney et al.,2014)。近70年来,在全球快速工业化与城镇化进程下,人类活动对地球系统作用的规模和频度均产生急剧变化,人类改变自然生态系统的速度超过了人类历史上任何一个时期,人类施加于地球系统的各种压力导致当前地球表面77%以上的土地(不包括南极洲)和87%的海洋发生改变(Watson et al.,2018)。在越来越强烈的人类活动干扰下,各种环境污染、能源浪费、生态系统服务功能退化与损耗日益严重,地球生命多样性严重丧失,地球最后的完整自然生态系统已所剩无几(MEA,2005;Costanza et al.,2014;Sannigrahi et al.,2018;Watson et al.,2018;FAO,2019)。由于人类活动与自然环境的相互作用及人类对景观变化所产生的巨大影响,人类活动对景观演化的作用已被愈来愈多的学者重视。尤其近年来,"景观生态学的整合研究"更加强调用系统学的观点将人文系统与自然系统联系起来,将人类感知、价值观、文化传统及社会经济活动、土地利用政策与制度和景观生态学相结合,多学科交叉研究。把人类活动整合到景观生态学研究中,是当前土地科学、生态学、地理学等资源环境科学和其他人文社会科学等相关领域研究者所面临的最大挑战之一,也是人地关系整合研究的重要研究领域和发展方向(陆大道,2002;Tress et al.,2005;Turner,2005;Wiens and Moss,2005;傅伯杰等,2008;Fu and Bruce,2013;Wu,2013a)。

作为地球生命支持系统的核心组成部分,生态系统为人类提供了各种必不可少的服务功能,为人类的生存与社会经济发展提供了基本的保障。生态系统服务是人类赖以生存和发展的资源与环境基础(欧阳志云等,1999;MEA,2005;傅伯杰等,2012;李双成等,2018)。生态系统服务是当前国际资源环境科学研究领域的前沿和热点。一直以来,学界围绕生态系统服务功能内涵、类型划分、价值评估等方面已开展了大量研究,其主要关注各生态组成要素的服务功能或价值(Costanza et al.,1997;Daily,1997;Costanza and Fraber,2002;MEA,2005;Bateman et al.,2013)。然而,若仅仅只是关注生态系统尺度上的服务功能,则会忽略更高尺度上生态组成要素的综合格局和整体服务。当前,对不同类型生态系统服务功能之间相互联系、动态变化及其驱动机制等方面的研究相对较少,尤其缺乏景观尺度上的生态系统服务功能探讨(Daily and Matson,2008;Carpenter et al.,2009;Steffen,2009;Mitchell et al.,2013;Hermann et al.,2014;Costanza et al.,2017)。

事实上,对于特定区域、不同类型生态系统而言,面积大小、空间结构存在差异,其与相邻生态系统的组成及空间配置不同,其空间整体性的生态服务功能也存在区域差异。而景观和区域尺度则大于单个局地生态系统尺度,但远小于包含多个环境-经济-社会复合系统的大陆或全球尺度,是研究生态系统服务过程和机制最具操作性的空间尺度。因此,从综合格局的景观服务角度研究生态系统,能够有效阐释人类活动空间分布对生态组成要素的综合格局和过程的影响,将生态系统服务的概念转化到景观尺度上,使其能够关联到景观格局与过程、功能与价值中,这将有助于形成一种全景式、多维度和多尺度的视角,更加全面、客观地评估景观系统,以最终在具有不确定的内部动态和外部干扰情况下,探寻能够促进生态系统服务和人类福祉长期维系和改善的最优景观与区域空间格局(Hermann et al.,2011)。因此,适时开展景观服务体系构建、景观服务能力评估及景观可持续性管理等方面的研究,已然成为国际上越来越多学者的研究共识和热点(Kates,2001;Daily et al.,2009;Nelson et al.,2009;Termorshuizen and Opdam，2009；傅伯杰等，2009；de Groot et al.，2010；Price，2010；van der Heider and Heijman，2013；刘文平和宇振荣，2013；Wu，2013b；邬建国等，2014；宋章健等，2015；Cumming and Epstein，2020；Liao et al.，2020）。

乡村景观作为典型的人类活动与自然生态系统之间频繁相互作用而形成的自然-半自然、人工-半人工的复合景观类型及乡村地域综合体，向来属于人类最重要的生存环境之一。其不仅具有各种类型的森林、草地、湿地、灌丛等自然景观生态系统，还拥有规模庞大的、人类赖以生存的半自然生态系统——农田生态系统，除此之外，乡村景观还包含村落、居民点、道路交通、灌溉水渠及各种农业基础服务设施等人工用地类型。因此，乡村景观生态系统同样具备自然生态系统服务的物质与原材料生产、洪水调蓄、水源涵养、土壤保持、生物多样性保护等各种生态功能，并兼具重要的经济、社会、人文、娱乐等文化价值与美学价值叠加的多重、复合功能内涵，其在维持区域乃至全球生态系统平衡、自然生态环境稳定、社会经济发展及人类生存环境等方面发挥着巨大的作用。以乡村景观为对象，针对乡村景观空间格局、时空动态、空间分异、服务功能、可持续性及其与人类社会、经济活动过程相互作用关系的研究，亦已成为土地科学、地理学、生态学等资源环境科学及其他人文社会科学领域的研究热点和前沿（Gulickx et al.，2013；刘彦随等，2019；葛韵宇和李方正，2020；贺艳华等，2020）。

### 1.1.2 研究意义

我国地域辽阔，拥有面积巨大、景观类型丰富、区域分异显著的乡村地域空间，是农业大国。农业、农村、农民（以下简称"三农"）问题一直属于我国政府持续关注的重大国家发展战略问题，解决和处理好"三农"问题关系国民素质、经济发展、社会稳定、国家富强及城乡可持续发展。自1978年我国实行改革开放政策以来，中国经济社会取得了长足的发展，乡村地区的综合发展也取得了令人瞩目的不凡成就。尤其是党的十九大以来，我国提出了乡村振兴战略，更是为解决好乡村地区的"三农"问题、建设美丽乡村建立了完善的制度与政策。然而，随着现代工业化与城镇化的迅猛发展，世界各地、不同地域的乡村景观空间结构、文化内涵及精神实质等均受到了较大影响，多数在一定程度上发生着改变、退化甚至消亡，乡村景观可持续性面临的形势十分严峻。乡村景观发生改变的最显著标志是由于土地利用/土地覆被变化（land use and land cover change，LUCC）造成的乡村景观各组成要素、不同生态系统类型及景观空间格局的时空变化过程。同时，乡村景观格局的时空演变必然会带来显著的区域生态效应及相关的社会经济响应，对乡村生物多样性、温室气体排放、生态系统服务功能（湿地水文过程等)、乡村社会经济发展、乡村居民福祉均会产生深刻影响,进而影响乡村的可持续发展。

我国的东南沿海地区属于中国经济发展水平最高、社会各项事业进步最快的典型区域之一。近几十年来,以杭州市为代表的大都市化地区的农业化、工业化及城镇化进程的快速发展,使得该区域乡村景观与城市景观之间的相互作用关系尤为剧烈,乡村地区土地利用/土地覆被变化显著,尤其是进入 21 世纪后,地方政府陆续颁布实施的《浙江省环杭州湾产业带发展规划》《环杭州湾地区城市群空间发展战略规划》等一系列区域发展与产业经济政策,将会给杭州都市化地区的乡村发展带来何种社会、经济及生态的影响没有明确答案。随着《浙江省乡村振兴战略规划(2018—2022 年)》《浙江乡村振兴发展报告(2018)》及《杭州市乡村振兴战略规划(2018—2022 年)》的出台,选取杭州都市化地区乡村景观为研究对象,立足于乡村振兴战略的宏观背景,基于土地科学、景观生态学、生态经济学、可持续性科学及管理学等基础理论,综合运用空间分析、景观格局、地统计学及空间计量等方法,系统梳理乡村景观、景观服务、景观可持续性等基本概念和内涵,全面分析杭州市乡村地区近年来的景观演变特征,深刻剖析乡村景观服务的时空分异规律,进而在实现乡村景观可持续性测度的基础之上,探究杭州都市化地区乡村景观服务-景观可持续性-人类福祉之间的相互作用机制,提出乡村景观可持续性管理策略及政策建议,具有重要的科学研究意义和战略实践价值。研究成果不仅可以为乡村地区景观生态学、生态系统服务功能及可持续性科学等研究领域提供有益的学术探索,而且可在实践上为实现区域乡村振兴战略、提升乡村景观可持续性管理水平、维持区域生态安全体系和社会经济可持续发展提供科学理论借鉴和决策参考依据。

## 1.2　相关概念

乡村景观、景观服务、景观可持续性、人类福祉等关键词均属于本研究的重点研究对象和主要研究内容,本节将分别对上述关键词的基本概念及其重要内涵进行界定及探讨。

### 1.2.1　乡村景观

景观与人类的生活密不可分,作为景观生态学研究的对象和基本概念,人们对于景观的内涵认知具有不同的理解。景观承载着各种物质资源,这些物质资源具有经济、生态、美学、社会、文化等功能。景观可以发挥出自身的功能服务于人类,同时人类也可以根据自身需要改造景观。因此,景观可以被认为是人与大自然交互而成的一个载体,它承载着人类活动的历史,包括自然的和社会的历史印迹。景观的自然属性体现为一个自然地理综合体。在生态学领域中,景观生态学家将景观界定为几十至几百公里的空间范围、数年至上百年的时间序列内,由不同生态系统类型所组成的异质性地理单元(Forman and Godron,1986)。而俞孔坚(2002)则将景观视为"自然过程与人类社会过程在土地上的烙印,是人与自然、人与人的关系及人类理想与追求在大地上的投影",这诠释了景观同时兼具重要的社会与文化属性。

乡村景观(rural landscapes)有别于城市景观(urban landscapes),城市景观的主体是建筑物和道路,同时也拥有一些绿地、水体等自然要素,是人们生活和工作集聚的场所。乡村景观与城市景观有着显著的差别,乡村地区的景观类型及其具备的功能更为丰富、多样且复杂,包含村庄、湿地、农田、草地、森林等多种自然和人文要素,是自然性生态景观、农业生产性景观与乡村生活聚落景观共同组成的一个地域综合体。不同地域的乡村景观类型差异明显,且体现出的功能也不尽相同,与乡村的经济、社会、习俗、文化、审美、精神等因素联系紧密。此外,乡村景观与城市景观的最大区别还体现在其蕴含着丰富的自然资源,同时在社会属性层面也承载着乡村人民对所生活的乡村空间的历史文化和精神寄托。乡村景观的多样性在很大程度上是生活在该乡村聚落的人们世世代代与自然环境交互的结果,人地相互作用关系更为密切,乡村景观也不断地将其生态、经济、文化等功能反哺于乡村人民。因此,乡村景观实质上是一个"人地交互"的场所,是乡村地区人类与自然环境连续不断相互作用的产物。人类为了生存、生活需要对其所处的乡村景观进行适应或者改造,通过对自然景观中的各种自然资源的索取延续人类繁衍生息所需要的必需物质或环境条件,从而造就了别具一格的乡村景观。

### 1.2.2  景观服务

(1)景观服务的概念

景观服务(landscape services)的概念早在 2009 年便由 Termorshuizen 和 Opdam(2009)明确提出,初衷是将景观科学和生态科学运用于可持续发展。景观作为人类生活的物质载体,必然具有服务于人类的多重功能或者价值。例如,景观可以直接提供给人们最直观的视觉感受,具有美学价值;景观也可以作为一种资源生产出人类所需要的各类物质产品,具有经济价值;同时,景观本身作为生态系统的聚合体,还具有不易被人类感知,但又极为重要的生态价值。景观价值的衡量主要基于景观功能(landscape function);景观功能是景观格局(landscape pattern)之间、景观格局与景观中各种生态学过程(ecological process)之间彼此相互作用、相互影响、相互制约的结果;而景观格局是自然过程与人类活动的本底。在景观功能作用于人类时,则体现为景观服务。简单地理解,景观服务是景观基于自身的格局和过程呈现出来的、并被人们所接受的服务。

景观服务的内涵可以从以下几个方面来理解:

首先,景观既然是人类生活的载体,必然具有空间属性。在社会网络当中,不同的人之间的交流会形成社会关系、产生各种效应,空间中不同物质之间也存在交互作用。各景观要素在空间中表现为斑块、廊道和基质(patch-corridor-matrix)形态,它们的相互影响和作用会形成生态过程,且其交互作用的强度和效应在不同尺度中表现不同。因此,景观服务是建立在明确的空间维度之上的。景观服务的供给不仅取决于单个景观要素的特征,而且取决于景观要素之间的相互作用。

其次,景观服务是可持续科学与景观生态学不断发展过程中的产物。生态系统是维持人类世代生存的根本物质保障,可持续科学和景观生态学都十分关注生态系统对人类的服务价值。但是景观服务不仅强调景观的生态价值,而且也同样重视景观的社会、文化价值,具有生态系统服务之外更丰富的内涵。

再者,景观服务的概念离不开以人为本的理念,"服务"一词本身就有对人类需求而言所具备的某种功能且能够被人类所感知的含义,因此,景观服务同样也离不开人类对景观功能的感知。

(2)景观服务与生态系统服务的关系

生态系统服务(ecosystem services)的概念框架是随着地球自然生态系统在强烈人类活动的影响下不断发生改变和退化、持续遭受改造及损害,进而引起生态系统结构和功能面临严重威胁的背景下提出的。工业革命以来,全球环境与资源问题在经济高速发展的过程中逐渐凸显,日益增加的环境污染、生态破坏、资源枯竭、土地退化等问题严重威胁到了人类自身的生存与发展,社会经济发展的需要与生态环境保护的要求也引发了全球对于生态系统服务理念的重视。20世纪末,当人们意识到自然资源是人类生存的基础,对自然资源的破坏和盘剥正在一步步损害人类自身福祉的时候,生态系统服务功能表征出了自然生态系统赋予人类的效益,并得以将生态功能以经济价值评估的方式定量化呈现(de Groot,1992;Costanza et al.,1997;Daily,1997)。

最初的生态系统服务的概念将自然生态系统对人类福祉的作用相互关联在一起,例如,de Groot 等(2002)将生态系统服务功能界定为自然过程及其组成部分提供产品和服务从而满足人类直接或间接需求的能力,当生态系统功能被赋予了人类利用价值的内涵,其便演化成了生态系统产品和生态系统服务。

自 21 世纪初期以来,随着全球景观生态学研究领域的迅猛发展,国际上逐渐开始了对景观功能的关注,例如,《欧洲景观条约》《保护非物质文化遗产公约》等纷纷被提出。《欧洲景观条约》将景观定义为人类活动与自然地理空间相互作用的整体,这就意味着景观不仅是由非生物、生物组成的地理空间实体,而且还是人们能够感知到的环境(肖笃宁和曹宇,2000)。总之,人类自诞生之日起,一直在影响着景观,以使其适应人类自身生存、延续和发展的需求,与此同时,景观也反过来影响人类生活的环境,人类社会系统被整合在了整个自然生态系统当中。

近年来,生态系统服务一直是人们关注的重点,也是国内外学者研究的热点。然而,截至目前,生态系统服务及其相关研究成果的应用于政府决策、自然资源管理和规划实践领域仍比较薄弱,尤其是在景观规划、管理和设计中仍然存在许多挑战(de Groot et al.,2010),这主要由于生态系统服务功能往往只与单个生态系统或土地利用/土地覆被斑块有关。诸多的生态系统研究从生物与生态系统相互作用的物理-化学过程来评估生态系统功能,生态系统之间的空间相互作用关系及生态系统与人类之间的相互影响并未得到充分考虑。而景观的概念不仅具有综合性、整体性及跨学科的含义,景观尺度(landscape scale)也是与人类活动相互作用关系最为密切的空间和时间尺度。因此,Termorshuizen 和 Opdam(2009)认为,对于人类福祉和可持续发展而言,"景观服务"的概念比"生态系统服务"概念更为合适和贴切。一方面,景观服务考虑景观本身是生态系统的本底,景观要素在明确的不同空间配置和组合方式下具有不同的相互作用和相互影响效应(Almenar et al.,2018);另一方面,景观服务建立在人地耦合系统的基础上,尤为强调人类对服务的感知,更加关注空间格局和时空尺度的关系,其概念有助于理解人类活动的空间分布对景观结构与生态过程的影响,在决策者、实践者和科学家之间都更容易被接受和理解。

在景观服务评估中,往往需要考虑当地人们对生态系统服务的感知,更加关注生态系统的人类维度。此外,景观服务还应包含景观要素所能够提供的所有有形服务和无形服务,但生态系统服务评估中一些无形的社会和文化价值却往往被忽略或难以计量(邬振华和高峻,2015)。例如,景观服务更加重视文化服务,包括其所提供的精神、美学、教育、娱乐服务等。因此,相比传统生态学研究领域的生态系统服务,景观服务概念的提出为景观生态学与可持续发展研究提供了新的方向。同时,需要指出的是,景观不能被视为生态系统的替代概念,也不能被简单地视为一组生态系统的叠加,景观应当被看作是人类的空间生态系统,整合了景观概念中对生态、经济、社会、文化等多重因素的考量,它提供了人类所必需且广泛的服务功能。

### 1.2.3　景观可持续性

地球系统正在进入新纪元——人类世(the Anthropocene),其特征是人类活动已经对整个地球产生了深刻影响(Crutzen,2002)。伴随着经济社会的快速发展,人类的某些生产、生活方式注定是不可持续的。Lélé 和 Norgaard(1996)指出,可持续性是"在一定时期内保持某种功能不变的能力"。作为人与自然相互作用最为紧密的尺度,景观的构成和空间配置既深刻影响人类活动,又受人类活动影响。通常,基于大陆或全球尺度上的研究不能很好地使可持续性研究运用于地方政府决策,因此,景观和区域尺度成了研究可持续性过程和机制最具操作性的尺度(赵文武和房学宁,2014)。在景观尺度上,在空间明确的分布格局基础之上考虑人与环境的相互作用,将更有可能切实有效地将局地实践和全球的可持续性联系起来。因此,景观可持续性科学构成了可持续性科学(sustainability science)的重要组成部分。Wu(2013b)将景观可持续性(landscape sustainability)定义为特定景观所具有的,能够长期而稳定地提供景观服务,从而维护和改善本区域人类福祉的综合能力。该定义强调了"景观服务-人类福祉-景观可持续性"的级联关系。

人类对于物质产品的需求逐渐得以满足的同时,对景观功能的要求亦越来越高,尤其在经济发达地区,人们不仅要求当地景观生态系统能够提供基础的粮食生产功能,还希望景观能够为他们所处的环境和精神世界带来一定的裨益,此即为景观具有的多功能特性。将景观的多重功能整合起来,并被人类所感知和接受后,便体现出景观的服务水平和能力,而且,这种景观服务水平和能力的变化将会进一步影响与可持续直接相关的人类福祉。若回归到景观生态系统本底特征,由景观要素的类型、数量、组合方式和空间配置形成的景观格局变化,将会对生物多样性、生态系统功能、社会文化功能等产生重要影响,进而影响到为人类社会提供的景观服务。传统的景观生态学是研究和改善景观空间格局与生态过程、功能之间关系的学科,与之相比,景观可持续性科学研究的核心问题则是,面对景观生态系统内外干扰作用过程的影响,该如何长期维持景观格局及改进景观服务和人类福祉之间的关系(赵文武和房学宁,2014)。因此,在景观可持续性的研究框架中,景观生态学是景观可持续性科学的理论根基,景观服务则成了景观生态学与景观可持续性科学之间的桥梁和纽带(Termorshuizen and Opdam,2009;Musacchio,2013)。

### 1.2.4　人类福祉

在景观服务与景观可持续性的概念及内涵界定中已多次提到"人类福祉"(human wellbeing)。人类福祉的概念最初兴起于 20 世纪 50～60 年代,当时正处于二战结束后西方国家强力恢复经济的阶段,政府工作的核心目标就是提高国内生产总值(gross domestic product,GDP)。唯经济发展模式造成了愈发严重的资源消耗、环境污染、土地退化等问题,使得越来越多的学者认识到经济要素不应是人类社会发展的第一要义,唯经济发展模式更是不可持续的,从而意识到"人类福祉"的重要性。可以简单地把人类福祉的概念理解为人们建立在具有充足的生存物质基础上的健康、幸福的状态,也可以理解为在 GDP 等经济指标之外的其他有效福利补充,可将其视为驱使社会从"以经济发展为本"向"以人为本"的一种转变。

虽然人类福祉对生活在这个世界上的人类而言是至关重要的,但是其概念框架和研究导向却十分宽泛,没有统一的定论。通常可根据研究侧重点和评价对象的差异,将人类福祉分为客观福祉和主观福祉。客观福祉是指人类利用物质资本、人力资本、自然资本和社会资本等对自身物质需求、安全需求、精神需求等各种需求的满足程度,反映的是社会为人们获得更好生活提供的各种条件和设施;主观福祉则是指由于需求被满足而产生的内心感受,诸如个人精神上或感官上的幸福程度、快乐程度、成就感甚至痛苦感受等(王大尚等,2013)。客观福祉是不以人的意志所转移的、客观存在的人类福祉,通常利用可计量的社会或经济指标来表征人类需求被满足的程度;而主观福祉属于个人的主观感受,一般需要通过问卷调查、访谈等方式评估。此外,单单是客观福祉或主观福祉都不能全面地表征人类福祉状况,客观福祉难以体现人们内心的真实感受,诸如财富、教育水平、社会地位、寿命长短等都不能切实地反映人类真实的福祉水平;而主观福祉则因为涉及个人,每一个个体对福祉的认知会有所差异,从而使得其对人类福祉的反映会产生偏差。因此,在实际的研究过程中,对于人类福祉内涵的理解及其系统性的评估,大多是将客观福祉和主观福祉结合起来进行综合性探讨。

## 1.3　国内外研究进展

### 1.3.1　LUCC 与生态系统服务研究进展

（1）LUCC 与生态系统服务关系

土地作为一种自然资源，为人类的生存发展提供了最为基础且重要的保障，是社会经济发展的根本支撑，为城镇化推进、工业化转型与人口增长提供了基础条件。自 20 世纪 90 年代以来，全球环境变化研究领域逐渐加强了 LUCC 的研究（李秀彬，1996），LUCC 是景观形成、发展及演变的显著标志之一。当前，针对 LUCC 的研究领域仍然是全球环境变化及可持续性研究中的重要组成部分和研究热点（宋小青，2017）。

过去和当前的 LUCC 研究领域，大多均属于显性变化的研究范畴，而若从对人类的可持续发展视角来看，更具实际研究意义的应该是 LUCC 所引起的功能上的隐性变化。在过去的近 20 年，土地利用转型是 LUCC 综合研究的主要途径之一，主要是指一定区域内的土地利用方式或形态在一定时间段内发生的变化和转折，包括单一土地利用类型或整体土地利用形态的改变。随着学界对土地利用转型研究的不断深入，土地利用转型常常被划分为两种形式：显性形态转型和隐性形态转型。其中，土地利用显性形态转型是指一个区域在特定时期内由主要土地利用类型构成的结构的转型，包括数量关系和空间结构等，属于 LUCC 研究的基础性内容；而土地利用隐性形态转型则是指人们难以主观察觉的，需通过分析、化验、检测和调查才能获得的土地利用形态转型特征，通常包括质量、产权、经营方式、固有投入和产出能力等属性（龙花楼，2012）。

随着工业化和城镇化的不断发展，人类对生态环境的干扰程度和依赖程度都在持续增强，这使得人们对生态环境的重视程度也越来越高，在这种情况下，土地利用转型的隐性形态，或者说基于 LUCC 产生的生态效应问题便受到了学界越来越多的关注。例如，关于 LUCC 对生态风险、生态系统健康、生态安全、生态环境脆弱性与敏感性、生态系统服务功能等的影响研究均较为普遍。其中，LUCC 与生态系统服务之间的相互关联与作用关系的研究一直属于资源环境科学、土地科学、地理学和生态学等领域共同关注的热点，尤其是基于 LUCC 的生态系统服务分类、价值评估、时空演变及其与生态系统服务变化的相互驱动机制的研究得到了不断的加强和丰富（傅伯杰和张立伟，2014）。

　　2005 年,全球土地计划(Global Land Project,GLP)更是将全球变化与陆地生态系统研究及土地利用变化研究相结合,进一步将 LUCC 与生态系统服务的交叉融合变成了学科发展的历史必然过程。一方面,LUCC 作为生态系统服务变化的主要影响因素,是深入开展生态系统服务研究的重点研究对象之一。人类为满足自身生存与发展的需求,对不同土地覆被类型进行不同强度及方式的选择性开发利用,改变了土地利用类型与空间格局,进而对生态系统结构、生态过程、功能和价值产生影响(赵军和杨凯,2007;谢高地等,2008)。而且当前 LUCC 研究的理论与方法相对成熟,亦可为基于 LUCC 的生态系统服务供需、权衡及其与人类福祉相关性等的研究提供重要的借鉴和路径(黄甘霖等,2016)。另一方面,随着 LUCC 引起的生态系统服务供给减少与生态服务功能衰退逐渐被决策者和管理者所认识与重视,近年来,国内外学者从不同方面探讨了 LUCC 引起的生态系统服务供给与生态系统服务价值时空演变、生态系统服务脆弱性、不同类型生态系统服务间协同与权衡、生态系统服务变化对人类福祉影响等方面的问题,已取得的大量研究成果均可为不同时空尺度上土地利用规划与管理提供决策依据,同时也丰富了自然资源与土地资源管理研究的生态学基础(郑华等,2013;李双成等,2014;吴蒙,2017)。

　　(2)LUCC 与生态系统服务研究方法

　　认识到早期只关注 LUCC 自身动态变化研究的局限之后,研究人员开始探索 LUCC 驱动力、动态模型模拟及其对人类社会的影响等更深层次的学术问题。其中,基于 LUCC 的生态效应问题属于该领域重点关注的方向和内容。研究大多将 LUCC 的生态效应聚焦于生态系统服务的响应及变化上,但是生态系统服务概念本身具有高度的综合性,几乎可以涵盖各种生态效应。过去,基于 LUCC 对生态系统服务的研究方法主要有两类,与生态系统服务本身的评估方法密切相关。①生态系统服务价值量法。该方法主要基于单位面积价值当量因子法,即将不同土地覆被类型看作不同的生态系统类型,根据不同土地覆被类型赋予其特定的生态系统服务价值,但不会考虑不同生态系统之间的生态过程问题。当前,我国学者运用较多的是谢高地等人(2003)在 Costanza 等人(1997)针对全球生态系统服务价值研究的成果之上所制定的中国生态系统服务价值当量表。该方法可以简单且直接地将 LUCC 与生态系统服务经济价值衔接,但事实上,即便是同一土地覆被类型,在不同的土地利用方式下就会具有不同的生态系统服务功能和价值,而且不同土地覆被的空间格局形态同样也会通过影响生态过程进而影响生态系统服务价值。②生态系统服务物质量法。该方法结合相关分析、回归分析等统计学方法,以生态系统过程和功能为依据,利用多源、庞杂的土地利用/土地覆被数据、遥感数据、生态监测数据等一系列与生态系统服务功能相关的类型数据,采用定量估算、生物物理模型等方法相对精确地评估生态系统服务物质量,并运用生态系统服务评估相关模型进行生态系统服务功能的定量化分析。在此基础上,还有较多的研究通过对 LUCC 的量化指标与生态系统服务物质量的计算结果进行相关性分析来确立二者之间的相互关系,以及运用线性回归、Logistic 回归、多项式回归、经验回归等回归分析方法,探讨各类影响因子对生态系统服务的影响(张宇硕等,2020),此类方法在实际运用过程中对数据收集的要求较高,且计算较为复杂。

总之,LUCC 与生态系统服务之间并不是简单的线性关系,需要综合更加科学、易行的分析方法对生态系统服务进行准确评估,以进一步揭示 LUCC 与生态系统服务之间复杂的、非线性关系。

(3)生态系统服务研究进展

经典的 LUCC 研究通常在方法上较为单一,一般采用土地利用动态度来反映某种或综合土地利用/土地覆被类型在一定时段内数量的变化,并常常采用景观格局指数来反映土地利用/土地覆被在空间格局或空间形态上的变化特征。而生态系统服务研究无论在研究方向、研究内容还是研究方法上均多样、丰富得多。生态系统服务作为景观服务研究的基础,生态系统服务评估方法、生态系统服务协同与权衡、生态系统服务供需以及有关生态系统服务簇等方面的内容均属于生态系统服务研究领域的热点和前沿。

1)生态系统服务评估方法体系

由于生态系统自身的复杂性,目前,针对生态系统服务评估方法体系国际学术界并未形成较为统一的认知,最常见的生态系统服务评价方法即前文所提及的价值量评估方法与物质量评估方法。前者评估结果相对客观明确,不受人类偏好与生态系统自身特征的影响,一般通过货币化方式反映服务价值,又大多以市场平均法、陈述偏好法等为主要评估量化方法;后者一般转换为物质量来反映服务水平,常用于对比分析研究。不同学者运用的评估方法体系及评估指标差异将导致生态系统服务功能的评估结果差异,在实际运用过程中往往结合时空形态特征、利益群体干扰以及社会要素影响等多重领域进行综合考量。

在此基础上,相关学者也相继开展了构建生态系统服务评估模拟模型的探索,其中被学界广泛认可、获得普遍应用的有生态系统服务与权衡综合评估模型(Integrated Valuation of Ecosystem Services and Tradeoffs,InVEST)、基于人工智能的生态系统服务价值评估模型(ARtificial Intelligence for Ecosystem Services，ARIES)及多尺度生态系统服务综合模型(Multiscale Integrated Model of Ecosystem Services，MIMES)等(Villa et al.，2009；Tallis et al.，2010；Boumans et al.，2015；李丽等，2018；巩杰等，2020)。InVEST 模型被广泛用来评估生态系统的结构功能变化对其服务价值量或物质量的影响，它综合了生态过程评估并加以可视化表达，具有科学性高、直观性好、操作性强的优点，在全球的生态系统服务评估中都有广泛应用(Fu and Bruce，2013；Bagstad et al.，2013)；ARIES 模型主要用于生态系统服务在空间上的流动过程判断分析，且多强调生态系统的需求与供给过程；MIMES 模型将地球划分为五大体系并进行价值判断评估，因体系复杂且指标众多而使得评估难度较大、应用较少。如今，生态系统服务评估向空间多尺度、时间动态化方向发展，多源遥感数据、海量兴趣点(Point of Interest，POI)数据等逐渐运用到评估中，这能避免小数据样本带来的随机性误差，丰富评估内容，同时使多次评估时空连续性、可比性更强。

总之，在近 20 年的生态系统服务评估发展中，该领域受到国内外众多领域学者的广泛重视，生态系统服务评估研究体系逐渐成熟，为生态补偿、土地利用优化和空间规划提供了决策支持。未来的研究中，还有以下两大问题需要进一步深化：①评估指标体系和方法有待进一步完善。无论是价值量评估还是物质量评估，当前的不同研究结果表明，对同一区域的同一生态系统服务评估结果会存在差异，从而使得很多评估结果存在诸多不合理和不准确的现象，不同区域、不同生态系统类型之间更是缺乏可比性。②强化"政策-LUCC-生态系统服务"之间关系研究的应用指向。当前研究虽可为部分决策提供一定的理论支撑，但未来的研究需要将生态系统服务评估与政策制定更加紧密衔接。

2)生态系统服务权衡研究

各种生态系统服务普遍存在协同(synergy)与权衡(trade-off)关系，并具有明显的区域时空差异特征(李双成等，2013；彭建等，2017a)。生态系统服务权衡可分为空间权衡和时间权衡(赵文武等，2018)。空间权衡是指生态系统服务供给和需求在空间上存在的一定差异导致的生态系统服务在空间上的此消彼长，即一种生态系统服务的提高会导致该区域内其他生态系统服务的降低；时间权衡是指由于不同生态系统服务供给和需求在时间上存在一定差异，对于外来干扰过程的反应周期不同所造成的在时间上的供给权衡，即为当前与未来供给的分配关系。

生态系统服务类型之间权衡与协同关系可以通过定性或定量化来表征，评估生态系统服务权衡关系常用的方法有：用相关性和统计检验确定权衡和协同的总体方向和强度,其中,相关分析通过观察两种生态系统服务间相关系数的绝对值大小及正负方向来判断服务间是否存在依存关系及其程度和方向;局部统计分析用于识别生态系统服务供需的重点区域;用多年度的评估结果基于情景分析识别权衡与协同作用关系;借助于 GIS工具进行不同生态系统服务供给的空间叠置,识别多重生态系统服务供给区等(Cord et al.,2017;彭建等,2017a;Dade et al.,2018)。总之,关于生态系统服务权衡研究国内外虽已取得丰硕成果。但研究还存在以下问题:一方面,权衡与协同之间的关系表达过于简化,不能很好地阐述生态系统服务权衡时空尺度动态变化和依赖性特征;另一方面,在权衡与协同关系的识别研究中,大部分研究是在空间不明确的情况下进行的,而空间明确的权衡与协同研究成果可为差异化的区域景观管理决策提供重要支持。

3)生态系统服务供需研究

现阶段的生态系统服务研究更加强调以人类为中心的思想,认为离开人类受益者,生态系统的结构和过程仅表现为生态系统功能,而非生态系统服务。继千年生态系统评估(The Millennium Ecosystem Assessment,MEA 或MA)之后,国际社会又启动了一项全球性倡议,即生态系统和生物多样性经济学倡议(The Economics of Ecosystems and Biodiversity,TEEB)。TEEB 指出,利益主体的经济活动对生态系统服务产生巨大的需求,并导致生态系统服务状态发生改变。如果仅考虑生态系统服务的供给,忽视人类对生态系统服务的需求,将难以更好地将生态系统服务研究成果运用于实际管理(翟天林等,2019)。从供给和需求角度对生态系统服务进行研究,对实现生态安全和社会经济可持续发展具有重要推动作用(马琳等,2017)。生态系统服务供给和需求关系研究亦已经成为当前和未来生态系统服务研究的一个重要方向。

目前,对生态系统服务需求的定义同样未达成一个被广泛接受的统一表述。从消费角度定义,生态系统服务需求强调当前阶段对自然资源的实际消耗;从偏好角度理解,它被认为是为达到某种生活质量标准而期望获取的生态系统服务,强调从生态系统所得到的惠益与预期的差异;若从支付意愿的角度定义,它还反映了消费者对生态系统服务的感知程度和效用价值的判断(Wei et al.,2017;严岩等,2017)。

基于此,当前,现有的生态系统服务需求评估方法主要有两大类:第一,通过观察到的服务消耗量或直接使用量来衡量需求;第二,通过人们对生态系统服务的偏好或期望来衡量生态系统服务价值(Wolff et al.,2015),需要专家和公众的参与。这两类评估方法可运用于不同类型的生态系统服务需求评估,且不同类型生态系统服务需求评估的评价指标和分析方法各异。此外,国内也有较多学者采用基于建设用地比例、经济密度、人口密度等因素构建的土地开发指数来表征生态系统服务需求(彭建等,2017b;翟天林等,2019)。同时,还有部分国内外学者普遍将 Burkhard 等(2012)提出的矩阵法应用于生态系统服务需求评价,该方法简单、易操作,结果可空间化呈现,适合于各种尺度的研究。但由于该研究方法过于主观,过于依赖专家的偏好与认知,研究结果往往忽略了研究区域的尺度特征、空间异质性特征和生态系统质量特征(白杨等,2017)。

　　4)生态系统服务簇研究进展

　　生态系统服务簇(ecosystem service bundles)是各类型生态系统服务的组合(Kareiva et al.,2007),其目的是基于空间分布下不同生态系统服务相对比例的量化与调整,实现多功能景观的多层次管理(吴健生等,2015)。生态系统服务评估需要把握好各类型生态系统服务间的权衡关系与空间分布。"簇"代表了多重生态系统服务在时间上或空间上重复出现的生态系统服务的集聚特征(李慧蕾等,2017)。通过对区域内生态环境特征相关联"簇"的监测、管理与调控,能够实现供给、文化、社会等生态系统服务类型的理想配置与特征统一(Dittrich et al.,2017)。作为当前生态系统服务理论领域的另一大研究热点,开展基于服务簇的研究与实证探索,能够有效阐释生态系统服务间的权衡与协同关系。目前,生态系统服务簇的识别方法已较为成熟,大多采用聚类的方法对多重生态系统服务进行分析,得到的"类"即为研究区生态系统服务簇(冯兆等,2020)。而通过拓展当前生态系统服务簇的评估方法与理论模型建构研究,特别是实现关键"簇"变量在空间尺度上的统一辨识与预测,针对特定类型生态功能服务簇制定管理方案,能够为区域社会、生态、经济协同及可持续发展决策提供科学依据(Spake et al.,2017;祁宁等,2020)。

## 1.3.2　景观服务国内外研究进展

　　景观作为地球表面重要的自然地理综合体,属于土地的重要组成部分,景观亦可简单地视为土地的地表部分,包括地球表层所包含的地貌、岩石、土壤、植被、水文、气候等自然地理要素,以及在人类活动影响下客观呈现出来的各种土地利用/土地覆被形态。土地利用过程是人类对土地所进行的具有社会经济效益属性的经营性活动,其最主要的影响结果便是土地的生物物理属性及其利用方式的改变,也是区域陆地表层系统演化的最为突出的景观变化特征。因此,LUCC 是景观格局、景观功能演变的重要基础。过去,LUCC 研究在国内外学界得到了广泛而深入的关注和探讨。LUCC 研究为景观时空动态变化研究提供了较为系统且全面的研究思路和方法,换言之,景观格局动态演变研究也可以认为是 LUCC 研究中的一个重要组成部分。

随着生态系统服务研究的深入和拓展,越来越多的景观生态学家强调"景观服务"研究的重要性(Bastian et al.,2014),并提出同生态系统研究尺度相比,景观尺度是探究可持续景观演变机制的最佳尺度(Mander et al.,2007;宋章建等,2015)。一直以来,生态系统服务研究注重生态系统本身;而基于景观尺度上的生态系统服务研究则更突出景观要素空间格局的重要性,注重格局-过程之间的相互作用。景观服务研究还突破了以自然生态系统为主体的生态系统服务研究,进一步与地方相关参与者、社会经济环境等非自然因素相结合,关注更为综合性、整体性、系统性的服务(Termorshuizen and Opdam,2009)。

(1)景观服务基础理论的探索

自 Costanza 等(1997)对全球的生态系统服务价值进行计算以来,国内外学者对生态系统服务研究领域展开了广泛而深入的探索,也正是生态系统服务价值的可评估性,使得生态系统服务成了生态学以及其他资源环境科学相关领域新兴的重要研究方向之一。同时,随着景观生态学的不断发展,与人类关系最为密切的景观尺度上的生态系统服务功能的发挥,需要根植于各景观要素之上,并且高度依赖景观斑块和人类活动之间的相互影响和作用关系(Termorshuizen and Opdam,2009)。可是,当前的生态系统尺度上的服务功能研究更多地强调生态组分的功能关系,割裂了景观组分的空间结构与格局的整合关系(刘文平,2014)。此外,还有部分景观生态学家认为生态系统服务框架在解决社会-生态系统的互动性、复杂性等问题方面存在一定限制。生态系统通常被理解为"自然实体",而不是包括人类活动在内的社会-生态系统,可以通过自然科学的方法开展研究和分析,但当前地球上绝大多数的自然生态系统已转变为受人类影响的生态系统,其不仅包含自然要素,而且包含了具有人文与文化元素的景观要素(Bastian et al.,2014)。为了强调景观结构和功能、自然生态系统和社会系统之间的关系,景观服务的概念应运而生。

景观作为地球表面的一部分,一方面主要受制于自然条件的塑造,但同时也因人为影响的程度而不同,因此,景观属于一个不同生态系统和利益相关者互动的层次,更容易被人类所感知。自 Termorshuizen 和 Opdam (2009)提出"景观服务"的术语之后,越来越多的学者强调,景观属于以空间特征为背景的人类生态系统,其所提供的类型丰富、范围广泛的各种服务均可以被人类所利用并重视。也有学者指出,与"生态系统"相比,"景观"的特征在于:首先,景观基于明确的空间维度;其次,人们的思想和行为附着于景观之上,景观是人类社会与自然环境交互的直接体现(Bastian et al.,2014);再者,在涉及诸如景观美学服务、娱乐休闲服务等文化生态系统服务功能时,运用景观服务的概念更具有可操作性(Angelstam et al.,2019)。现如今,景观生态学研究领域越来越关注景观多功能性。有学者认为,景观服务是由多个生态系统结合之下提供的环境服务,是景观的新兴属性,基于景观的生态系统集成框架可以支持生态系统服务理念和研究成果的实践应用(Vialatte et al.,2019)。总之,与生态系统服务概念相比,景观服务的概念强调了空间格局的重要性、各种服务功能的综合作用结果以及服务享用者对服务产品的直观感知。

此外,几十年以来,在传统上作为一种生态美学规划而存在的景观规划,一直保持和发展各种景观功能,尽管没有明确使用生态系统服务或景观服务的称谓,诸如德国的景观规划却一直强调要注重生物多样性和景观功能的体现(如土壤保持、水循环、景观美学等)(de Groot et al.,2010)。然而,其他大多数情况下的景观规划则缺乏整体性考虑,割裂了景观格局与生态过程的联系,同时也难以定量化地区分景观功能,进而影响了景观服务的正常发挥。

长期以来,景观生态学一直专注于空间格局与生态过程之间相互作用关系的研究,而没有明确考虑估值问题。尽管现在越来越多的学者强调需要探索将景观生态学与社会经济系统联系起来的理论框架,但当前大多数相关研究都缺乏定量化价值评估的考量。"景观服务"概念的提出,从景观生态系统视角为生态服务评估提供了新的途径,为社会、文化等景观功能的评估拓宽了可量化的方法及渠道,也为景观生态系统的多功能性和空间异质性研究提供了新的思路。

(2)景观服务评估研究进展

现有关于景观服务的研究,大体上还处于理论探索阶段,景观服务的概念、理论框架尚未明晰,而涉及景观服务评估的研究也不多见。景观服务评估的研究进展可以从以下几个主要方面进行概述。

1)景观服务评估分类指标体系

景观服务评估的分类体系大体上仍沿用生态系统服务的评估分类。如前文所述,生态系统服务评估最早源于 Costanza 等(1997)发表在 *Nature* 上的一篇研究报告"The value of the world's ecosystem services and natural capital"。该成果主要基于一些公开的研究报告,再加上一部分作者们的原始估算,将全球的生态系统划分成 17 种生态系统服务类型:

气体调节、气候调节、干扰调节、水调节、水供应、水土保持、土壤形成、养分循环、废物处理、授粉、生物控制、避难所、食物生产、原材料提供、基因资源、娱乐休闲、文化。随后的 2005 年,联合国《千年生态系统评估报告》(MEA)对生态系统服务做了较为系统的阐释,将生态系统服务分为供给服务(provisioning services)、调节服务(regulating services)、文化服务(cultural services)、支持服务(supporting services)四大类服务,并进一步细分为 23 种具体服务(MEA,2005),包括食物供给、淡水供给、气候调节、疾病控制、娱乐休闲、美学、土地形成、养分循环等。2008 年,出于遏制生物多样性丧失的目的,德国和欧盟委员会发起了生态系统和生物多样性经济学倡议(TEEB)。该提倡有所沿用 MEA 的分类体系,将生态系统服务分为供给服务、调节服务、文化服务和栖息地服务,共四大类 22 项服务(杜乐山等,2016)。此后,Haines-Young 和 Potschin(2010)也提出了一套生态系统服务分类体系,即"生态系统服务的国际通用分类"(Common International Classification for Ecosystem Services,CICES),这套分类体系根据服务的功能将其分成三类:供给服务、调节/支持服务、文化服务。

当前大部分涉及生态系统服务的研究基于以上分类体系,并根据不同研究区具体情况及不同评估需求进行相应的调整。但当前的分类体系传递出的服务特征大多是生态系统组分的服务过程及功能,对各组成要素的景观空间格局服务特性的分类较少。现有的景观服务的分类研究大多数也是围绕生态系统服务的分类展开,尚且没有特定的、权威性的景观服务功能的分类体系。已有的主要案例研究中(见表 1.1),景观服务分类与传统的生态系统服务分类相比,一方面,部分研究增加了与生态系统功能不相干的一些服务,这是由于虽然各种人工构筑物、交通设施等不涉及生态价值,但其确是对人类生活而言具有特殊意义的景观构成要素,并且提供了重要的服务功能;另一方面,基于景观具有给人以强烈视觉感知的特性,而且对于娱乐休闲、美景、教育等文化服务而言,景观服务相比生态系统服务具有更强的解释力,更能体现出服务于人类的价值,因此,景观服务分类相对地更加重视文化服务。同时,还需要认识到的是,进一步探求一个更加科学、有效的景观服务分类体系,势在必行。一个有效的景观服务分类必须首先考虑景观格局的特征化,并能表达出服务传递过程的特殊性,且能够密切关联到人类需求的价值、可付诸现实决策的应用实践。

　　2)景观服务评估的尺度

景观一词本身就具有尺度的含义,其空间范围一般可介于区域和生态系统(或地块)之间,但较为重要的一点是,景观服务的尺度和利益相关者息息相关,从长期的、全球景观的尺度到短期的、局地景观尺度都有不同的景观表征。以调节服务为例,在全球、国家级尺度上,调节服务可表现为气候调节,如气温和降水分布格局的调节、大尺度上的环境调控等;在区域尺度(省级或地市级)上,调节服务则可表现为流域的洪水调节、地表水与地下水的瞬时和累积调节、物种生产性调节等;景观尺度(县、市级或区级)的调节服务则表现为局部河流洪水调节、过量营养物的污染和分解、授粉、害虫调节等;生态系统尺度(局地或场地)的调节服务则表现为噪音和灰尘的防护、生物固氮等。因而,为了将景观服务更好地应用到规划设计及政策决策中,有必要充分考虑景观服务可因尺度的不同而呈现出来不同的服务表现。

3)景观服务评估的方法

基于景观服务的概念,国内外学者也根据各自不同的研究需求,运用各种研究方法开展了不同的景观服务的评估(见表 1.1)。在景观服务评价研究中,部分研究沿用现有的生态系统服务评估方法,例如,运用生态系统服务评估中较为成熟的 InVEST 等评价模型。某些模型可以很好地揭示生态过程与作用机制,也可以很好地呈现服务的空间异质性,在生态过程与生态功能相关的景观服务评估中(诸如土壤保持、水源涵养等)尚可沿用。也有一些研究在应用这些生态过程评估模型的基础上,结合景观格局指数等定量化指标进行更加精确化的评估。同时,更多的研究则是根据研究的实际需要,以及考虑研究数据的可获取性、实用性而发展新的评估方法,构建有针对性的评估模型,开展特定性的服务评估。此外,考虑到景观具有人地交互的特性,也有部分在中、小尺度上开展的研究采用问卷调查的方式对当地民众展开对景观偏好、景观感知等的调查。在调查过程中,公共参与地理信息系统(Public Participation GIS,PPGIS)的运用也越来越广泛,将公众参与同地理信息技术相结合,从而实现基于公共参与的景观服务空间制图。还有一些研究会运用专家打分法、单位面积服务功能价值法等。当然,也有较多研究针对不同服务采用不同的研究方法。

总之,当前还没有一个相对系统且合理可行的方法来量化景观服务,当对景观服务进行评价时,其指标如何关联上景观尺度、评估结果如何整合到景观管理中,均是景观服务评估领域的关键问题,但对于此类问题目前仍无定论。因而,如何定量化景观特征、可视化不同景观服务能力水平,并将其与景观管理相结合则是今后研究的难点。

表 1.1　景观服务评估相关研究案例简表

| 研究视角 | 服务类别 | 评估指标 | 评估方法 | 评估区域范围 | 参考文献 |
|---|---|---|---|---|---|
| 定性探讨乡村景观格局转型对景观服务供给的影响 | 供给服务 | 食物供给<br>饲料供给<br>木材供给 | 基于具体指标估算法 | 乡镇 | Sluis et al.,2019 |
|  | 支持服务 | 生境支持 |  |  |  |
|  | 文化服务 | 住所提供 |  |  |  |
| 探讨公共参与式地理信息系统(PPGIS)在景观服务评估及空间规划的可能性 | 供给服务 | 食物供给<br>化石燃料供给<br>稀有材料供给<br>水源供给 | 问卷调查法(公共参与地理信息系统式制图) | 乡镇 | Fagerholm et al.,2019 |
|  | 文化服务 | 社会纽带<br>宗教和精神价值<br>文化和遗产价值<br>美学价值 |  |  |  |
| 探讨景观服务与景观可持续性之间的关系 | 调节服务 | 气候调节<br>空气质量调节<br>水流调节<br>水资源净化<br>氮循环、授粉<br>病虫害防治 | 专家评估矩阵法(基于景观服务水平定性分析以衡量景观可持续性)<br>RUSLE,InVEST 等生态系统评估模型(基于定量评估生态系统服务以表征生态系统功能) | 乡镇 | Nowak and Grunewald,2018 |
|  | 供给服务 | 农作物生产<br>牲畜供给<br>野生食物供给<br>木材供给 |  |  |  |

续表

| 研究视角 | 服务类别 | 评估指标 | 评估方法 | 评估区域范围 | 参考文献 |
|---|---|---|---|---|---|
| 评估城市化背景下大量建设用地侵占非建设用地带来的景观服务变化及景观服务权衡 | 文化服务 | 娱乐休闲、美景价值 | 基于具体指标估算法 | 国家 | Gerecke et al.,2019 |
|  | 供给服务 | 居住服务、基础设施服务、农作物生产、木材生产、饲料生产 |  |  |  |
|  | 支持服务 | 生物多样性保护 |  |  |  |
|  | 调节服务 | 灾害防治 |  |  |  |
| 都市农业园的景观服务供需及偏好影响因素 | 文化服务 | 教育价值、体育锻炼、体验自然、社会关系、休闲放松、追求田园生活、观赏美景 | 问卷调查法、基于具体指标估算法(以景观格局指数为主) | 具体农业园 | 李曼祺,2018 |
| 基于景观服务的绿色基础设施规划与设计 | 供给服务、调节服务、支持服务、文化服务 | 食物供给、滞尘调节、生境支持、美景服务 | 结合景观格局指数、景观偏好(问卷获得)等具体指标估算法 | 县(市、区) | 刘文平,2014 |

续表

| 研究视角 | 服务类别 | 评估指标 | 评估方法 | 评估区域范围 | 参考文献 |
|---|---|---|---|---|---|
| 探索景观服务与土地利用/土地覆盖之间的关系，为可持续的景观管理提供依据 | 供给服务 | 食物供给<br>石油燃料供给<br>稀有材料供给<br>水源供给 | 问卷调查法（公共参与地理信息系统式制图） | 乡镇 | Arki et al.，2020 |
| | 文化服务 | 美景价值 | | | |
| | 调节服务 | 气候调节、干扰调节<br>水源调节、淡水供给<br>土壤保持、土壤形成<br>养分循环、授粉 | | | |
| | 栖息地服务 | 避难所、苗圃 | | | |
| 评估不同空间尺度下的景观服务 | 供给服务 | 食物供给、稀有材料供给<br>基因资源、药用资源<br>美景服务、娱乐休闲 | 单位面积服务价值法（结合田野调查实证数据、专家经验打分以及景观类型修正） | 县（市、区） | Hermann et al.，2014 |
| | 信息服务 | 文化艺术资源<br>精神和历史信息<br>科教资源 | | | |
| | 传输服务 | 栖息地、耕种服务<br>能量转换、废物处理<br>交通运输、旅游设施 | | | |

### 1.3.3 景观可持续性国内外研究进展

由于人类对可持续发展的迫切需求,吸引了各个学科对可持续科学研究领域的关注和重视。而可持续性凸显的目标是要在保护环境的同时改善人类福祉,因此,生态和地理科学、资源环境科学等学科的作用十分重要。最近的几十年中,生态学家和地理学家的研究领域普遍与可持续性更为相关,一些学者还呼吁要通过对景观和区域尺度上问题的关注来发展景观可持续性科学,以促进可持续性的基础理论研究和管理决策实践。

近年来,国内外的学者也试图从景观可持续性角度展开可持续性相关研究。例如,张达等(2015)基于景观可持续性科学概念框架,选择了地形、地质环境、水资源、土地资源和大气环境5种限制性要素,利用单要素评价法和多要素综合评价法,对京津冀地区可持续发展的资源和环境限制性要素以及区域本底特征进行了综合评价,该研究较侧重于自然地理要素的评价,而对景观的内涵没有很好地体现;Fukamachi(2017)针对逐渐退化、退耕的日本水稻梯田景观进行的可持续性研究,回顾了日本过去采取的措施,通过访谈的方式进行案例研究,探讨了日本梯田景观可持续发展的路径;Liang等(2018)结合生态和社会指标构建了一个基于信息熵的指标体系,包括对景观服务能力、景观服务需求、景观脆弱性和景观适应性的评价,并结合景观组成和格局指标,分析了景观可持续性的时空分异,探讨了景观结构对景观可持续性的影响;Nowak等(2018)以波兰农村景观为案例,通过定性和定量的评估景观服务来表征景观可持续性,并认为替代生态系统服务的景观服务强调了空间格局、景观要素和景观特征的重要性,并且更适合景观规划。这些研究不足之处在于,将土地利用类型作为评估景观服务的重要指标,会将景观服务的内涵简化,若综合考虑植被特征的变量,将会使复杂的景观系统得到更好的反映。另外,还需要对不同景观类型进行更多的研究,以便揭示景观可持续性及其指标之间的联系。Wei等(2018)以社会经济发展与生态保护之间激烈冲突的新疆山区-绿洲-沙漠地区为研究区,通过建立生态系统服务、社会需求和人类福祉之间的联系来衡量景观可持续性,建立三者的评估体系,提高了对于实现可持续性的认识。

综上,景观可持续性研究还处于早期发展阶段,国内外学者过去在可持续评价方面研究较多,部分对于景观可持续性的研究则延续传统可持续评价的研究体系,只是将景观可持续性作为其中的一个特定研究内容,通过选取部分指标、建立相应的评估指标体系进行评估。近几年,在景观可持续性理论框架不断完善的前提下,学者们逐渐建立起了相对系统的评估框架,研究视角也延伸到景观服务供给能力是否能满足当地人民需求、景观服务对人类福祉的贡献等领域,相关成果也均在一定程度上反映景观可持续性的水平。但是,景观服务供给能力与景观可持续性之间的关联框架则较为模糊,景观服务需求具有不确定性、异质性、主观性,使得需求难以得到精确评估,而景观服务对人类福祉及可持续性的贡献亦尚不清晰。总之,景观可持续性的研究还有待进一步深入和完善。

### 1.3.4 乡村可持续性国内外研究进展

伴随着工业化与城镇化的发展,世界各国在不同时期均对城市的可持续性给予了重大关注。同时,伴随着快速的经济社会发展,各国也逐渐意识到乡村发展的重要性。如欧盟的共同农业政策(Common Agriculture Policy,CAP),起始于 20 世纪 50 年代,最初的目标是确保粮食安全,但施行的一系列措施也导致了诸多环境问题,同时,农业就业率以及农业收入持续下降。在 20 世纪 80 年代末,这些现象引发了欧盟对乡村发展本质性的思考——从农业发展政策转变为乡村发展政策,目标从"生产力"转为"可持续性"(鲍梓婷等,2020)。

21 世纪以来,随着大量农村人口向城市聚集,中国各地均出现了不同程度上的农村空心化、人口老龄化、农地撂荒、水资源短缺、基础设施与公共服务不完善等一系列问题。为此,十九大报告指出,农业、农村、农民问题是关系国计民生的根本性问题,必须始终把解决好"三农"问题作为国家发展的重中之重,全力实施乡村振兴战略。乡村在全社会的可持续发展中具有不可替代的作用,中国的乡村振兴之路需要探寻一条可持续的途径。

作为乡村地区广大劳动人民生产生活的载体,乡村同时还可为城市地区提供良好的生态环境保障、农产品、水资源、娱乐休闲等产品与服务。由此,乡村可持续性的内涵更为丰富,国内外对乡村可持续性的研究主体和视角十分多样。早期,人们对乡村领域可持续问题的关注较多地集中于农业可持续。因为学界普遍预计在 21 世纪的前半个世纪,随着全球人口的增长,人类对粮食的需求将会增长一倍,这就需要人们探索如何通过各种方式大幅度增加粮食产量以满足人类对粮食的需求(Cassman et al.,2002)。农业可持续性研究起初侧重于提高农业产出,世界各地的乡村土地政策也尤为强调农业产出的重要性。但后来越来越多的学者认为,过度地关注农业产出对可持续的贡献会在一定程度上对乡村环境造成损害,应当将生态系统服务为中心的理念应用于乡村土地治理,以确保获取更高的社会价值(Bommarco et al.,2018;Gawith and Hodge,2019)。基于对生态系统服务价值的考虑,欧美一些学者也对传统农业(如集约农业)和有机农业进行了比较分析,有机农业虽然会降低产量,但会有明显的农田生物多样性、花粉传播、养分循环等生态系统服务价值,而这对于可持续的粮食安全至关重要(Chabert and Sarthou,2020)。

随着城镇化进程带来的诸多乡村衰败问题的出现,可持续性研究从农业持续性拓展到农业以外的其他乡村发展领域,且中国表现得尤为突出。乡村可持续性是一个综合性概念,对其理解涉及经济、环境、政治、社会等多个层面,除了维系生存的农业生产可持续性之外,还包括生态环境的可持续、社区关系结构的可持续等等。总之,乡村可持续性至少可包含农业生产、农村环境、农村居民生活三个维度的可持续性特征。有学者将乡村可持续性定义为:乡村地区在维系自然环境支撑力的前提下,为乡村居民持续提供生计资本与生存空间,满足其基本需求,同时在保护乡村自身可持续性的前提下,为乡村之外的城市居民提供充足的农产品及其他生态、文化服务的能力(贺艳华等,2020)。可见,乡村可持续性的研究是一个多学科交叉的综合性研究,包括以自然科学为主的农业、环境可持续性研究及以人文社会科学为主的农村居民生活可持续性研究。而今,学界也逐渐开始关注乡村居民福祉与乡村可持续的关系研究。如果只是纯粹地在某个方面进行有限的探索,而忽视彼此之间有效的关联,并不能真正理解乡村如何作为一个可持续系统来运行。同时,乡村也是一个开放系统,城市与乡村本应属于一个有机综合体,城市与乡村两者的互补与协同发展问题也是乡村可持续性研究中的热点问题,对促进乡村振兴十分重要(刘彦随,2018)。有学者还提出,可将城乡融合背景下不同类型地区的乡村可持续发展路径分为土地整治集聚路径、特色产业发展路径、产业平台集散路径和社区功能集约路径(曹智等,2019)。乡村的农业生产、生态环境都属于乡村可持续性的重要组成部分,乡村产业实是乡村可持续发展的内生动力。当前,也有较多研究对乡村产业展开探索和实践,如都市农业园、乡村旅游等对乡村可持续的促进作用。

乡村可持续性研究可为我国实现乡村振兴战略提供强有力的学术支撑和科学依据,但目前我国可持续性科学研究的理论根基尚不牢固。乡村可持续性研究需要具有人地融合的乡村特色。影响乡村可持续的因素很多,而当前很多研究对乡村可持续性的理解还不够深入,大多研究视角仍然针对农业生产、乡村产业发展、生态环境保护、城乡融合等某一特定方面具体展开,较少研究能系统性地构建乡村可持续性理论框架进而全面科学地评估乡村可持续性。

### 1.3.5　人类福祉国内外研究进展

(1)人类福祉、生态系统服务、可持续发展的关系

生态系统服务对人类福祉的贡献有关研究是当前可持续性科学的研究热点和前沿。生态系统服务的提升有助于增进人类福祉,可持续发展的最终目的是提高人类福祉,即满足当代人和后代人的物质和精神需求,而人类福祉研究的根本落脚点便是可持续发展。虽说人类福祉是在可持续发展理念下产生的,但生态系统服务却是人类福祉的根基,可持续发展是人类福祉与生态系统服务关系研究的一个主体视角。

在过去的四十年中,诸如国际自然保护联盟(International Union for Conservation of Nature,IUCN)、联合国环境规划署(UN Environment Programme,UNEP)、世界资源研究所(World Resources Institute,WRI)和政府间气候变化专门委员会(Intergovernmental Panel on Climate Change,IPCC)等全球组织虽然在推动生态系统服务和环境可持续研究方面发挥了重要作用(King et al.,2014),但这些机构及其他相关领域研究学者却纷纷提出,生态环境问题的复杂性是由相互作用、相互影响的人类社会和生态系统共同决定的。生态系统提供了几乎所有的人类福祉要素,尤其是在经济和社会发展水平落后的地区,社区居民的最基本食物和能源等生计必需品在很大程度上依赖自然生态系统服务的供给,人类生活条件改善则受制于生态系统服务供给的程度(冯伟林等,2013)。

2005年,联合国的《千年生态系统评估报告》(MEA),将生态系统服务作为人类福祉的影响因素,明确提出生态系统服务和人类福祉之间的密切关系,开创了人类福祉研究的新纪元。MEA报告阐明了生态系统服务与人类福祉各组成部分之间的相互联系以及直接和间接驱动力。其中,人类福祉的组成部分包括安全性(人身安全、资源安全、免于灾难)、维持高质量生活的基本物质需求(足够的生计之路、充足的有营养的食物、安全的住所、商品获取的渠道)、健康(体力充沛、精神舒畅、可获得清洁的空气和水)、良好的社会关系(社会凝聚力、互相尊重、帮助他人的能力)。该报告还阐述了社会经济因素对这些福祉组成成分的影响,以及特定福祉组成成分与对应的支持、供给、调节、文化生态系统服务之间的关联强度(MEA,2005)。从而可使人们认识到,生态系统服务的变化将通过对人们生活环境安全、基本物质需求、健康以及社会文化关系的影响,直接影响人类福祉水平。总之,MEA报告提出的生态系统服务与人类福祉的研究框架,对人类福祉近年来的研究方向和发展产生了重要的影响。此后,生态系统服务

便成了人类福祉研究中的一个重要视角。

因此,人类福祉与生态系统服务的相互关系一直是学界关注的重点。很多生态学、地理学、环境科学等学科的学者积极参与到人类福祉研究当中,探索其与人类福祉之间的关系。例如,Ciftcioglu(2017)以地中海莱夫克(Lefke)地区为例,分不同区域、不同人群定量研究了供给、调节、文化生态系统服务与人类福祉(包括基本物质、健康、安全、良好社会关系、自由度)之间的相关关系;Wei 等(2018)以新疆典型的山地绿洲沙漠地区为例,将生态系统服务分为供给和需求,分析了生态系统服务供给、需求和人类福祉三者间的相关关系;任婷婷和周忠学(2019)研究了在不同农业结构类型下的生态系统服务和人类福祉的相关程度。总之,现有研究虽然初步构建了生态系统服务与人类福祉的分析框架,尝试在局部地区对生态系统服务和人类福祉进行定量评估,但是研究的统计样本量仍较为有限,研究结果也各异,生态系统服务对于人类福祉的贡献程度尚不明晰。

(2)人类福祉评估研究进展

传统研究意义上的人类福祉评估依赖于客观福祉评估,即反映人们生活状态的社会和经济指标,可以简单地通过统计数据进行评估。其中,客观福祉评价中最具有影响力的是联合国开发计划署(United Nations Development Program,UNDP)提出的人类发展指数(Human Development Index,HDI)。HDI 是一项综合指数,自 1990 年以来,其通过预期寿命、平均教育年限、预期受教育年限、人均国民总收入来衡量健康、教育、生活水平三个维度的客观福祉(UNDP,2011)。因其利用 UNDP 全球尺度的数据基础,并且计算方法简单透明,HDI 广泛地被用于评估国家、地区和局地等不同尺度的社会经济发展状况(黄甘霖等,2016)。但是,对于如何推进未来的可持续发展道路,并将其转化为推进人类福祉的持续改善,同时避免自然资源及其提供服务的衰减问题,仅仅依赖于人类发展指数是有欠缺的。同时,也有其他的一些研究根据不同的研究需要和数据可得性,构建相应指标体系评估客观福祉,例如,人均纯收入、人均居住面积、有害物暴露、资源可达性、交通状况等指标(杨莉等,2010)。

近几十年来,主观人类福祉的研究也逐步得到开展。很多学者指出,一个人的主观幸福感与客观生活质量(如健康、物质财富)之间存在关联,但关联程度是有限的。例如,一个人可能很富有,但对生活却很不满意。在主观福祉评估中,最常见的是幸福感和生活满意度评估,尽管主观福祉可以使用基于量表法的问卷进行调查,但是在评估过程中完全侧重于主观结果,而个体的认知却是不同的。此外,也有研究尝试突破因主观认知不同而导致的主观福祉评估产生偏差的问题,例如,Vemuri 和 Costanza 等(2006)将国家或全球的建筑、人力、社会、自然资本等客观数据与生活满意度数据结合起来,构建了国家福祉指数,其最具价值的贡献便是自然资本对生活满意度的阐释。

随着相关研究的不断发展和深化,客观与主观福祉整合下的人类福祉评估已逐渐成为研究主流。例如,快乐星球组织(The Happy Planet Organization,HPO)提出的快乐星球指数(Happy Planet Index,HPI)便是主观与客观指标的整合,它主要考虑民众自身的快乐感受、预期寿命和环境的可持续性等,把客观指标数据与国民的主观感受结合起来,以表现人们幸福度与物质生活水平的关系。在客观的指标数据基础上,增加主观角度的福祉指标,能够增强福祉评估的解释力度。此外,也有一些研究对客观福祉和主观福祉进行了对比,进而分析客观福祉和主观福祉评估所产生的结果差异。例如,有研究分别基于主观和客观的不同视角和方法,针对美国各州开展了人类福祉的评估,评估结果显示主观和客观福祉并没有明显差异(Oswald and Wu,2010);也有研究评估了澳大利亚的 HDI 指数和幸福感指数,并比较了它们分别在全球各国中的次序,研究发现这两种评估结果具有很好的匹配程度(Leigh and Wolfers,2006)。

总体而言,由于研究区的不同,不同学者构建的人类福祉指标体系有所不同,但是,人类福祉评估指标的选择具有一定的共性。Leisher 等(2013)总结了 31 个用于评估人类福祉的指标体系,发现其中 14 个指标体系包括生活水平、健康、教育、社会凝聚力和安全等福祉要素,而绝大部分与生态系统服务有关的人类福祉评估基于 MEA 中的框架。当前该领域研究的不足则在于,评估中自然科学、人文与社会科学之间的交流与合作较少,而在可持续科学视角下的人类福祉评估需要多学科的交叉融合。

第2章

理论基础与研究框架

　　城市与乡村相互交融、相互依存,在城市不断扩张、社会经济快速发展
过程中,广袤的乡村也在悄然发生变化,无论是物理形态上的景观格局,还
是内在的景观功能,都直接或间接地影响着乡村的可持续发展。上一章节
中提及的 LUCC、生态系统服务、景观服务、景观可持续性、乡村可持续性、
人类福祉等相关研究已在自然科学、社会科学等不同领域广泛展开,但是,
从景观视角对乡村景观服务与乡村景观可持续性管理的研究仍不多见。
本章首先从景观生态学、生态经济、可持续发展、人地关系等相关重要基本
理论切入,进一步阐释本研究在可持续性科学视角下、人地耦合框架中的
景观"格局-服务-可持续性"理论逻辑以及快速城镇化地区的乡村可持续
性内涵,进而构建基于景观服务的景观可持续性研究框架,以为景观可持
续性管理提供依据、搭建起自然科学与社会科学的桥梁。

## 2.1　相关理论基础

### 2.1.1　景观生态学理论

(1)景观的内涵

　　景观(landscape)的定义有多种描述,前文也有提及,但大多是反映地球
表面地形、地貌、景色或某一地理区域综合地形特征的客观呈现(邬建国,
2000a)。历史上,"景观"经历了由自然艺术、地理学向生态学的转变过程(刘
黎明,2001)。17 世纪末,景观在园林设计中体现为描述自然、人文以及它们
共同构成的整体景象的总称。19 世纪初,近代地理学对景观概念的理解是:
①某一区域自然、经济、文化等方面的综合特征;②一般自然综合体,即各地
理要素相互联系、相互制约、有机结合而成的整体;③区域单元,是综合自然
区划等级系统中的最小一级自然区(刘华明和郭运河,2001)。20 世纪中期,
德国植物学家 Troll 将景观的概念引入生态学,并首次提出景观生态学
(landscapes ecology)这一术语。自此以后,作为景观生态学的研究对象,不同
专业背景的研究学者对景观概念的理解也不同。生态学中的景观定义可以
概括为狭义和广义两种(邬建国,2000b)。狭义景观是指几十公里至几百公
里范围内的不同生态系统类型所组成的、具有重复性格局的异质性地理单元
(而可反映气候、地理、生物、经济、社会和文化综合特征的景观复合体称为区

域。狭义的景观和区域亦可统称为宏观景观)。广义景观则在此基础上,将研究尺度从微观拓宽至宏观的任意尺度,凸显了多层面、阶梯型生态系统的异质性结构特征。

景观的研究重点从园林设计的视觉特性、文化价值转到地理学地域综合体的空间结构特征,以及生态学的生态系统功能特征。景观作为一个由不同土地单元镶嵌组成且有明显视觉特征的地理实体,在一定程度上保有原先的价值取向。总之,景观可被认为是位于生态系统之上、区域之内的一个宽广地域综合体,是由相似形式重复出现的、通过其结构与功能成分相互连接而体现高度异质性特征的镶嵌体或由生态系统所组成的区域,兼具经济价值、生态价值和美学价值(肖笃宁和李秀珍,1997;张惠远,1999;Forman and Gordon,2016)。

(2)景观生态学概述

景观生态学属于地理学与生态学的综合交叉学科,以生态系统自身演化规律研究为基础,旨在从整体综合角度研究景观结构(景观格局)、景观功能(生态过程)以及景观动态演变规律,探索景观利用的优化路径以及政策保护机制(Forman and Gordon,1986;彭建等,2004)。主要研究内容包括:①景观结构(landscape structure),即景观组分的类型、多样性及其空间关系;②景观功能(landscape function),指景观结构之间及其与生态学过程的相互作用;③景观动态(landscape dynamic),指景观结构与景观功能在时间尺度下的变化(傅伯杰等,2001)。相较其他生态学研究领域,景观生态学综合了地理学的景观空间理论与生态学的生态功能理论,重点关注自然景观与人工景观两大生态系统类型,尤其强调空间异质性、等级结构和尺度理论。其研究重点主要集中在空间异质性或格局的形成及动态、景观等级结构特征、格局-过程-尺度间的相互关系、干扰活动及功能的反馈关系等方面,并在近年来延伸出水域景观生态学、景观遗传学、多功能景观研究、景观综合模拟等多个学科生长点(陈昌笃,1986;肖笃宁和李秀珍,1997;傅伯杰等,2008;曾辉等,2017)。

(3)景观生态学的基本理论

1)尺度理论

广义上讲,尺度(scale)是了解某一事物或现象时所采用的空间或时间单位,又可指某一现象或过程在空间和时间上所涉及的范围和发生的频率。景观生态学中,往往以粒度(grain)和幅度(extent)的概念来表达尺度(Turner,1991)。空间粒度是指景观中最小可分辨单元所代表的特征长度、面积或体积。例如,在不同高度的水平面上针对同一片森林进行航片观测,最小可辨识单元结构可能随着距离升高而变大,往往同时呈现微观异质且宏观同质的特征。对于遥感等空间数据类型,其空间粒度即最大分辨率或像元(pixel)大小。时间粒度则是指某一景观动态发生的时间间隔或频率,如景观动态监测的时间间隔(张娜,2006)。幅度是指研究对象在空间或时间上的持续范围或长度(邬建国,2000b)。

景观生态学对尺度的研究主要体现在两个方面:①确定科学的观测尺度,实际上,对同一事件的研究可能因为尺度不同而得出截然相反的结论,只有当观测尺度、分析尺度与研究现象的特征尺度相符时,格局或过程才能被科学地揭示;②尺度转换或推绎,是指把某一尺度上所获得的信息和知识拓展到其他尺度,或者借助多尺度空间格局方法来间接识别对象的等级结构与特征尺度。

对于生活在乡村地区的人们而言,常常以自然村或行政村形成的景观生态系统作为其生活生产的基本单元。事实上,大部分乡村都是人们世世代代为了适应局地的自然与社会条件所演变而来的最小生产生活单元,在这个单元中,生态系统所产生的各类服务能够满足人们的基本需求。因此,以乡村为"观测尺度"的景观具有多种类型的功能,可以解释乡村景观格局与过程的作用。另外,乡村尺度虽小,但却是以"乡村居民"为中心的尺度,在景观服务与景观可持续性的研究中,乡村景观是一个具可操作性和实践性的研究尺度。

2)空间异质性与景观格局理论

异质性是用来描述系统和系统属性在时空维度上的变异特征,其中,系统和系统属性在时间维度上的变化常被称为动态变化,而生态学研究中的异质性通常是指空间异质性。空间异质性是指各种生态学变量在空间上分布的不均匀性和复杂程度。在景观生态学中,景观异质性则是指景观要素组成和空间格局上的变异性和复杂性,这决定了景观的整体生产力、承载力、抗干扰能力、恢复力和景观生物多样性(赵玉涛等,2002)。从系统论来看,景观是由不同的景观要素组成的一个具有空间异质性的系统;从景观表象上而言,景观格局是景观异质性的外在表现,具体则指景观不同要素的类型、结构、空间分布与配置模式等。景观要素间通过物流、能流、生物流、信息流等相互交换和作用,进而影响景观的整体功能。景观空间格局异质性对景观功能的影响,在有些情况下表现为可提高抗干扰能力,减轻某些负面干扰对景观稳定性的威胁。

本研究将每个具体的乡村都视为具有空间异质性的景观单元,在评估景观服务时需要考虑空间异质性对服务能力的影响,诸如异质性对美学服务、对生物活动范围、对生物多样性等的影响。

#### 3)景观连接度和渗透理论

景观连接度是指景观空间结构单元之间的连续性程度,包括结构连通性(structural connectivity)和功能连接度(functional connectivity)。其中,景观结构连通性是指景观在空间上表现出的表观连续性,受特定景观要素的空间分布特征和空间关系控制(邬建国,2000a);景观功能连接度是指景观对象或过程表现出的特征连续性。景观连接度对研究尺度和研究对象的特征尺度有很强的依赖性,不同尺度上的景观空间结构特征、生态学过程和功能都有所不同,景观连接度的差别很大。而结构连通性和功能连接度之间有着密切的关系,许多景观生态功能与景观功能连接度依赖于景观结构连通性,但也有许多景观生态过程和功能连接度、结构连通性并没有必然联系。若仅考虑景观的结构而不考虑景观生态过程与功能关系,不能真正揭示景观结构与功能之间的关系及其动态变化的特征和机制。

渗透理论源于物理学领域,用来阐释临界与阈值现象。该理论认为,当不超过网络临界概率时,网络由孤立的节点集群构成,但当超过网络临界概率时,节点集群将扩散连接到整个网络。通俗讲,即溶质浓度达到某一临界值时,渗透物可在无外力干扰的情况下,从媒介的一端抵达另一端(富伟,2009)。在景观生态学领域,针对不同生态系统的等级结构,常应用渗透理论来探究景观斑块中出现的突变现象或阈值现象,例如,植物覆盖度对流动沙丘稳定性的影响、生境面积占整个景观面积的比重与某一物种能够幸免于生态破碎化的关联等。

城镇化进程常会导致乡村景观趋向破碎化,这会使得景观连接度降低进而影响景观功能。因此,对景观服务功能的研究要结合景观结构和生态过程,景观生态学中的渗透理论对景观结构(特别是景观连接度)和功能之间的关系研究具有一定的指导意义。

### 2.1.2  生态经济理论

#### (1)生态经济的内涵

生态经济学(ecological economics)是 20 世纪 60 年代初期由 Hicks(1969)正式提出的,是主要研究生态和经济复合系统的复杂结构、功能及其运行规律的一门新兴学科(王学义和郑昊,2013)。生态经济学旨在研究自然生态和经济活动的相互作用,探索生态-经济-社会复合系统协调和可持续发展的规律性,并为资源保护、环境管理和经济可持续发展提供理论依据(李周,2008)。它着重从微观到宏观尺度,研究人类经济活动、生态系统福祉及社会系统需求三者之间的冲突矛盾与相互作用机制,基本思想包括:①人类社会的经济发展在很大程度上受地球上的生态资源所制约;②经济发展需在时间和空间上与地球生态系统的整体结构和功能相协调;③生态经济最显著的特征是产业生态化、服务生态化和消费生态化;④生态产品、生态理念为生态文明时代提供物质性的保障(张志强等,2003;黄献明,2006)。

可持续发展导向下的"生态经济"内涵可以界定为:①时间维度上的资源利用,保障后代均等的自然资源享用权;②空间维度上的资源开发,区域间资源公平利用,实现资源环境的共享共建;③效率维度上的资源分配,最大限度地降低单位产出的资源消耗量和环境代价。生态经济的本质就是要超越农业经济和工业经济发展形势的局限,它旨在建立一个经济、社会、生态良性循环的复合型生态系统,实现经济增长与生态保护的"双赢"。总之,生态思想在多维度上的协调是具有必要性的。

(2)生态经济的基本理论

1)生态价值理论

"生态价值"的概念源于生态哲学思想。长期以来,传统经济学研究忽略了地球圈中的森林、海洋、耕地等生态资源的价值,同时纯自然性的生态环境日渐稀少,更多地转化为自然-社会复合型生态系统,人与自然的可持续天平严重倾斜。因此,开展生态价值的理论研究具有必要性和现实意义(刘薇,2009)。

余谋昌(2001)在《生态哲学:可持续发展的哲学诠释》中将生态价值定义为:地球生物圈作为生命支持系统或人类生存系统的价值,或称为生存价值(existence value)。其内涵包括两方面:第一,生态价值是一种"自然价值",与自然物本身的"功能"息息相关;第二,生态价值是一种"环境价值",在某种程度上属于自然价值的更高层次,不同于以往经济价值的概念。因为自然环境是人类生存和生活的唯一空间载体,一旦产生诸如极端气候事件、土壤质量退化等自然问题,环境价值将被削减。

2)生态经济效益理论

生态经济效益是以良好生态效益为基础,与工农业生产领域的经济效益相结合、渗透而形成的一种新的效益形态(李绍东,1985)。一方面,它沿用了经济学中"成本-收益"这一对核心概念;另一方面,它又对传统经济学的缺陷进行了完善,在仅考虑经济成本收益的基础上,综合考量了生态、社会文化系统中更加合理的因素。基于经济学的基本理论,沈满洪(2009)认为生态经济效益就是生态经济收益和生态经济成本两者之差,即:生态经济效益=生态经济收益-生态经济成本。尤飞和王传胜(2003)认为,生态经济效益取决于人类认识的变化(伦理角度)、自然系统的变化(生态角度)以及经济效率的提高(经济角度)三方面,并将生态经济效益构建为如下等式:

$$生态经济效益 = \frac{净精神收益}{人造资本} \times \frac{人造资本}{投入} \times \frac{投入}{自然资本} \times \frac{自然资本}{自然服务的损失}$$

$$= \frac{净精神收益}{自然资本服务损失}$$

3)生态系统服务价值理论

赋予生态系统服务以价值化的属性,以确保人类未来潜在的福利以及降低获取这种服务所需的成本,越来越受到人们的关注。在生态系统服务价值理论中,生态系统服务价值是人类直接或间接从生态系统中得到的效益,主要包括向社会经济系统输入有用物质和能量、接受和转化来自社会经济系统的废弃物,以及直接向人类社会成员提供服务,这些都可以折算为生态系统服务价值。在宏观层面上,既体现了对自然环境及其组成部分的经济价值赋值过程,又体现出生态系统服务的边际价值变化与人类社会的影响(欧阳志云等,1999;杨光梅等,2006)。因此,生态系统服务价值理论最大的贡献是从经济价值的角度构建起自然生态系统与人类社会系统之间的桥梁,便于指导人类对生态系统的正确利用。

由于生态系统功能和服务的多样性,生态系统服务具有对应的多价值性。McNeely(1990)将生态系统服务价值分为可利用价值和非可利用价值。其中,可利用价值进一步划分成直接利用价值、间接利用价值及可选择价值。直接利用价值是指生态系统及其产品产生的价值,具体包括食物、工农业生产原料、景观娱乐休憩等带来的直接价值,往往以市场价值来衡量;间接利用价值是指部分无法商品化的生态系统服务,诸如生物地球化学循环与水文循环、生物多样性的维持、保持土壤肥力等,以防护费用法、恢复费用法或替代市场法来估价;可选择价值是人们为了将来能直接利用与间接利用某种生态系统服务功能的支付意愿。而非可利用价值也称内在价值,即为确保生态系统服务功能继续存在的支付意愿。1993年,联合国环境规划署(UNEP)发布的《生物多样性国情研究指南》中,将生态系统服务价值分为显著实物的直接价值、无显著实物的直接价值、间接价值、选择价值以及消极价值(谢高地等,2006)。Costanza等(1997)最早对全球的生态系统服务价值进行了测算,奠定了将生态系统的功能转化为价值的基础。例如,在研究森林生态经济效益时,部分研究考虑了涵养水源、土壤保持、碳汇、森林休憩等功能,同时对森林被破坏导致的损失量进行补偿,计算出森林生态系统的生态系统服务价值(毕绪岱等,1998),从而使得越来越多的人认识到生态系统功能在价值层面上的重要意义。

以上生态经济相关理论都坚持了一个共同理念,即大自然本身是具有价值的,是属于"自然"资本。人们在无形中享受着大自然带来的效益,有时也不得已因破坏大自然而付出代价。生态系统服务价值理论同样认为,生态系统给予人类的服务是可以通过价值来量化的,但是价值量化的过程也包含一些主观判断,因为有些服务是无形的、没有固定物质量,很难用价值去衡量。总之,生态经济理论中的一个重要启示便是生态对人类而言的重要性,在景观服务中,需要充分认识到生态系统具有的重要价值,当然,这主要体现在理论层面。虽然已有大量研究对生态系统服务价值做了定量计算,但仍存在很多不确定性,同时,也已有大量研究尝试从物质量等角度对生态系统服务价值进行侧面的评估。

### 2.1.3　可持续发展理论

(1)何谓发展?

在理解可持续发展理论之前,需要先理解什么是"发展"? 发展可以指期望的状态(目标)、实现目标的过程以及人们为实现目标所做的活动(努力)。人类生活的环境随着时间的变化在不断改变,达到理想社会状态的过程中会存在一系列变化,人们的努力可被视为有目的的活动,为了推动或引导这些变化朝着期望状态演变(图 2.1)。

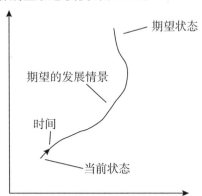

图 2.1　从当前状态到期望状态发展的过程(Becker,2014)

(2)可持续发展的内涵

可持续发展理念的提出可以追溯到 1972 年在斯德哥尔摩召开的联合国人类环境会议上通过的《人类环境宣言》和 1980 年国际自然资源保护同盟公布的《世界自然保护大纲》。1987 年,Brundtland 在联合国大会上发表《我们共同的未来》(Our Common Future)报告(又称为布伦特兰报告),正式将"可持续发展"定义为是一种发展模式,要求确保满足当前的需求,而又不损害子孙后代满足其自身需求的能力。"可持续发展"的内涵可以涵盖两个部分:①随着时间的推移可以长期保持的发展;②可以免受负面事件和进程影响的发展。这两个部分是密切相关的,因为不仅是事件或进程可能会影响发展,而且发展的方式也可能会增加新的事件或潜在的过程,而这些事件或进程反过来又可能会使发展难以维持。例如,自工业革命以来,人类对石油、煤炭等不可再生能源的依赖使经济实现了巨大的飞跃,但同时也是造成气候变化、海洋酸化、生态环境失衡的主要原因,而这些环境问题正在威胁着人类的有序发展。不管负面事件是突然的还是渐进的,负面事件及其潜在过程都可能导致偏离人类期望的发展路径,从而限制了发展的可持续。因此,可持续发展是指可以随着时间演变而维持的发展,可以保护其免遭负面事件及其潜在过程的影响。

（3）可持续性的两种理论

可持续发展通常可以被简单地理解为经济发展可持续、社会发展可持续、环境可持续三个方面,即所谓可持续发展的"三重底线"。经济方面侧重于持续地生产商品和服务,社会方面指代诸如性别、健康、教育、民主、收入的维持和发展,而环境方面则侧重于长期地维持生态功能。根据布伦特兰报告中对于可持续发展的定义,可持续性是要在人类需求和环境稳定之间取得平衡。这在资源稀缺的情况下,世代之间公平的保障越来越困难。可持续发展面临的最大挑战是理解和塑造经济、社会、环境三个维度之间的关系以及每个维度中不同组成部分之间的关系。能否可持续发展的问题取决于当前的发展模式是否具有可持续性。对于可持续性的理解目前主要存在两种不同的理论:

1）弱可持续性理论

"弱可持续性理论"的核心观点是"自然资本"（包括可再生和不可再生的资源,比如植物、物种和生态系统等）与"人造资本"（例如工厂和城市基础设施）之间互相可以替代,只要系统的总资本增加或者保持不变,就可认为该系统是可持续的（Wu,2013b）,亦意味着无须关注世代传递中的资本的形式。据此观点,新古典经济学家们认为,一个经济快速发展、城市不断扩张但以牺牲其环境质量为代价的地区仍可被认为是可持续的。Neumayer（2013）认为,能够提供效用的项目即为资本,"自然资本"是自然资源的总和,能够为人类提供可利用的物质和非物质,而"人造资本"是传统意义上被归入"资本"之下的东西。弱可持续性理论的支持者往往较少考虑经济增长带来的环境后果,因为它更多地依赖于增长人造资本以补偿后代因长期环境退化而缺乏自然资本的假设,这意味着只要有足够的人力和财富资本建立起来,自然资本就可以长期稳定地运行下去(陈敏,2019)。

2)强可持续性理论

"强可持续性理论"与"弱可持续性理论"是两种对立的理论,其根本区别在于对自然资本与人造资本之间关系的定义不同。大多数自然科学家和社会科学家似乎都坚持认为:如果没有一个健康稳定的环境,就难以长期维持经济和社会的平稳发展,更不用谈及经济增长了,也就是说,自然资本和人造资本之间是不可替代的。例如,Daly(1995)指出,人类已经从一个自然资本相对充足而人造资本短缺的世界来到了一个人造资本相对充足但自然资本短缺的世界。在他看来,人造资本和自然资本基本上是互补性的,彼此可以替代的情况较少,人造资本本身就是自然资源(来自自然资本)的物质转换。因此,产生越多的替代物(人造资本),就需要越多的被替代物(自然资本)。

从生态学领域的角度看,生态系统稳定是社会经济可持续发展的前提,生态系统对于人类的服务是自然资本难以替代的,属于强可持续性理论的范畴。就本研究所关注的基于景观服务的景观可持续性而言,景观或景观所构成的生态系统一旦遭到破坏,在很多情况下是不可逆的,或者需要耗费大量的人力或财富资本,因此,判断其可持续与否需要建立在强可持续性理论基础之上。

(4)可持续发展理论的要义

可持续发展是 21 世纪人类面临的主要问题,它直接关系到人类文明的延续和发展。从人的角度,可持续发展理论的核心应当是人与自然、人与人的和谐问题。可持续发展的目标是要保持经济的稳定增长、提倡资源的永续利用、保持良好的生态环境、谋求社会的全面进步。

基于此,可持续发展理论当有如下三大要义:

1)公平性

满足人类的需求和欲望是可持续发展的总体目标。但是每一个人生活的状态和享有的资源各有不同,而且随着社会的发展,代与代之间也将会有不同的生活状态,这其中,在人类的需求方面会存在很多不公平的因素。首先,需要保证本代人的公平,对于利用自然资源和享受清洁、良好的环境享有平等的权利。其次是代际间的公平,将眼光需要放得长远,不能为了当代人物质生活水平最大化地提高而不考虑后代人的利益,给予后代人同等地利用自然资源的权利。再次,公平分配有限的资源,各国、各地区在经济发展过程中能够不损害所管辖范围以外的自然资源环境,使得大家相对公平地享有资源。

2)持续性

持续性主要是强调资源的永续利用和生态环境的可持续性,这也是人类发展的首要条件。人类的经济和社会发展不能超越资源与环境的承载能力。

3)共同性

共同性是指实现可持续发展必须采取共同的联合行动。发展共同的认识,提高共同的责任感,既保证所有各方的利益又保护全球环境与发展体系。

总之,可持续发展鼓励经济增长,但是更追求改善质量、提高效益、节约能源,发展的同时必须保护生态环境,保护生物多样性,这样才能够在真正意义上改善人类生活质量、提高人类健康水平,创造一个良好的社会环境。

将可持续发展理论联系到本研究的景观可持续性,景观始终是处于不断发展、动态变化的过程。在这个过程中,随着景观类型和格局的演变,景观服务能力会相应地产生变化。景观服务能力演变是景观可持续性判别的一个重要指向。根据可持续发展理论的三大要义,景观可持续性需要考虑景观服务在纵向上时间维度的可持续性供给能力、在横向上不同景观服务供给的空间传递和区域之间的流动平衡,同时还需要考虑景观服务对于人类需求的供需匹配情况。

### 2.1.4　人地关系理论

(1)人地关系的认知

人地关系即地球表层人与自然的相互影响和反馈作用(陆大道和郭来喜,1998)。对人地关系的理解,存在两种不同的概念解释路径。经典解释认为,人地关系是指人类社会及其活动与自然环境之间的关系;而非经典解释则在地理环境的概念基础上叠加了生态内涵,采用广义地理环境的范畴,融入人类社会生存与发展或人类活动子系统(包括人口再生活动、经济活动、社会文化活动以及生态文明建设活动),认为人地关系是指人类社会生存与发展或人类活动与地理环境的关系(杨青山和梅林,2001)。两种解释本质上并无太大差别,甚至存在较大交叉、重叠的部分,均旨在探究人与自然之间的矛盾均衡关系。但由于自然环境和人文环境不同的本征变化周期,故在相对意义上,经典解释适合在长期尺度下研究人与自然的关系,而非经典解释更适合中短期的研究尺度(蔡运龙,1995)。

从地理学的角度理解,人地关系是由"人"与"地"构成的二元系统。其

中人的概念具有双重性：一方面，"人"是在特定地域空间上开展社会活动
的社会人，需建立在满足其基本生存需求的前提条件之上；另一方面，"人"
又是内涵丰富、对立统一且具备层次功能和组织功能的系统人，因为人从
不是孤立存在的，其发展受到多方面因素的制约。同样，"地"的概念也有
细微的转变，"地"是指由自然和人文要素按照一定规律相互交织、紧密结
合而构成的地理环境整体（吴传钧，1991）。它不再是给定的、完整的、独立
的体系，而是与人类活动双向作用，并包容人类活动及其产物的系统。相
比于传统的"自然性"，其更多地体现为一种"自然-社会的动态复合属性"，
并以其丰富性满足人类的多样需求，如心理的、美学的、价值的等多方面需
求（黄震方和黄睿，2015）。

　　在二元结构中，人与地的客观关系：第一，人对地具有依赖性，地提供
人类生产生活的物质基础和空间场所，并影响着人类生活的深度、广度和
速度。一定面积的地只能容纳一定数量的人以及一定程度的活动，同时地
本身具备客观的发展规律，因此，人类对地的认识和有效利用至关重要。
第二，在人地关系中人占主导地位，且人具有能动机制。人类活动既是客
观改造地的活动，又是把地作为主体的自我完善活动。人地关系中占主导
的是矛盾规律还是互动规律，这由人决定，只有人类正确地认识、开发和保
护地，才能推动形成多层次和谐共生的人地关系系统。

　　如图 2.2 所示，在人地关系系统模型中，人口与社会要素为一端，资源
与自然环境要素为另一端，双方之间及其各自内部存在多种反馈机制（吕
拉昌和黄茹，2013）。其中，人口与社会要素中延伸出经济生产活动、生态
活动和社会文化活动，资源与自然环境要素进一步细化为自然资源与生态
环境，彼此形成要素效应与组合效应。它们之间最直接的相互作用表现在
人类以可控资源的投入来获取基于土地资源的产出，如粮食产出。具体还
包括经济活动对自然资源的消耗、文化生态路径（自然环境、生态环境、精
神环境三合一）以及生态理念与环境保护政策。

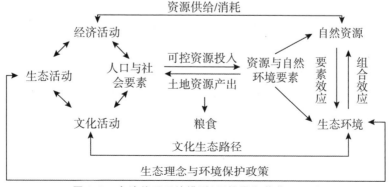

**图 2.2　人地关系系统模型（吕拉昌和黄茹，2013）**

　　（2）人地关系的基本理论

　　1）土地承载限制与超越原理

　　在人地关系的发展历程中,人地关系的问题集中表现在土地承载力的限制上。人地矛盾规律早已被提出:尽管人地系统是一个相互促进、彼此依赖的整体,但人与地两者向来就是一种对立统一的关系,并且该关系在农业文明时代至信息文明时代的横轴上不断发展进步。人地关系始终围绕不断变化的土地承载力上下波动,两者构成螺旋式上升的局面。随着人类对土地的理性认识、开发能力提升,呈现出"改造-适应""超越-制约"甚至"破坏-衰败"的模式,并产生了更具创新性和适应性的土地政策。

　　人地关系的限制因素可以概括为四类:①恶劣或极端的自然条件导致土地开发难度较高以及土地的非宜居性;②由于土地质量差异形成"人口-土地-食物"的供需矛盾;③土地综合体的多功能效用在时间与空间、数量与质量、强度与速率上的制约,导致人类难以协调经济发展、生态保护与资源利用;④在人地关系地域一体化的前提下,随着地理环境和人类社会两个子系统相互作用的空间从地方微观层面到局部中观层面,再上升至全球宏观层面,特定地域的人地关系往往同时受到高层级和低层级自然系统和人文系统的影响与制约。

　　2）人地关系地域关联互动原理

　　城市扩张伴随着人口、资源、环境等问题的出现。当前,全球的人地关系已经形成一个巨大的地域综合功能体,就其与外界的关系而言,本质是半开放的系统。人地关系地域系统是以人地系统一定地域为基础的人地关系系统(吴传钧,1991)。各个区域的不同特征来源于人地关系地域系统的内部联动。同时,通过与外部的能量、物质、信息交流,人地关系地域系统形成区域间的联系和整体性(陆大道,2002)。

　　本研究中,"景观服务"一词中的服务源自景观,亦即陆域或水域,但是,根据人地关系理论,在评估景观服务并基于景观服务测度景观可持续性时,都需将"人"这一维度考虑进去,任何离开了人的景观服务都不能被称为"服务",而仅仅只是"功能"。可持续发展的目标之一即是人地协调发展,因此,景观服务能力供给高不代表就一定可持续,还需要考虑人类对服务的需求。乡村景观的可持续性就是要形成一个"自然生态系统-人类社会系统"互惠互利、相互协调的系统。通过乡村景观可持续性的测度,可以认识到当前乡村发展是否可持续,以此发挥人的主导性,合理利用和管理景观,促使乡村景观与乡村居民生产生活的协调发展。

## 2.2　景观格局-服务-可持续性的理论逻辑

　　景观格局是客观存在的、人们生产生活的本底,与人们关系最为密切。以景观生态学理论为基础,需要认识到景观"格局-过程-功能"之间的相关关系,景观空间格局特征(如景观的连通性、异质性等)会影响生态过程,进而导致景观生态功能的差异。根据生态经济理论,虽然在大多情况下在景观单元之上的生态系统功能是无形的存在,但是生态对人类的贡献不可否认。景观作为生态系统的构成,具有生产、生活的多种价值。景观服务能力作为景观生态与景观可持续性之间的桥梁,逐渐得到学界的认可和关注。根据可持续发展理论和人地关系理论,在考虑景观服务、景观可持续性时需要建立一个自然和社会耦合的逻辑系统,在人地耦合的框架下测度景观可持续性。基于此,本节将对景观格局-服务-可持续性研究框架展开理论探讨。

### 2.2.1　可持续性科学视角下的景观格局-景观服务逻辑框架

#### (1)可持续发展目标

　　2015 年,联合国 193 个会员国在可持续发展峰会上正式通过《2030 年可持续发展议程》,为当今和未来人类与地球的和平与繁荣勾画了共同的蓝图,即联合国可持续发展目标(Sustainable Development Goals,SDGs)。SDGs 的核心是 17 个可持续发展目标,包括全球的贫困消除、健康、和平、资源、环境等各个方面,并对每一个目标提出了具体的要求(图 2.3)(UN,2015)。SDGs 是对可持续理论、可持续发展的具体化和行动化,这是所有国家(无论是发达国家还是发展中国家)在全球伙伴关系中迫切需要采取的共同行动。

图 2.3　联合国可持续发展目标(UN,2015)

　　如何实现联合国发展目标是全社会需要考虑的问题,不同领域也在不断地为实现可持续目标提供相应的解决办法。自 20 世纪 50 年代以来,全球工业化、城镇化进程日趋加快,人类活动已成为全球变化的重要驱动力量(Fraser et al. ,2003)。当前,人类施加的各种压力已致使地球超过 77% 的土地(不含南极洲)和 87% 的海洋发生改变,全球生态系统损耗与退化日益严重(Watson et al. ,2018)。有学者提出,可持续地供应生态系统服务是实现可持续发展目标的关键(Liu et al. ,2020)。景观服务与生态系统服务密切相关,长期而稳定地提供景观服务同样是实现可持续发展目标的重要组成部分:

　　1)SDG2 消除饥饿、实现粮食安全、改善营养状况和促进可持续农业

　　自然资源,尤其是土地资源给予了人类肥沃的土壤,粮食、蔬菜、水果等食物在全球的这片土壤上生长,食物是维持人类生存的根本物质。农田景观的主要功能就是生产各类农产品,其他农用地如园地景观、草地景观也直接或者间接地为人类提供蔬果、肉蛋奶等各种食物。这些景观服务是可持续发展目标中消除饥饿的基本保障,而且通过景观格局的优化可以提供更高质量的服务,促进农业的可持续。

　　2)SDG6 为所有人提供水和环境卫生并对其进行可持续管理

　　水与食物一样都是可持续发展不可或缺的资源。湿地景观也是地球上重要的景观类型,号称"地球之肾",可为人类提供重要的水源涵养、产水等服务,这些也是生态系统服务的重要组成部分。加强对湿地生态系统的科学管理,能为世界各地提供充足且清洁的淡水,可促进可持续发展目标的实现。

　　3)SDG11 建设包容、安全、有抵御灾害能力和可持续的城市和人类住区

　　城市是人们聚居的场所,住房、基础设施是城市景观提供的主要服务。不仅如此,城市景观中也存在着很多绿地、水域等生态系统,这些生态系统可以为整个城市提供更为宜居的环境,促进城市的可持续发展。

　　4)SDG12 采用可持续的消费和生产模式

　　可持续的消费和生产是指促进资源和能源的高效利用、建造可持续的基础设施,从而在提升生活质量的同时,减少整个生命周期的资源消耗、退化和污染。其中,实现自然资源的可持续管理和高效利用是重要环节,而通过景观管理可以在一定程度上有效地促进自然资源生态系统服务的提升,从而促进可持续发展目标的实现,这也可以被视为景观服务的一部分。

　　5)SDG13 采取紧急行动应对气候变化及其影响

　　气候调节是一项重要的生态系统服务,气候变化的影响因素是多样的,调整土地利用和景观结构可以减轻气候变化带来的不良影响(Opdam et al. ,2009)。从景观生态学的视角,综合考虑景观空间格局-生态功能基

础上的气候调节服务,同样有助于可持续目标的实现。

6)SDG15 保护、恢复和可持续利用陆地生态系统

该项可持续发展目标具体指出,保护、恢复和可持续利用陆地和内陆的淡水生态系统及其服务,特别是森林、湿地、山麓和旱地;防治荒漠化,恢复退化的土地和土壤,包括受荒漠化、干旱和洪涝影响的土地;保护山地生态系统,包括其生物多样性,以便加强山地生态系统的能力;采取紧急重大行动来减少自然栖息地的退化,遏制生物多样性的丧失等。这些可持续发展目标与典型的生态系统服务(或景观服务)密切相关,提升景观服务能力有助于实现可持续发展目标。

(2)可持续性科学

可持续发展是人类的一个永恒目标,这个过程中会遇到一系列挑战,如生物多样性丧失、森林砍伐、海洋资源枯竭、土地退化、水资源短缺等等。在 20 世纪 80 年代初,就出现了对自然和社会可持续发展的科学探索。同时,人们也逐渐认识到,全球应该以跨学科的方式解决当前及未来面临的可持续发展问题。正如 Clark 和 Dickson(2003)所言,可持续性科学不是一个独立的领域或学科,而是一个充满活力的舞台,汇集了学术和实践、全球和地方观点,以及自然科学、社会科学、工程和医学等学科。其核心问题的内容、范围、深度等在很大程度上会随着发展而有所变化,但都会持续一段时期。一些在理论上令人兴奋、实践中令人信服但没有准确结论的事物都可以被称为可持续性科学。

可持续性科学虽然是一门综合性的学科,但也有其主导性的核心问题。2001 年,Kates 等人在 *Science* 上发表了一篇题为“Sustainability Science”的文章,奠定了可持续性科学研究的主要方向,并提出了以下 7 个可持续性科学的核心论题:①如何更好地将自然与社会之间的动态相互作用(包括滞后和惯性)整合到地球系统、人类发展和可持续性的整体框架中? ②在包括消费和人口在内的环境长期发展趋势中,如何重塑自然与社会的相关关系进而影响可持续性? ③在特定地方,对于特定的生态系统类型和人类生计问题,决定自然-社会耦合生态系统脆弱性和弹性的是什么? ④如何定义具有科学意义的能够预警自然-社会系统严重退化的极限条件和边界域值? ⑤哪些激励机制体系(包括市场、政策、规范和科学信息)可以最有效地提高社会能力,以引导自然与社会之间的互动朝着更可持续的方向发展? ⑥如何整合或扩展当前用于监测和评估环境和社会状况的系统,从而为可持续发展提供更有效的依据? ⑦如何将当前相对独立的研究计划、监测、评估和决策支持体系更好地集成到适应性管理和社会系统

之中？

　　总而言之，在可持续性科学的整体框架中，一方面，应将人类社会与自然生态环境作为一个整体来考虑，这就需要去认识自然与社会的机制、相互关系，从多个维度逐步明晰当前的可持续性状态；另一方面，如何根据当前的可持续性特征及规律指导旨在实现可持续发展目标的战略和途径，完成从认识到实践的跨越。

　　(3)可持续性科学视角下景观格局-服务的相互关系

　　景观和区域是可持续发展研究和实践的基本空间单元，同时也是人类与自然互动最为密切的基本空间单元。相比全球、国家、区域等大尺度，以景观为对象的研究是可持续性科学研究运用到实际管理的一个可操作性尺度(邬建国等，2014)。从景观的角度，在可持续性科学理论框架下，本研究重点关注在一定空间范围内特定景观所能提供服务能力的大小以及景观格局与景观服务之间的动态变化关系。在景观中，不同的景观要素及其空间组合特征决定了不同的景观基底、信息和能量，这些景观基底、信息和能量在景观要素之间流动产生景观功能，若景观功能为人类创造价值，就转变成为景观服务。

　　景观服务实际上是一个综合性的概念，本研究中所提及的景观服务概念的内涵是建立在生态系统服务之上的，生态系统本身也蕴含在景观这个空间实体之中。生态系统服务主要关注生态价值对可持续性的影响；相比之下，景观服务关注空间格局和尺度的关系。根据景观生态学理论，景观格局影响生态过程从而影响生态系统的服务供给能力，同时也会对娱乐休闲、美学等文化服务产生影响，因此，景观格局是评估景观服务的基础。

　　(4)可持续性科学框架中景观服务的内涵

　　基于景观格局-服务之间的关系，本研究中的景观服务建立在可持续性科学研究的框架之下，具备以下内涵。

　　1)以景观为评估尺度，具备明确的空间范围

　　景观服务要求考虑景观空间格局与过程之间的相互作用，而景观本身具有尺度效应，在不同的尺度下，景观表现出不同的生态过程和空间异质性，即尺度是景观生态学中一个重要特性。在本研究中，"以景观为评估尺度"对景观服务界定，是将景观作为一个相对的尺度来开展评价，即景观尺度级别在"田块-农场-景观-区域-国家-全球"层级之中，可以体现景观格局-过程对服务的影响。此外，景观管理通常强调解决实际问题，这需要一个明确的空间范围或边界，这个空间范围或边界可以是自然边界，也可以是行政管理边界，但必须要与人们的生计密切相关，它可以反映某些环境问

题或为景观政策的制定提供依据。

2)以生态系统服务为根基、深化文化服务

景观服务不是一个全新的概念,也不是生态系统服务的替代性概念,但生态系统服务是一个相对成熟的概念,更是景观服务内涵的根基所在。生态系统可以提供调节服务、支持服务,这些生态系统服务是人们安身立命的基础,可以理解为是景观服务中生态学意义上的"基础性服务",也有学者将之称为"中间生态系统服务"。中间生态系统服务是生态系统结构和过程之间复杂相互作用的结果(Quintas-Soriano et al.,2019)。但是与生态系统服务内涵不同的是,景观服务中的调节、支持服务需要在一定程度上考虑景观空间格局影响下的生态服务能力。供给服务、文化服务本身内涵与生态系统并不直接相关,但是服务的提供依旧是建立在相应生态系统之上的,也是属于生态系统服务中的一部分。本研究提出景观服务以期更好地解释和评估这两类服务,例如,文化服务中的娱乐休闲服务、美学服务等都是与人对景观的体验、视觉感知密切相关的服务,而这些服务价值在生态系统服务框架体系中很难找到一个合适的方式去评估。总之,景观服务是一种特殊的生态系统服务,其服务的提供有赖于景观格局的综合作用结果,并且将关注点从传统的"生态系统"转向"社会生态系统"。

3)以可持续发展为导向

服务于可持续发展是景观服务评估的落脚点,因此,景观服务内涵需要建立在可持续发展目标的框架之下。以可持续发展为导向,首先景观服务需要重点关注在景观水平上的调节服务、支持服务等基础性生态服务,这些生态功能性服务一旦产生衰减是较难修复和逆转的,因此,生态问题是可持续发展重点关注的问题,景观服务评估需要以生态功能评估为主;其次,"人"是可持续发展中的重要的一环,可持续发展必须坚持以人为本的理念,景观服务强调的不是景观有多少功能,而是人能从景观中获益多少,因此,景观服务还需重点考虑无形的、却对人具有直接意义的文化服务。

### 2.2.2　人地耦合框架下的景观可持续性

(1)从景观服务到景观可持续性的理论逻辑

景观可持续性研究是可持续性科学中的一部分(Zhou et al.,2019)。在过去的研究中,对景观可持续性科学的讨论与生态系统服务和景观服务密切相关,景观可持续性科学的一些定义也以生态系统服务或景观服务为中心(Fang et al.,2015)。Wu(2013)将景观可持续性科学定义为:聚焦于景观和区域尺度的,通过空间显示方法来研究景观格局、景观服务和人类福祉之间相互关系的科学。

　　近些年,景观服务在景观可持续性研究中得到了重视。根据人类生态学观点,景观功能可以在没有人的情况下存在,而服务之所以存在是因为人们使用并加以重视景观。例如,植物的根和土壤微生物区系(生态系统的组成部分)起着土壤保持作用,人们重视这一点是因为它可以防止侵蚀造成的损害。因此,土壤保持功能提供的服务是防止侵蚀造成的损害。可持续性科学要求人们认识自然与社会之间的相互关系,而景观服务是由客观上的自然或人为景观产生并被人类所感知且可利用的效益,因此,景观服务是存在于社会生态系统之中的,属于景观生态学与社会科学之间的纽带,并可为可持续发展提供依据(Termorshuizen and Opdam,2009)。相比HDI、绿色 GDP 等简化的指标,景观服务能力更能在人地耦合框架下反映自然与人类之间的关系,更能综合性、系统性地体现景观的可持续性。深入研究景观服务可促进景观可持续性科学的发展。

　　(2)景观可持续性与人类福祉的关系

　　经济可持续、环境可持续一直以来是可持续发展的支柱,自 20 世纪 90年代以来,社会各界越来越多地开始关注生活质量的可持续。1991 年,由世界自然保护同盟、联合国环境规划署和世界野生生物基金会共同发表的《保护地球——可持续生存战略》提出,可持续发展的最终落脚点是人类社会,即改善人类的生活质量,创造美好的环境(刘民权等,2009)。因此,在人地耦合框架下,仅从景观服务能力来判断景观可持续性并不是完全充分的,人类福祉高低是景观可持续与否的重要体现。景观可持续性科学旨在理解和改善在内部反馈和外部干扰引起的不确定性下、不断变化的景观中服务与人类福祉之间的动态关系。反过来,通过景观服务与人类福祉之间的动态关系,可以将一般的可持续发展目标转化为更具体的行动。

　　总之,景观可持续性着眼于不断变化的景观服务和人类福祉,景观服务能力对人类福祉的贡献是不可忽视的,人类福祉和景观可持续性之间应当是相辅相成的关系,将人类福祉的提升作为景观可持续性的主要落脚点是当前可持续发展目标实现过程中的高阶路径。

## 2.3　快速城镇化地区乡村景观可持续性内涵

### 2.3.1　快速城镇化背景下的"乡村现实"

　　从工业文明时期开始,城镇化进程就已深刻改变了人与自然之间联系的内涵、逻辑与模式。随着人地关系、社会生产组织方式的彻底变革,城市区域已成为近当代人类发展史中的一道鲜明印记。快速城镇化进程在地理环境、社会经济和政治文化等维度不可逆转地产生了诸多深远影响,这让许多学者认为城市地区是可持续发展研究的中心议题(Zhu et al.,2019)。然而,高度集聚的城市景观仅仅占据了地球圈层中的极少部分,广袤的乡村景观仍然是地表主导景观类型之一,因此,在探讨乡村景观可持续性问题之前,需要首先认识到快速城镇化背景下的"乡村现实"。

(1)人口问题引发"乡村衰退"

农村人口向城市的迁移始于第二次世界大战时期(图 2.4),随着城镇化与工业化的持续推进,全世界的人口不断向大都市区集聚,这一过程促进城镇地区的繁荣,但也导致了某些农村地区严重的人口荒漠化现象(demographic desertification)。即便是在发达国家,如美国的大部分农村地区,人口流失也是一种普遍现象:大约有 46% 位于农村区域的郡县正在经历人口外流,这一比例要远超过位于大都市区(6%)的郡县(Johnson et al.,2019)。欧洲农村的人口流失也见于多项研究:奥地利约 1/3 农村地区已存在 10 年以上的人口减少;东欧地区的农村人口迁移则引发了"空心村"现象;根据人口普查数据,俄罗斯居民少于 10 人的村庄数量从 2002 年的 34000 个增加到 2010 年的 36200 个,甚至有近两万个村庄没有居民(Wegren,2016)。农村人口减少是一个复杂的过程,其中既有农村内生性的推动因素,也有来自城镇区域外源性的拉动因素。城市能够提供更广的就业机会、更高的薪水以及更高的公共服务和消费品可获得性,是影响农村移民决策的主要驱动因素。另一方面,在发展中国家的一些农村地区,机械化、技术进步引起的经济转型大量减少了第一产业的就业,多余的劳动力因此被迫离开农村以维持生计。

景观本身是人与自然互动所塑造出来的结果,在当前城镇快速扩张更为显著的发展中国家,人口从乡村向城市迁移使得城乡的景观格局发生剧烈变化。一方面城市蔓延使得乡村景观破碎,尤其是在城市化无序发展地区;另一方面,一旦某些农村人口开始减少,意味着乡村农田景观无人打理、农村宅基地逐渐废弃,这就使得生产条件、生活环境可能恶化,包括基础设施条件变差、维护成本增加等。这些都在一定程度上削弱了以农业生产为主导的农村地域功能,同时也使乡村渐渐失去了生活的氛围,造成了土地(景观)资源的浪费,严重影响了乡村景观的可持续性。

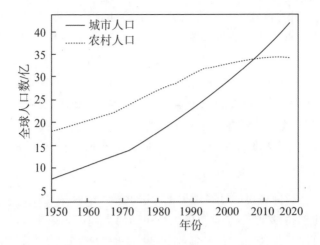

**图 2.4　全球人口变化(1950—2018 年)**

资料来源:联合国《世界城镇化展望(2018 年修订版)》

(2)城乡非均衡发展中的"城进乡退"

一般情况下,城镇化通常意味着不同维度上的"城进乡退",重点体现在农村土地利用变化、城市扩张、农业经济转型、基层组织重构及聚落文化变迁等方面。由于自然条件的限制抑或缺乏科学规划与管理措施等原因,一些发展中国家的农村地区普遍存在土地利用效率低下、农村居民点布局散乱、农村人居环境恶劣等问题,极大地影响了居民的生活水平和乡村的发展进程,且随着这些地区城市化进程的加快,城乡冲突问题愈发凸显。

以中国为例,改革开放以来,中国的经济增长和社会发展取得了举世瞩目的成就,然而城乡发展不均衡、城乡差距增大成了制约乡村可持续发展的重要因素。具体而言,城乡分隔的二元体制和城市优先发展战略,促使大量劳动力、土地、资本等生产要素向城市集聚,进而加剧了城乡差距的增大(王艳飞,2016)。从土地利用转型的角度看,每年由于城镇化占用的耕地面积多达 300 万亩(1 亩=666.67 平方米),直接造成了超过 1 亿的失地农民,能否守住耕地红线、提升耕地质量,是关乎粮食安全保障的重大战略问题(刘彦随,2011)。从城镇化的生态环境效应看,城镇地区的快速扩张侵占了周边乡村的自然、半自然生态系统,不合理的土地利用方式造成了多方面的环境损害;另外,城市扩张的同时往往会导致乡村景观的破碎化,这也会在一定程度上破坏乡村生态系统的完整性,进而影响生态系统的功能。因此,应当充分认识到,在城乡不对等的发展进程中,造成的城乡基础设施、人居环境条件,以及教育、卫生、文化等公共服务配套方面的巨大差距,也间接地对乡村的农业生产、生态环境保护形成了冲击。

(3)城乡协调的乡村可持续发展之路

　　快速城镇化地区经济发展所产生的空间溢出效应,往往能够辐射到周边的农村地区,强烈的经济外部性使这些乡村经历着景观、经济、社会层面上的全面重构。城乡不均衡发展是城镇化的早期阶段,在城镇化进程的中后期,城乡融合即为一种积极正面的重构过程,其本质是在城乡发展要素自由流动、公平与共享基础上实现城乡协调和一体化发展,为破解乡村可持续性难题提供方案。

　　自 20 世纪中叶以来,欧美发达国家为了能够破解城市发展背后的乡村衰退难题,实行了诸如美国的新城镇开发建设、英国的农村中心村建设、法国的"农村振兴计划"等战略。以乡村景观为对象,开展了大量的建设和管理行动,例如,通过土地整理盘活并利用乡村土地资源,通过景观规划建设乡村美丽景观,通过基础设施建设重塑乡村社区活力,并采取补贴政策来吸引人口回到乡村,从而改变乡村景观和生活条件日益凋敝的状况(Liu and Li,2017)。在一些工业化后发性资本主义国家,为了应对农业与乡村社区的衰退问题,同样推行了乡村振兴战略(如韩国的"新农村运动"、日本的"村镇综合建设示范工程"等),有效缓解了城乡发展差距日益扩大等突出矛盾。

　　中国人口众多,乡村底子薄、农业基础差,基于这一现实,中国的乡村振兴战略无法完全照搬部分发达国家的转型发展模式(国家依赖强大财政供给或者乡村剩余劳动力全部转移)。因此,在借鉴国外成功经验的同时,必须立足中国国情、乡村实际,走出一条具有中国特色、时代特点的农村可持续发展之路。

### 2.3.2　快速城镇化地区乡村景观可持续发展导向

　　乡村景观作为一个多尺度、多主体、多功能的系统性概念,表现为乡村范围内受自然、社会、经济和人文等多种因素影响的复杂综合体。在我国城镇化与工业化不断深入推进的过程中,东部沿海等快速城镇化地区的乡村景观及其社会结构的变化相对更为剧烈,这种变化也呈现出自然环境和社会经济相互作用、共同影响的复杂结果。社会经济的整体进步,特别是现代工业的快速发展和城市建成区的蔓延与扩张,在大范围上提升了乡村居民的收入水平和生活质量,也给乡村地区的未来发展带来了一系列问题,比如城乡二元结构下的地域布局混乱、生态破坏、环境污染等,导致乡村地区生产力提升、生活质量改善、生态环境保护等多重目标之间的矛盾越来越尖锐。

　　随着科技发展与社会进步,生态文明理念逐渐深入人心,人们逐渐意识到人与自然、与社会应当和谐共生,构建良性循环,从而实现全面发展、持续繁荣。十九大报告中明确指出,全面实施乡村振兴战略,要坚持农业农村优先发展,按照产业兴旺、生态宜居、乡风文明、治理有效、生活富裕的总要求,建立健全城乡融合发展体制机制和政策体系,加快推进农业农村现代化。在探索乡村景观发展的过程中,践行"绿水青山就是金山银山"的绿色理念,处理好生产、生活、生态三者之间的关系,不仅是推进乡村振兴战略的切实需要,也是人与自然和谐共生的必然要求,对落实生态文明建设、共建以人为本的乡村环境而言至关重要。不同于内部基质相对单一的城市景观,乡村景观中包含大量草地、森林和湿地等多样化的自然景观,其本身就是"绿水青山"。以生产、生活、生态"三生融合"的可持续发展道路为导向,借助山水林田湖草等自然要素和乡村聚落、基础设施和特色文化等人文要素的综合搭建,可让乡村景观走上一条生产发展、生活富裕、生态良好的文明发展道路。因此,在乡村景观的可持续发展路径上,亟须脱离过去孤立的千篇一律的以经济建设为中心的开发利用模式,以可持续发展为导向,站在全局视角上统筹兼顾,辨析不同地区乡村景观生产、生活、生态功能,优化乡村景观空间格局。

综上,乡村景观服务能力是乡村可持续性的根基,乡村景观可持续发展导向的核心也就在于通过景观格局的优化提升乡村景观服务的能力,从而满足人类生产生活的需要。本研究亦将会从乡村景观的生活、生产、生态来探讨景观可持续性的发展导向。

对于乡村景观的生活功能而言,乡村聚落是一个具有乡村特色、乡土文化、乡土情结的生活空间。许多原本生于乡村但现如今长期在城市生活的人们内心都离不开乡村聚落生活给他们心灵带来的慰藉。乡村聚落景观是乡村的灵魂,是城市中的居住小区所没有的。但是,面对上述所提及的人口流失导致的乡村衰退问题,部分处于偏远地区的乡村聚落景观慢慢地走向"名存实亡"的状态。对于乡村景观的生活可持续性而言,不仅要看乡村聚落景观的布局、面积,合理规划居住地与农田等之间的距离,保证居民从事农业产业经营活动的便利性,还要综合考虑交通运输和基础设施等要素,同时需要保障乡村居民有必要的休憩和娱乐场所,尊重乡土的民风民俗和特色文化,增强乡村景观功能共享性,这样才能保障乡村生活功能的可持续。

对于乡村景观的生产功能而言,农业生产是乡村可持续发展的命脉。当前,尤其是处于山地丘陵区的部分乡村,在劳动力人口逐渐流失的情况下,耕地等农业生产用地因难以规模化利用而无法流转,大量的农田、园地景观被荒废,这是乡村景观在生产功能上实现可持续性的最大阻碍。因此,农田、园地等以农业生产为主导的景观其本身的规模、格局、形态、质量对生产功能有较大影响,以生产可持续发展为导向,需要整合乡村景观资源,尽可能形成连片的规模化农田、园地景观,并配套以沟渠、田间道路等基础设施,这会提升农业景观的生产服务能力。

对于乡村景观的生态功能而言,乡村景观中拥有大量的湿地景观、森林景观、草地景观等,这些乡村景观的生态功能是乡村景观可持续性的基础保障。部分位于城市边缘的乡村正在或即将会受到城市蔓延的影响,随着人类活动干预的加剧,生态系统难免会遭到破坏。另外,在整个社会经济发展的大环境中,其他乡村的人们的生产生活也会受到影响,从而也会使得生态环境有所变化,如农药、化肥的使用造成污染,基础设施的修建割裂了原有的生境等。因此,乡村景观的可持续发展需要以资源保护和生态效益为优先导向,避免人为干扰和开发活动对生态环境相对敏感区域的破坏,保护区域范围内的生物多样性和生态环境稳定性。

## 2.4  研究分析框架

基于前文相关重要基础理论的梳理和评述,特构建本研究理论分析框架,如图 2.5 所示。

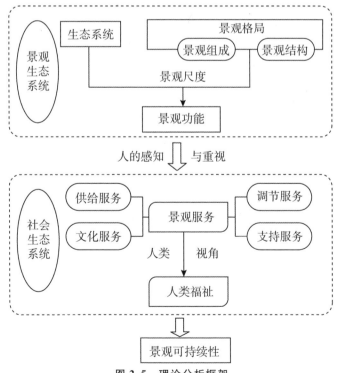

**图 2.5  理论分析框架**

　　生物群落和无机环境组成人类生活之中的"生态系统",生态系统与人类息息相关,生态系统中的物质循环和能量流动过程提供给人类许多不可替代的服务,即生态系统服务。而景观处于生态系统之中,同时生态系统功能的体现需要以景观为基底。本研究分析框架认为,景观格局包括一定范围内的景观组成及景观结构,在具有可感知和可操作性的景观尺度中,考虑景观组成和景观结构对生态系统功能水平的作用,便形成景观功能。总之,景观功能一方面可以理解为是在景观尺度上的生态系统功能,需要重点考虑景观格局对生态系统功能的体现;另一方面,还包括在一定尺度下的景观组成和结构所形成的美学、娱乐休闲、居住等生活方面的功能。

　　景观功能可以认为是客观存在的,是景观生态系统中功能的直接体现。事实上,人类生活在社会系统与自然生态系统相互交互的环境中,属于社会生态系统。过去的生态系统服务研究偏向于自然生态系统,相对而言,景观服务则更偏向于社会生态系统中的组分。当人类感受到景观功能的存在并加以重视,则景观功能转变为景观服务。景观服务与生态系统服务类似,可以分为供给服务、调节服务、文化服务、支持服务四大类,但是在细分时则与生态系统服务有所不同。景观是能给予人类直接感受的直观存在,研究景观服务并维持或提升景观服务能力的一个关键目标即提升人类福祉。

　　总之,"景观格局-景观服务-景观可持续性"的逻辑级联是本研究的主干脉络,生态系统中的景观格局变化影响景观服务,景观服务能力是景观可持续性与否的关键考量,同时景观服务对人类福祉的贡献也是景观可持续性价值的直接体现。

# 第3章

研究区概况与数据方法

景观服务作为连接自然生态系统和人类社会经济系统的纽带,对景观可持续性具有重要作用及意义,但现有研究大多侧重于揭示自然生态系统的生态服务能力,对基于景观服务的景观可持续性研究还处于理论探讨阶段,与景观服务或景观可持续性相关的实证研究较为少见。在前一章节,本研究已构建了从景观外在的"格局"到景观内在的"服务",进而延展到对人类发展而言至关重要的可持续性层面的研究分析理论框架。基于该框架,本研究选取具有典型性和代表性的快速城镇化地区——杭州市为研究区,探讨快速城镇化地区的景观格局演变规律、景观服务时空分异及景观格局与景观服务之间的耦合关系,进而对景观可持续性进行测度,并探讨景观服务、景观可持续性与人类福祉之间的关系。基于杭州市实证研究的结果,探索符合研究区乡村发展实际的乡村景观可持续管理与发展策略,并进一步凝练出具有可推广性、可借鉴意义的乡村景观可持续性管理模式和乡村景观可持续发展范式,为促进我国乡村各项事业的综合发展、实现乡村振兴国家战略提供科学决策依据。故此,本章就实证研究区的自然地理与社会经济概况、相关数据的来源与处理、主要研究内容与方法及技术路线进行介绍。

## 3.1　研究区概况

杭州市是浙江省省会城市,地处长江三角洲南翼,杭州湾西侧,钱塘江下游,京杭大运河南端,是杭州都市区核心城市、长三角一体化发展重要中心城市、中国东南部交通枢纽(图 3.1)。杭州市地理坐标为东经 $118°21'$—$120°30'$,北纬 $29°11'$—$30°33'$,截至 2019 年底,全市下辖 10 个区、2 个县、代管 1 个县级市,总面积 16852km$^2$。

### 3.1.1　自然地理条件

(1)地形地貌

杭州市地形复杂多样,地势西高东低,西北部和西南部属浙西中低山丘陵区,主干山脉为天目山、白际山、千里岗山;东北部和东南部属浙北平原,地势低平,河网、湖泊密布,物产丰富,具备典型的"江南水乡"特征。全市丘陵山地占总面积的 65.6%,平原占 26.4%,江、河、湖、水库占 8%。

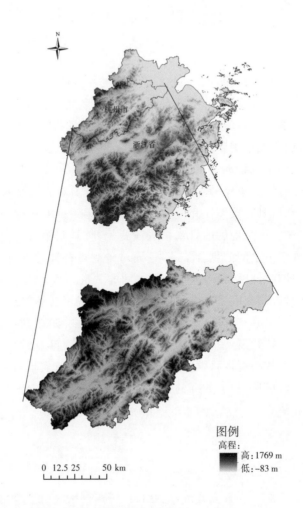

**图 3.1　浙江省杭州市区位图**

（2）水文

杭州市水资源量和水力资源丰富,具有航运、发电、灌溉、排水、旅游、淡水养殖、工业生产和生活用水之利,另有钱塘江、东苕溪、京杭大运河、萧绍运河和上塘河等江河。

（3）气候

杭州市地处中北亚热带过渡区,属亚热带季风性气候,四季分明,温和湿润,光照充足,雨量充沛。一年中,随着冬、夏季风逆向转换,天气系统、控制气团和天气状况均会发生明显的季节性变化,形成春多雨、夏湿热、秋气爽、冬干冷的气候特征。全年平均气温 17.8℃,平均相对湿度 70.3%,年降水量 1454mm,年日照时数 1765h。

（4）土壤与植被

根据杭州市第二次土壤普查结果,杭州市土壤类型中,红壤分布最多,占全部土壤面积的一半以上;水稻土次之,占土壤总面积的14%。2017年,杭州市森林面积1689.20×10⁴亩,活立木总蓄积6550.41×10⁴m³,其中,森林蓄积6341.06×10⁴m³,森林覆盖率达66.83%,林木绿化率达68.91%。在森林资源总体分布方面,西、中部多,东部少,淳安县、临安区、建德市、桐庐县、富阳区是全市森林资源的集中分布区,5县(市、区)森林面积之和占全市森林面积的91.32%。

### 3.1.2　社会经济条件

（1）经济发展

2009—2017年,杭州市经济始终保持稳步提升(图3.2)。2017年,杭州全市人均GDP达13.51万元,全市生产总值达12603.36亿元。其中,第一产业311.08亿元,第二产业4362.48亿元,第三产业7929.80亿元。相比2009年,全市生产总值在8年内增长了7515.81亿元,年均增长939.48亿元。另外,产业结构由3.8∶46.9∶49.3调整至2.3∶33.8∶63.9,总体上呈现出由农产业、制造业向服务业倾斜的趋势。萧山区、余杭区和富阳区是农产业的主要分布地,萧山区、滨江区、余杭区的制造业在杭州市的占比较高,服务业则集中分布于西湖区、萧山区及余杭区。

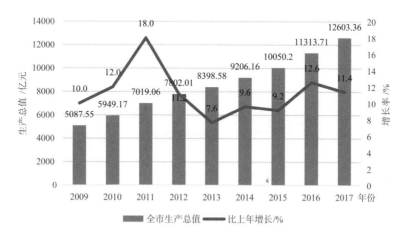

图 3.2　2009—2018 年杭州市生产总值及其增长速度

（2）人口变化

2009—2017年,杭州市人口总量和年均增长量均存在较为明显的上升趋势,人口数量最多的地区集中在萧山区、余杭区和西湖区。如图3.3

所示,杭州市年末总人口数(常住人口)从 2009 年的 810 万增长至 2017 年的 946.8 万,总增长量为 136.8 万人,年均增长 17.1 万人;年末城镇人口数从 562.95 万增长至 727.14 万,总增长量为 164.19 万人,年均增长 20.5 万人。以城镇人口数与年末总人口数(常住人口)之比作为城镇化指标,杭州市的城镇化率由 2009 年的 69.50% 上升至 2017 年的 76.80%,杭州的城镇化发展速度较快。

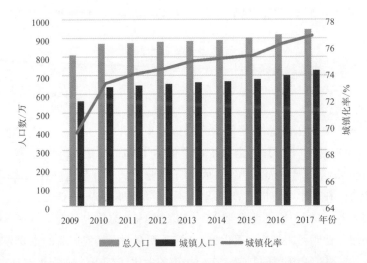

**图 3.3　2009—2017 年杭州市年末总人口/城镇人口数量变化**

根据杭州市统计年鉴,由图 3.4 可知,杭州市在总人口(户籍人口)增长的同时,城镇人口(户籍人口)也有明显的增长,但是乡村人口(户籍人口)却出现明显的减少,尤其是从 2014 年至 2017 年,乡村人口减少的幅度较大。

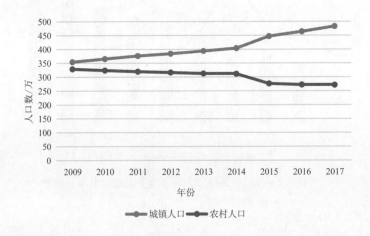

**图 3.4　2009—2017 年杭州市城镇人口和农村人口数量变化(户籍人口)**

### 3.1.3　城镇化发展进程及现状

根据 1979 年美国城市地理学家 Northam 提出的"纳瑟姆曲线"(图
3.5),将其与杭州市城镇化发展水平叠加,得到杭州市的城镇化发展进程。
1978 年改革开放是杭州进入城镇化快速发展阶段的"起点",在此之前,根
据"纳瑟姆曲线",杭州市属于经济发展缓慢的"农业社会";到 1998 年,杭
州市的城镇化水平达 36.7%,相较 1978 年已经提升 22.2%,但总体上仍
然落后世界城镇化的平均水平 45%;进入 21 世纪,杭州市的城镇化发展速
度显著加快,在 2005 年已经达到 55.0%,年均提升 2.61%,同时城市配套
设施加速完善;2006 年至今,杭州市大力推动区域协调发展和完善城市空
间布局,不断优化城镇体系,日渐进入城镇化快速且高质量发展的阶段。
2017 年,杭州市城镇化水平便突破了 70%的瓶颈。

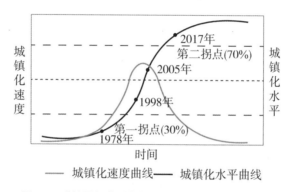

**图 3.5　"纳瑟姆曲线"在杭州城镇化进程中的应用**

在土地利用上,杭州城镇化进程中的城市用地扩张同样具有规律性。总体
上,杭州市城市用地在 2009 年至 2017 年增长量为 42.44km²。其中,在 2009—
2013 年,有 34.16km² 的乡村用地转变为城市用地,平均每年为 8.54km²;2013—
2017 年,有 8.28km² 的乡村用地转入城市,平均每年为 2.07km²。城市用地的扩
张主要分布于萧山区、西湖区、余杭区及江干区等地。

基于 2018 年杭州市国民经济和社会发展统计公报,考虑到人口城镇化与土
地城镇化的失衡状态,拆分土地城镇化与人口城镇化两个部分,并以人口城镇化
和土地城镇化协调性指数来反映杭州市城镇化的质量特征(式 3.1)。

$$C_{LT} = \frac{L + T}{\sqrt{2(L^2 + T^2)}} \qquad (\text{式 3.1})$$

式中,$L$ 表示城镇人口的增长率,$T$ 表示城镇建成区的增长率,$C_{LT}$ 表
示土地城镇化与人口城镇化的协调性指数。

　　结果表明(图 3.6),杭州市城镇人口除了 2015 年外均呈现稳定增长。相比之下,城镇建成区增长率在 6% 的水平线上下震荡,并从 2015 年起增长趋势明显,但城镇化质量问题依然严重。土地城镇化率远高于人口城镇化率,土地城镇化与人口城镇化之间的失衡仍然存在。土地城镇化与人口城镇化的协调指数在 2009—2017 年均处在 0.85 与 1.00 之间。其中,除 2015 年之外,杭州市的协调指数均稳定在 0.9 与 1.0 之间,最值之间相差 0.16,属于人口城镇化滞后型模式。因此,尽管杭州市的城镇化率已经普遍超过 60% 甚至达到 70% 以上,但大城市在城镇化过程中的集聚效应,即大城市吸引周边人口的能力还未得到充分挖掘(不少特大城市的人口承载能力被低估),未来新型城镇化的质量仍有待提升。

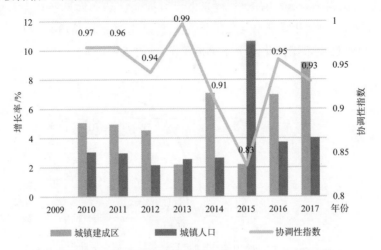

图 3.6　杭州市 2009—2017 年土地、人口城镇化协调性指数

### 3.1.4　乡村发展状况

(1)乡村居民可支配收入现状

　　根据杭州市国民经济和社会发展统计公报,杭州市农村居民人均可支配收入由 2009 年的 11822 元上升至 2017 年的 30397 元,总增长率为 157%,是浙江省农村居民人均可支配收入的 121.80%,是全国农村居民人均可支配收入的 226.30%,在全国居前列。在农村居民人均可支配收入中,工资性收入是最主要的收入来源,占总收入的 60.0%,转移净收入是增长速度最快的形式,高达 19.6%。同等条件下,杭州市城镇居民人均可支配收入由 2009 年的 26864 元上涨为 56276 元,总增长率为 109%。自新型城镇化建设开展以来,农村和城镇居民人均可支配收入的增长幅度呈现出合理化趋势,但由于城镇居民的人均可支配收入具有较高的起始点,杭州市城乡收入的绝对差距仍在持续性增长,城乡收入差距过大的问题仍有待解决。

（2）乡村基础设施现状

乡村基础配套设施主要集中在水、电、道路、住房等方面。2017 年,杭州市农村居民人均现有住房建筑面积 70.9m²,每百户农村居民家庭拥有家庭汽车 46.5 辆、空调 186.7 台、家用电脑 76.4 台,分别较上一年增长 9.7%、11.0% 和 1.9%（2017 年杭州市国民经济和社会发展统计公报）。自来水受益、通有线电视以及通宽带村数均达到 2046 个,相比 2011 年的 2081 个有所下降,主要原因是整治后零散乡村数量减少、乡村居民点空间分布更加集聚。同时,杭州市积极开展了农业园区和产业基地建设,以土地流转、招商引资、政策扶持等方式推动高标准基地建设,建立了 5 个现代农业示范园区和 16 个产业基地项目,重点围绕水、电、路等农业基础设施建设,大棚、喷滴管、先进农机具等先进生产设施设备配置。另外,杭州市农村公路总里程达 14664km,占全市公路总里程的 89.2%,农村公路密度达到 88.4km/10² km²,农村公路网络基本形成。

（3）乡村休闲农业现状

2017 年,杭州市在已建成的 10 个省级现代农业综合区、24 个主导产业示范区和 51 个特色农业精品园的基础上,深入推进一二三产融合,余杭、桐庐、淳安积极创建省级现代农业园区,建成市级美丽田园体验区 20 个,美丽农牧渔场 20 个,省级美丽牧场 58 个。在乡村旅游方面,2017 年,杭州市农家乐（民宿）共接待游客 4964 万人次,实现经营收入 52 亿元,比上一年分别增长 27.9% 和 18.2%;而到 2019 年,杭州已有 1/3 的村庄具有乡村旅游基础,均可依托乡村休闲旅游产业提升农民收入水平（2017 年杭州市国民经济和社会发展统计公报）。

（4）乡村生态环境现状

近年来,杭州乡村的生态环境状况良好,全市全面促进美丽乡村建设,以构建“宜居、适合业务、适合旅游、适合文化”的美丽乡村为导向,开展以示范村、重点整治村、一般整治村建设为重点的“百村示范、千村整治”工程,抓住村落特色,充分考虑土地的合理利用,推进全域土地综合整治工程,多渠道促进村落人居环境治理。当前,杭州已基本完成乡村环境综合整治,美丽乡村的建设也从人居条件改善转向生态环境优化。

## 3.2　数据来源及预处理

### 3.2.1　数据来源

本研究的开展涉及自然地理数据、遥感影像数据、土地利用数据、社会调查数据、统计数据及网络开放数据等多类型、多来源数据。所需相关具体数据及其来源、用途等详细信息见表 3.1。

**表 3.1　本研究涉及的相关数据来源信息表**

| 类型 | 数据名称 | 分辨率/精度 | 年份 | 来源 | 用途 |
|---|---|---|---|---|---|
| 自然地理 | DEM 数据 | 30m | / | 中国科学院地理空间数据云平台 | 提取海拔、坡度、坡向等数据,用于景观服务评估(美学服务、产水服务、土壤保持服务) |
| | 杭州市及周边气象站点数据 | 11 个站点 | 2009 年,2013 年,2017 年 | 中国气象科学数据共享服务网 | 获取雨量、气温、蒸散量等数据,用于景观服务评估(固碳释氧服务、产水服务、土壤保持服务) |
| | 杭州市土壤数据集 | 1:100 万 | / | 中国科学院南京土壤研究所 | 获取土壤砂粒、粉粒、黏粒、有机碳的百分含量以及土壤容重、土壤深度等数据,用于景观服务评估(产水服务、土壤保持服务) |
| 遥感影像 | Landsat 影像 | 30m | 2009 年,2013 年,2017 年 | USGS(http://earthexplorer.usgs.gov/) | 遥感解译用于景观类型分类 |
| | Google Earth 卫星影像数据 | 0.61m | / | Google Earth | 辅助城市景观的识别及乡村景观分类 |
| | MODIS NDVI 数据 | 250m | 2009 年,2013 年,2017 年 | 美国国家航空航天局网站(https://ladsweb.modaps.eosdis.nasa.gov/) | 通过提取生长季 NDVI 最大值表征植被覆盖度,用于景观服务评估(农业生产服务、美学服务、固碳释氧服务、土壤保持服务) |
| | PM2.5 数据 | 1200m | 2017 年 | 加拿大达尔豪斯大学大气组(http://fizz.phys.dal.ca/~atmos/martin/) | 获取空气质量数据,用于人类福祉统计与分析 |

续表

| 类型 | 数据名称 | 分辨率/精度 | 年份 | 来源 | 用途 |
|---|---|---|---|---|---|
| 土地数据 | 杭州市土地利用/土地覆被数据 | 1:10000 | 2009年,2013年,2017年 | 国土相关部门 | 辅助景观分类 |
| | 杭州市耕地质量数据 | 1:10000 | 2013年,2017年 | 国土相关部门 | 辅助景观服务评估(农业生产服务) |
| 调查数据 | 中国家庭大数据 | 278个家庭调查样本,814个个体调查样本 | 2017年 | 浙江大学"中国家庭大数据库"和西南财经大学中国家庭金融调查与研究中心的"中国家庭金融调查" | 用于人类福祉相关统计分析 |
| 人口和社会经济统计数据 | 杭州市统计年鉴 | 地、市、县(市、区)级 | 2009—2017年 | 杭州市统计局 | 获取农业生产、居民消费价格指数、人口、GDP等数据,用于景观服务供给和需求评估 |
| | GDP栅格数据 | 1000m | 2010年,2015年 | 中国科学院地理空间数据云平台 | 用于景观服务需求评估 |
| | 杭州市常住人口数据 | 100m | 2009年,2013年,2017年 | https://www.worldpop.org/ (WorldPop Project) | 用于景观服务供给和需求评估 |
| 网络开放数据 | 百度、高德电子地图兴趣点(POI数据) | / | 2010年,2013年,2017年 | 高德地图在线开放平台、百度地图在线开放平台 | 获取休闲农业、乡村旅游等POI信息,用于景观服务评估(娱乐休闲服务) |

注:DEM 为数字高程模型;USGS 为美国地质勘探局(United States Geological Survey);MODIS 为中分辨率成像光谱仪;NDVI 为归一化植被指数。

### 3.2.2　数据预处理

（1）数据矢量化

杭州市及周边气象站点数据、POI 数据等均为文本表格数据，首先需要根据经纬度坐标完成空间矢量数据的转换；各类社会经济统计年鉴数据及"中国家庭大数据库"中的人类福祉等相关数据也均需与空间数据叠加使用，同样需将这些数据结合杭州市、县、区行政边界完成矢量化。

（2）统一坐标系

将多源、多类型遥感、DEM、土壤、土地利用、耕地质量等分别具有各自不同空间参考坐标体系的数据，统一投影转换至西安 80 坐标系。

（3）遥感影像处理

Landsat 遥感影像数据：分别获取 2009 年、2013 年、2017 年全杭州市的 Landsat TM/ETM$^+$/OLI 多源影像数据，进行遥感数据的预处理，包括辐射校正、几何校正、波段融合图像镶嵌与裁剪等过程。

MODIS NDVI 数据：免费下载的 MOD13Q1 数据已经经过了水、云、重气溶胶等处理，因而可直接使用 MRT（MODIS Reprojection Tool）工具对影像进行一系列预处理：①投影转换，将原来的正弦曲线投影（SIN）转为通用横墨卡托投影（universal transverse Mercator projection，UTM）；②重采样，采取最近邻法；③数据格式转换，将原来的层次数据格式（hierarchical data format，HDF）转为 GeoTIFF 格式。然后将处理好的数据根据研究区范围进行裁剪，利用 NDVI＝DN（灰度值）/10000 的转换关系，提取每个栅格的 NDVI 数据，取值范围是（−1～1）。

（4）数据融合

诸多空间数据源包含矢量（点、线、面）、栅格等多种数据空间结构类型，在统一坐标体系后，还需根据不同研究需要进行合理空间分辨率的数据重采样，并根据杭州市行政边界以及乡村景观范围边界提取研究区范围内的所需数据。

## 3.3　研究内容与方法

### 3.3.1　研究内容

本研究以我国快速城镇化地区杭州市的乡村景观为对象，以其景观格局演变、景观服务时空分异、景观可持续性测度等为主要研究领域，探索乡村景观可持续性管理实施路径及策略,从而为提升乡村可持续管理水平、维持区域生态安全、实现乡村振兴战略提供理论借鉴和决策参考。主要研究内容概括如下。

(1)乡村景观空间格局时空动态演变特征

选取我国具有典型性的快速城镇化地区——杭州市为研究区,基于对乡村景观类型分类体系的构建,从 2009 年—2013 年—2017 年三个时间跨度,在全域和村域尺度上定量化分析研究区各乡村景观类型的组成、分布、空间格局等基本现状特征,剖析全域景观类型之间的相互转换及主导景观类型的演变特征,明晰乡村景观格局时空动态变化规律。

(2)乡村景观服务评价模型构建及时空分异特征

基于景观服务的多功能性理念,建立研究区乡村景观服务分类体系,构建各类景观服务的综合评价模型,开展不同时期景观服务能力定量化评估;综合不同乡村景观类型、区位条件、自然地理要素等潜在影响因素,探讨研究区乡村景观服务的时空分异规律,揭示乡村景观空间格局动态演变与乡村景观服务能力时空分异的相互作用关系。

(3)基于“三维魔方”评估模型的乡村景观可持续性测度

基于乡村景观服务评估结果,分别从时间、空间、供需维度构建景观可持续性“三维魔方”评估模型,明晰研究区乡村景观服务能力分别在时间、空间及供需关系匹配三个维度上的可持续性特征,实现研究区乡村景观强、一般、弱可持续性的级别划分和空间制图,完成基于“三维魔方”综合评估模型的杭州市乡村景观可持续性能力测度,揭示基于村级尺度上的杭州市乡村景观综合可持续能力的地域分异特征。

(4)景观服务-景观可持续性-人类福祉间相互作用机制

在乡村景观服务和可持续性测度研究结果之上,利用“中国家庭大数据库”与多源遥感数据,选取研究区部分乡村案例,分别从客观福祉和主观福祉两大视角刻画人类福祉内涵,剖析典型案例乡村的人类福祉水平及其表现特征,揭示乡村景观服务-景观可持续性-人类福祉间相互作用关系和耦合协同机制。

(5)乡村景观可持续性管理路径及政策建议

基于乡村景观服务综合能力研究结果,通过引入景观服务簇(landscape service bundles)的概念,利用杭州市乡村景观服务簇的聚类分析结果,实现乡村景观主导功能类型分区;结合各类型主导功能分区中各村级景观可持续性测度结果,分别探索强、一般、弱可持续性三个级别下的乡村景观可持续性管理路径;结合国家乡村振兴战略以及地方各级政府的乡村振兴规划措施,探讨并提出快速城镇化背景下的乡村景观可持续发展的制度创新路径及政策建议。

### 3.3.2　研究方法

(1)生态系统服务评估模型

基于生态系统服务评估模型中最成熟且被广泛运用的 InVEST 模型,本研究的产水服务、生境支持服务中生境斑块质量的评估需借助 InVEST 模型的产水量模块(water yield module)和生境质量模块(habitat quality module)进行分析。

(2)空间分析方法

利用相关地理信息系统(geographic information system,GIS)平台的空间分析是本研究的核心方法。例如:运用分区面积统计等工具进行景观类型演变与景观服务演变的综合分析;运用核密度估计、线密度估计等方法进行娱乐休闲服务中辐射范围、道路通达度、沟渠密度等指标的计算;运用空间插值对降雨量、蒸散量等站点数据处理分析以进行景观服务的计算;运用空间叠加、地图代数等分析方法开展各类景观服务评估、时间维度上的服务变化以及景观可持续性测度等。

(3)空间计量方法

采用 GIS 平台的空间自相关分析工具,对杭州市景观服务综合能力进行全局和局部空间自相关分析,为景观可持续性测度提供空间维度的依据。

(4)数理统计方法

运用 SPSS、Stata 等数理统计分析软件对景观格局演变与景观服务变化的关系、景观服务对人类福祉的贡献、景观可持续性与人类福祉的关系进行耦合度分析,运用数理统计工具中的聚类方法进行景观服务簇分析,进行主导功能分区,为景观可持续管理路径提供依据。

(5)景观格局指数方法

运用 Fragstats 软件,通过移动窗口的方法,从类型和景观两个层面对杭州市 2009 年、2013 年、2017 年三个年度的景观格局演变进行分析,探讨结合景观格局的景观服务评估以及景观格局演变对景观服务变化的影响。

## 3.4　技术路线

技术路线如图 3.7 所示。

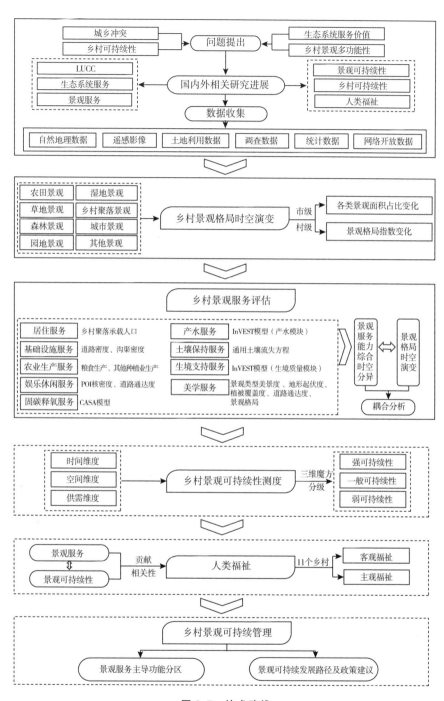

图 3.7　技术路线

注：CASA 全称为 Carnegie Ames-Seanford Approach。

　　①明确科学问题,对国内外相关研究进展进行系统梳理,构建研究理论框架,选定研究区,收集整理自然地理、遥感影像、土地利用、社会调查、统计年鉴等数据。②对乡村景观进行分类,以乡村景观格局时空演变规律分析作为整个研究的研究基础,分析杭州市乡村各类景观面积占比变化及景观格局指数变化的时空分异特征。③构建景观服务分类体系,对不同年度杭州市 9 类景观服务水平进行评估,并构建景观服务能力综合评估体系。④对景观服务评估结果与景观格局时空演变进行耦合分析,探讨2009—2017 年景观格局时空演变对景观服务综合能力的影响。⑤基于景观服务能力评估结果,从时间维度、空间维度、供需维度分别对景观可持续性进行测度,并通过"三维魔方"分析模型对乡村景观综合可持续性进行分级。⑥基于以上研究结果,对景观服务、景观可持续性与人类主观和客观福祉进行探讨。⑦开展基于景观服务的乡村景观主导功能分区研究,并针对不同程度的乡村景观可持续性提出可持续性管理路径及政策建议。

第 4 章

乡村景观格局时空演变

　　随着社会经济的发展,城镇化进程的加快,城市规模不断扩张和蔓延,乡村景观也在一定程度上发生着改变。在强烈的人类活动影响下,一些乡村正在逐步演变为城市;同时,一些城市的无序蔓延不断侵蚀其周边乡村,致使大量乡村景观破碎化严重;此外,来自城市地区的人们对乡村游憩活动的需求,也会促使乡村地区因相关休闲农业活动的兴起而发生乡村景观结构和功能的变化。景观本底是景观服务供给及景观可持续性的物理基础,景观组分、结构组成、空间分布的变化势必会引起景观服务供给能力的相应改变,进而影响景观可持续性。基于"景观格局-景观服务-景观可持续性"的级联分析逻辑框架,本研究在建立城市景观与乡村景观分类体系的基础上,对乡村景观不同类型的景观数量、组成、结构、分布、格局等动态特征进行空间分析,以为后续各类乡村景观服务能力的变化研究提供景观演变时空分异规律的基础依据。

## 4.1　景观分类体系构建

　　不同的景观具有不同的功能或服务能力,景观服务能力与景观类型息息相关,景观格局变化以及景观服务的评估研究均需要以建立景观分类体系为基础,因此,考虑到研究区景观覆被特征及其主要景观功能,构建本研究乡村景观分类体系。首先,对城市景观与乡村景观两大类型进行区分和划定。在此基础上,再对乡村景观进一步细分,而城市景观仅保留一级类型。以上基于本研究的主要对象是乡村,而城市仅作为时间尺度上城镇化进程中城市边界扩张的一个表征的考虑。具体而言,综合利用土地利用数据、Landsat TM/ETM⁺/OLI 等遥感影像数据、Google Earth 卫星影像数据等多源数据,将景观分为 8 个类别:草地景观、农田景观、森林景观、湿地景观、园地景观、乡村聚落景观、城市景观及其他景观。

### 4.1.1　城市景观与乡村景观的区分和划定

　　现实中,城市与乡村之间并不存在明显的边界或界线。城市作为人们聚居的主要场所,以"不透水面(impervious surface)"为主,但其中也可能或者常常存在少量的湿地、草地、森林甚至是农田等自然或半自然的景观要素。本研究首先对研究区的城市景观与乡村景观做出了区分和划定,进而提取出了 2009 年、2013 年、2017 年杭州市全域的乡村景观区域作为研究对象。

城市景观与乡村景观的区分与划定原则:①以遥感解译结果为基础。根据所构建的景观分类体系,综合运用遥感影像分类与解译方法,可以得到城市景观的初步分类结果。②强调城市景观连片性。虽然城市与乡村之间的边界是模糊的,但是城市作为人类聚居的场所在一定范围内可呈现"空间集聚"特征。基于此,根据遥感解译初步结果,在杭州市东北部城区集中连片区域,确定一个相对完整的景观斑块作为中心城区。该中心城区斑块即为城市景观。再在其他距离中心城区较远的县(市、区)域,分别确定各自的城市景观斑块,并确保每个县(市、区)域范围内仅存有这样一个大的城市景观斑块。而对于城市景观余外的部分,即便是从土地覆被/土地利用特征上有可能被遥感解译为城市景观,本研究亦将其划归为乡村景观类型。③保持城市景观完整性。基于遥感影像解译的初步结果,结合城市景观连片性的原则,综合考虑遥感解译的可靠性和精度。对于城市景观边界的提取,需要充分结合多源遥感影像数据的人工目视解译与纠正工作,人工干预坚持以目标地物是否与城市景观相连且"不透水面"为基本原则,同时也强调城市景观边界的完整性。以此划定杭州市全域范围内、各个研究时点的城市景观的精确边界。城市景观的边界和范围明确后,余下空间即为乡村景观类型分布的区域范围。

### 4.1.2 乡村景观类型划分

综合考量乡村地区的自然地理、社会经济、土地利用/土地覆被、景观功能等空间分布、作用关系等特征,进一步将研究区乡村景观细分为 7 种类型。具体乡村景观类型及内涵阐述如下。

(1)乡村聚落景观

乡村地区广泛分布的村庄是人们生活的主要场所。本研究将其划分为乡村聚落景观类型。基于前文关于城市景观与乡村景观的区分和划定原则,建制镇亦被归并到乡村景观中。虽然建制镇并不具有严格意义上的乡村属性,但是由于建制镇中的各类居住及基础设施服务对象大多为本乡镇的居民,仍属于乡镇村居民聚集之地。因此,将其划为乡村聚落景观的组分。

(2)农田景观与园地景观

农田景观与园地景观均是农业生产的主要场所,其主要区别在于:农田景观主要由水田和旱地两大土地利用类型构成,在一年当中的不同月份,由于人们播种和收割作物(以粮食作物为主),其覆被特征有明显的季节变换;而园地景观上的植被大多是稳定存在的,如常见的茶园、果园、桑园等。两者的主要功能虽然均为农业生产,但是由于其生产种类、产业形态的不同,其景观功能也不同。而且,因景观覆被的不同,其本身也会对生态过程产生不同的影响。因此,将农田景观和园地景观独立划分为两种乡村景观类型。

(3)草地景观与森林景观

乡村聚落景观与乡村人们的生活生产和文化活动密切相关,其倾向于人工景观类型;农田景观与园地景观因主要与农业生产活动高度相关,此两者倾向于半自然-半人工景观类型;相较于以上人工景观、半自然-半人工景观类型,草地景观与森林景观则因受人类活动的影响相对较小,更倾向于自然景观类型。两者的划分和界定主要根据遥感影像中的植被覆盖特征加以识别和确定。因此,作为乡村景观的另外两种类型,草地与森林的区分和提取相对较易。

(4)湿地景观

湿地景观具有调节气候、涵养水源、净化水质、维持碳循环等极为重要的生态系统服务功能,是全球生物多样性的重要发源地之一,常被誉为“地球之肾”,其在乡村地区也属于非常重要的景观类型,主要包括水域(河流水面、湖泊、坑塘水面、水库等)、滩涂等用地类型。与其他类型相比,湿地景观覆被特征及景观功能特殊,较易区分。

(5)其他景观

除了以上几种重要的乡村景观类型,在乡村地区交错分布、穿插点缀其中的还有其他一些用地类型(如未利用地、道路、采矿用地等)。这些景观虽然有些也是人们生产生活需要的重要来源,但结合本研究的需要和目的,与其他类型相比,处于相对较弱或不太重要的地位(当然只是相对而言,不可绝对化之),很多甚至几乎无文化、生态等价值,故一并将其归为其他类型。

## 4.2　全域尺度景观格局时空演变

### 4.2.1　全域景观类型结构特征及转变分析

(1)乡村景观数量结构特征

2009 年、2013 年、2017 年的杭州市景观分类结果见图 4.1,研究区内各景观类型的面积统计及其结构组成如表 4.1 所示。从图 4.1、表 4.1 可以得知,研究区总面积为 16852.20km²,城市景观面积由 2009 年的577.10km²(占比 3.42%)增长至 2017 年的 619.53km²(占比 3.68%),增长幅度较大。空间分布上,杭州市上城区、下城区、西湖区、拱墅区、江干区、滨江区绝大部分景观,以及余杭区、萧山区的部分景观属于城市景观类型,该城市景观斑块为本研究区杭州市全域的"中心城区"。此外,城市景观斑块还分布于临安区、富阳区、桐庐县、建德市和淳安县这 5 个区县的城区,且各县(市、区)的城市景观面积较小,绝大部分区域属于乡村景观分布的范畴。

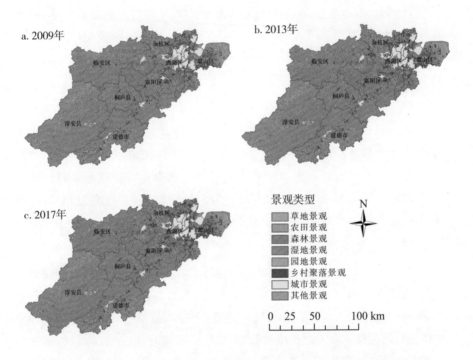

图 4.1　2009 年、2013 年、2017 年杭州市景观类型空间分布

在乡村景观中,森林景观是最主要的景观类型,面积约为 10300km²,在整个杭州范围内占比超过了 60%,主要分布在临安区、富阳区、桐庐县、建德市以及淳安县,余杭区、萧山区以及西湖区也有成片的森林景观分布。其次是农田景观,面积约 2300km²,占比约 14%。乡村聚落景观一般被农田景观包围,大部分农田景观和乡村聚落景观都位于中心城区的周边,尤其是在余杭区和萧山区,农田景观占据了这两个区的大部分面积。而离中心城区较远的农田景观,主要分布在富阳区和桐庐县中部及建德市的南部。湿地景观、园地景观的面积略大于乡村聚落景观,占比约 7%。其中,湿地景观主要为位于淳安县的千岛湖区域以及贯穿全市的钱塘江,在中心

城区周边也有较多分布。不同区域的湿地景观的空间聚集特征不同。其中,余杭区的湿地景观十分密集,但整体分布较为破碎;萧山区的湿地景观以线状分布为主,但在钱塘江入海口附近区域存在较多的连片分布;临安区、富阳区、桐庐县及建德市的湿地景观则均以钱塘江及其支流水域为主。相较于湿地景观和草地景观,园地景观的分布更广,但同样较为细碎。其中,淳安县北部的园地景观分布最为密集,其次是余杭区中部、建德市南部及临安区东部。乡村景观中面积最小的则是草地景观类型,面积约170km²,占比约1%。草地景观主要分布在临安区北部及建德市南部区域。

从各类景观的面积占比随时间的变化来看(表 4.1),草地景观、农田景观、森林景观、湿地景观及园地景观的面积占比不断下降,而乡村聚落景观、城市景观及其他景观的面积占比增加。其中,乡村聚落景观增加的面积最多,在 2009—2017 年增加了 133.74km²,占比从 5.18% 增加到5.98%。森林景观减少的面积最多,在 2009—2017 年共减少面积62.74km²,占比也从 61.36% 减少到 60.99%。

**表 4.1　2009 年、2013 年、2017 年杭州市各类景观的面积和结构**

| 类型 | 2009 年 | | 2013 年 | | 2017 年 | |
|---|---|---|---|---|---|---|
| | 面积/km² | 占比 | 面积/km² | 占比 | 面积/km² | 占比 |
| 城市景观 | 577.10 | 3.42% | 611.25 | 3.63% | 619.53 | 3.68% |
| 农田景观 | 2359.59 | 14.00% | 2335.73 | 13.86% | 2328.19 | 13.82% |
| 森林景观 | 10340.76 | 61.36% | 10296.21 | 61.10% | 10278.01 | 60.99% |
| 湿地景观 | 1212.90 | 7.20% | 1183.81 | 7.02% | 1172.09 | 6.96% |
| 园地景观 | 1106.48 | 6.57% | 1060.59 | 6.29% | 1048.15 | 6.22% |
| 草地景观 | 176.57 | 1.05% | 168.26 | 1.00% | 166.96 | 0.99% |
| 乡村聚落景观 | 873.67 | 5.18% | 973.90 | 5.78% | 1007.42 | 5.98% |
| 其他景观 | 205.12 | 1.22% | 222.45 | 1.32% | 231.86 | 1.38% |
| 总计 | 16852.20 | 100% | 16852.20 | 100% | 16852.20 | 100% |

**注:数据加和不符是由于四舍五入。**

(2)乡村景观类型转换分析

利用景观类型时空转移矩阵,剖析研究区各类景观的动态变化特征。景观类型转移矩阵同土地利用变化转移矩阵类似,可用于研究景观的结构特征及其变化的方向。利用 GIS 软件中的地图代数工具,分别生成 2009—2013年、2013—2017 年杭州市景观转移矩阵,结果如表 4.2 和表 4.3 所示。

**表 4.2　2009－2013 年杭州市景观类型转移矩阵**　　　　　　　（单位:km²）

| 2009 年 | 2013 年 | | | | | | | | 2009 年总计 |
|---|---|---|---|---|---|---|---|---|---|
| | 草地景观 | 农田景观 | 森林景观 | 湿地景观 | 乡村聚落景观 | 园地景观 | 城市景观 | 其他景观 | |
| 草地景观 | 168.26 | 1.93 | 0.07 | 0.00 | 5.25 | 0.02 | 0.85 | 0.20 | 176.57 |
| 农田景观 | 0.00 | 2254.35 | 2.75 | 1.44 | 70.16 | 1.70 | 11.41 | 17.78 | 2359.59 |
| 森林景观 | 0.00 | 28.51 | 10291.70 | 0.00 | 13.42 | 0.50 | 3.05 | 3.57 | 10340.76 |
| 湿地景观 | 0.00 | 13.75 | 1.09 | 1182.00 | 9.24 | 0.19 | 3.11 | 3.53 | 1212.90 |
| 园地景观 | 0.00 | 30.72 | 0.46 | 0.13 | 12.40 | 1058.07 | 2.39 | 2.30 | 1106.48 |
| 乡村聚落景观 | 0.00 | 4.36 | 0.00 | 0.13 | 857.25 | 0.00 | 10.61 | 1.32 | 873.67 |
| 城市景观 | 0.00 | 0.10 | 0.07 | 0.08 | 0.41 | 0.07 | 576.16 | 0.21 | 577.10 |
| 其他景观 | 0.00 | 2.03 | 0.07 | 0.02 | 5.77 | 0.03 | 3.67 | 193.53 | 205.12 |
| 2013 年总计 | 168.26 | 2335.73 | 10296.21 | 1183.81 | 973.90 | 1060.59 | 611.25 | 222.45 | 16852.20 |

**表 4.3　2013—2017 年杭州市景观类型转移矩阵**　　　　　　　（单位:km²）

| 2013 年 | 2017 年 | | | | | | | | 2013 年总计 |
|---|---|---|---|---|---|---|---|---|---|
| | 农田景观 | 森林景观 | 湿地景观 | 园地景观 | 草地景观 | 乡村聚落景观 | 其他景观 | 城市景观 | |
| 农田景观 | 2297.48 | 1.70 | 0.23 | 1.90 | 0.00 | 24.57 | 8.09 | 1.76 | 2335.73 |
| 森林景观 | 12.51 | 10275.62 | 0.00 | 0.27 | 0.00 | 5.08 | 1.58 | 1.14 | 10296.21 |
| 湿地景观 | 6.69 | 0.27 | 1171.80 | 0.17 | 0.00 | 2.72 | 1.23 | 0.92 | 1183.81 |
| 园地景观 | 8.80 | 0.27 | 0.00 | 1045.66 | 0.00 | 4.33 | 0.83 | 0.71 | 1060.59 |
| 草地景观 | 0.42 | 0.02 | 0.00 | 0.04 | 166.95 | 0.63 | 0.12 | 0.08 | 168.26 |
| 乡村聚落景观 | 1.65 | 0.00 | 0.00 | 0.00 | 0.00 | 969.19 | 0.06 | 3.01 | 973.90 |
| 其他景观 | 0.57 | 0.03 | 0.00 | 0.07 | 0.00 | 0.80 | 219.83 | 1.14 | 222.45 |
| 城市景观 | 0.07 | 0.11 | 0.04 | 0.04 | 0.01 | 0.09 | 0.13 | 610.76 | 611.25 |
| 2017 年总计 | 2328.19 | 10278.01 | 1172.09 | 1048.15 | 166.96 | 1007.42 | 231.86 | 619.53 | 16852.20 |

　　从各类景观的转出类型看,2009—2013 年与 2013—2017 年,各类景观的转化方向大体一致,总体表现为:城市景观不断扩张,仅有极少部分城市景观转为乡村景观,基本可以忽略不计;乡村景观中,农田景观主要向乡村聚落景观、其他景观及城市景观类型转化,即原本为半自然、半人工的农

田景观转化为人工景观(可见,随着社会经济发展,人类对景观的改造和非自然化利用程度加剧);森林景观、园地景观、草地景观主要转为了农田景观或乡村聚落景观,与农田景观的转变方向类似(可以看出,人类活动对自然景观的扰动增强,并会影响到乡村地区的自然生态过程);乡村聚落景观则主要转为了城市景观和农田景观,一方面受到城市扩张的影响,一些村庄转变为城市,另一方面,在我国当前耕地占补平衡政策的影响下,一些拆并的村庄被复垦成了耕地,即农田景观。

对比表 4.2 和表 4.3 可知,2009—2013 年的景观变化面积总和大于2013—2017 年的总和,即相比之下,2009—2013 年的景观变化更为剧烈。然而,不管是 2009—2013 年还是 2013—2017 年,减少的农田景观绝大多数都转变为乡村聚落景观;减少的森林景观、湿地景观及园地景观绝大多数转变为农田景观,其次才是乡村聚落景观;减少的乡村聚落景观则主要转变为城市景观。以上这几类的景观变化整体都表现为较为细碎的特征。

从空间上看,2009—2013 年,转为乡村聚落的农田景观主要分布在萧山区、余杭区和富阳区等受城镇化进程影响比较大的地区,其余几个区分布较少(图 4.2a);转为农田的森林景观主要分布在富阳区和临安区(图 4.3a),事实上,在耕地占补平衡政策之下,部分林地也被用来补充成为耕地,即这些地区会出现部分森林景观转变为农田景观的现象;转为乡村聚落的森林景观主要分布在临安区东部靠近余杭区的区域(图 4.4a);转为农田景观以及乡村聚落景观的湿地景观均主要分布在萧山区东部靠近钱塘江入海口的区域(图 4.5a 和图 4.6a),这种变化其实对于生态保护而言是不利的;转为城市景观的乡村聚落景观主要分布在余杭区和江干区,分布较为集中,大部分处于城市景观边界的边缘(图 4.7a);转为农田景观的园地景观主要分布在临安区、淳安县及余杭区(图 4.8a);转为乡村聚落景观的园地景观主要分布在中心城区周边,即萧山区、富阳区、临安区及余杭区内(图 4.9a),大部分距离城市景观较近,受到城镇化进程的影响强烈。

2013—2017 年,转为乡村聚落景观的农田景观,其空间分布与 2009—2013 年相似,同样主要分布在萧山区、余杭区和富阳区,但面积明显较少(图 4.2b);转为农田景观的森林景观主要分布在临安区,相较于 2009—2013 年,临安区的分布明显较少(图 4.3b);转为乡村聚落景观的森林景观相比 2009—2013 年明显较少,主要零星分布在临安区和富阳区(图4.4b);转为农田景观的湿地景观依旧主要分布在萧山区东部靠近钱塘江入海口的区域,但相较于 2009—2013 年面积显著减少(图 4.5b);转为乡村聚落景观的湿地景观面积几乎可以忽略不计(图 4.6b);转为城市景观的乡村聚落景观主要分布在余杭区南部,面积相比 2009—2013 年显著减少(图 4.7b);转为农田景观的园地景观主要分布在余杭区(图 4.8b);转为乡村聚落景观的园地景观则依旧主要分布在中心城区周边,但面积已大为减少(图 4.9b)。

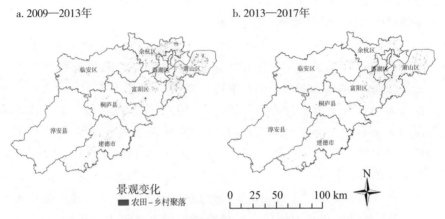

**图 4.2　2009—2017 年农田景观转为乡村聚落景观空间分布**

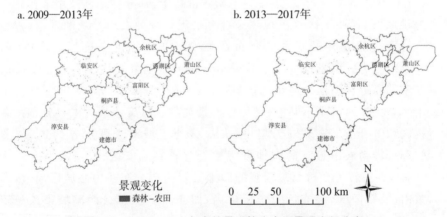

**图 4.3　2009—2017 年森林景观转为农田景观空间分布**

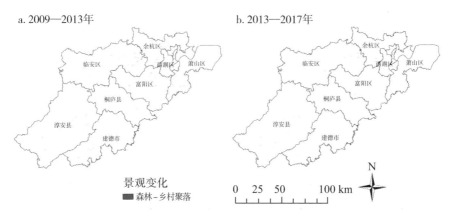

图 4.4　2009—2017 年森林景观转为乡村聚落景观空间分布

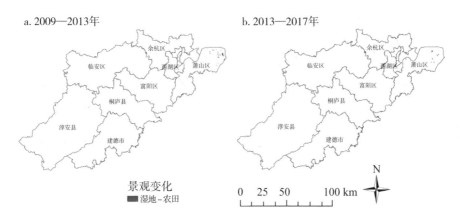

图 4.5　2009—2017 年湿地景观转为农田景观空间分布

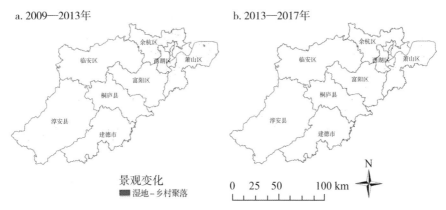

图 4.6　2009—2017 年湿地景观转为乡村聚落景观空间分布

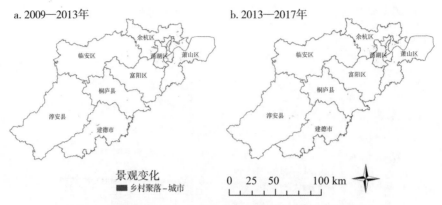

图 4.7　2009—2017 年乡村聚落景观转为城市景观空间分布

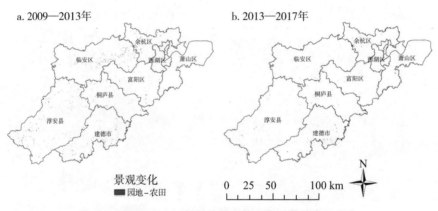

图 4.8　2009—2017 年园地景观转为农田景观空间分布

图 4.9　2009—2017 年园地景观转为乡村聚落景观空间分布

### 4.2.2　全域景观格局特征及变化分析

(1)景观格局指数选取

对景观格局进行定量分析并研究其动态特征是理解景观格局与生态过程相互关系的基础(Turner and Gardner,1991)。景观空间格局分析的目的是从看似无序的景观斑块中发现潜在的有意义的规律。其中,景观格局指数(landscape index)是指能够高度浓缩景观空间格局信息,反映其结构组成和空间配置某些方面的简单定量指标,如全部景观或特定景观类别多样性、连通性、破碎化等景观异质性特征(邬建国,2000b)。景观格局指数可以分为三个水平层次,即斑块水平(patch-level)、类型水平(class-level)及景观水平(landscape-level)。斑块水平指数本身对于解释整个景观结构的意义有限,多属于计算斑块类型水平、景观水平指数的基础;类型水平指数是对某斑块类型的具体结构进行的测度;景观水平指数是将所有斑块类型一并考虑,对整体景观格局进行的量化分析。相比斑块类型水平,景观水平指数多了一些多样性指数和聚集度指数等(Turner et al.,1990;陈利顶等,2008)。

常用的景观格局指数分析工具主要有 Fragstats、APACK、Patch Analyst 等,本研究主要使用 Fragstats 工具,该软件可从单个斑块水平、类型水平及景观水平上计算出不同层级的景观格局指数。

景观格局指数种类繁多,但诸多研究表明,一些指数之间存在高度相关性。本研究选取的指数如表 4.4 所示,其中,斑块类型水平上的景观格局指数共 5 个,景观水平上的景观格局指数共 8 个。其中,斑块数量(NP)指数和最大斑块指数(LPI)用于分析景观结构组成,香农多样性指数(SHDI)和香农均匀度指数(SHEI)用于分析景观多样性,景观形状指数(LSI)用于分析景观形状复杂性,连接度指数/内聚力指数(COHESION)用于分析景观连通性,蔓延度指数(CONTAG)用于分析景观蔓延度和聚合度。

**表 4.4　景观格局指数表**

| 景观格局 | 指数 | 应用尺度 | 缩写 | 描述 |
|---|---|---|---|---|
| 景观结构组成 | 斑块数量 (Number of Patches) | 类型/景观 | NP | 取值范围:NP≥1。在斑块类型水平上,NP 是指某一斑块类型中的斑块总数;在景观水平上,NP 指的是景观中所有斑块的总数。NP 可以用来表述整个景观的异质性,且与景观破碎度呈正相关,当 NP 值越大时,景观破碎度越高 |
| | 最大斑块指数 (Largest Patch index) | 类型/景观 | LPI | 取值范围:0<LPI≤100。在斑块类型水平上,LPI 是指某一斑块类型中最大的斑块占整个景观的比例,在景观水平上是指景观中最大斑块占整个景观的比例。LPI 是度量景观优势度的一个指标 |
| 景观多样性 | 香农多样性指数 (Shannon's Diversity Index) | 景观 | SHDI | 取值范围:SHDI≥0。只存在于景观水平,反映景观的异质性。SHDI 值越大表明斑块类型越多,或各斑块类型在景观中呈均衡化趋势分布,景观的破碎程度也越高。SHDI 指标能反映景观异质性,强调稀有斑块类型对信息的贡献,对景观中各斑块类型非均衡分布状况尤为敏感 |
| | 香农均匀度指数 (Shannon's Evenness Index) | 景观 | SHEI | 取值范围:0≤SHDI≤1。SHEI 与 SHDI 指数类似,只存在于景观水平,是对不同景观或同一景观不同时期多样性变化进行比较的有效指数。SHEI=0,表明景观仅由一种斑块类型组成,多样性为零;SHEI=1,表明景观具有最大的多样性 |
| 景观形状 | 景观形状指数(Landscape Shape Index) | 类型/景观 | LSI | 取值范围:LSI≥1。LSI 在斑块类型水平上是指某一斑块类型形状的复杂程度,在景观水平上是指整体景观形状的复杂程度。当 LSI 值逐渐趋近于 1 时,景观形状越来越简单;反之,则景观形状越来越复杂。相较于边缘密度(ED),LSI 是标准化之后的值,因而多个 LSI 之间可以进行直接比较 |

| 景观格局指数 | | 应用尺度 | 缩写 | 描述 |
|---|---|---|---|---|
| 景观连通性 | 连接度指数/内聚力指数（Patch Cohesion Index） | 类型/景观 | COHESION | 取值范围：0＜COHESION＜100。在斑块类型水平上，COHESION 是指某一斑块类型的物理连接度，在景观水平上是指整体景观的物理连接度。COHESION 值越趋近于 0，表示景观的物理连接度越低，反之物理连接度则越高 |
| 景观蔓延度和聚合度 | 蔓延度指数（Contagion Index） | 景观 | CONTAG | 取值范围：0＜CONTAG≤100。CONTAG 只存在于景观水平，反映景观的不同斑块类型的团聚程度或蔓延趋势。CONTAG 值较小，表明景观中存在许多小斑块，景观破碎程度较高；CONTAG 值趋近于 100，则表明景观中的某种优势斑块类型形成了良好的连接性 |
| | 聚集度指数（Aggregation Index） | 类型/景观 | AI | 取值范围：0≤AI≤100。在斑块类型水平上，AI 是指某一斑块类型的聚集程度，在景观水平上则指整体景观的聚集程度。当 AI 值为 0 时，斑块处于最大程度的分散状态，AI 随着景观的聚集程度的增加而增大；当 AI 值为 100 时，某个斑块类型或整个景观只由一个斑块组成 |

（2）景观水平上的乡村景观格局分析

1）景观结构组成（NP、LPI）

如图 4.10（a）和图 4.10（b）所示，2009—2017 年，研究区的 NP 值呈现增长趋势，在研究区总面积不变的情况下，斑块数量从 2009 年的 98984 到 2017 年的 100522，增幅为 1.55％。而平均斑块面积的减小，则表明在快速城镇化进程中，研究区的景观破碎化程度增加。LPI 值呈现下降的趋势，从 2009 年的 36.21 到 2017 年的 35.12，降幅为 3.01％，表明研究区内的主导景观（森林景观）的优势度逐渐降低。

2）景观多样性分析（SHDI、SHEI）

如图 4.10（c）和图 4.10（d）所示，两者均呈现增加趋势。SHDI 值从 2009 年的 1.3142 增加到 2017 年的 1.3382，增幅为 1.83％，表明研究区内景观类型趋于多样化。SHEI 值从 2009 年的 0.6320 增加到 2017 年的 0.6387，增幅为 1.06％，与 SHDI 值的变化趋势基本一致。SHEI 值的结果约为 0.6，说明景观中具有相对较为优势的景观类型，故各斑块类型在景观中分布的均匀性一般。

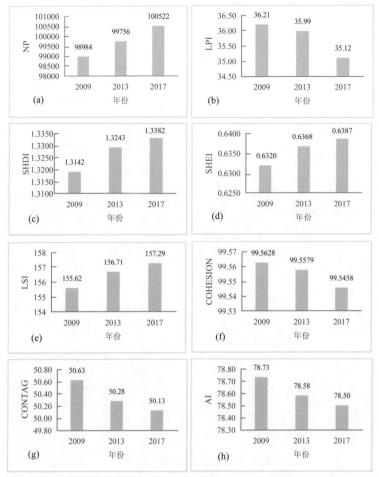

**图 4.10　2009—2017 年杭州市景观水平上的景观格局指数**

3)景观形状分析(LSI)

如图 4.10(e)所示,在 2009—2017 年,LSI 值呈现增长趋势,从 2009 年的 155.62 到 157.29,增幅为 1.07%,表明研究区内景观的形状趋于复杂化、不规则化,主要是由于 2009—2017 年景观破碎化程度不断加剧。

4)景观连通性(COHESION)

如图 4.10(f)所示,在 2009—2017 年,COHESION 值保持在 99 以上,由此可知,景观的物理连通度较高。但与此同时,在研究期内 COHESION 值略有下降,主要是由于城市景观以及乡村聚落景观的扩张侵占了部分的森林、农田、湿地、园地等景观类型,使得景观斑块面积减小,斑块之间的连通度降低。

5)景观蔓延度与聚合度分析(CONTAG、AI)

如图 4.10(g)和图 4.10(h)所示,两者均呈现出下降趋势。CONTAG 值从 2009 年的 50.63 减少到 2017 年的 50.13,降幅为 0.99%;AI 值从 2009 年的 78.73 减少到 2017 年的 78.50,降幅为 0.29%。以上表明这段时间内斑块间的空间关系发生了变化,从而使连通性和聚集程度均有所减少。

总体而言,2009—2013—2017 年,研究区内景观格局演变情况呈现出异质性的变化特征,景观破碎化程度随人类活动的加剧而上升。

(3)斑块类型水平上的乡村景观格局分析

由于本研究的研究对象是乡村景观,因此,在对斑块类型水平上的景观格局指数进行分析时将不再探讨城市景观。在斑块类型水平上,共选取 5 个景观格局指数,分别为斑块数量(NP)、最大斑块指数(LPI)、景观形状指数(LSI)、连接度指数(COHESION)以及聚集度指数(AI)。

斑块类型水平上的景观格局指数结果如图 4.11—4.15 所示,不同景观之间 NP 值差异较大,再结合各景观类型的总面积可以发现,不同景观类型之间的平均斑块面积差异是非常显著的。LSI 值表现为森林景观处于绝对的最高值,其次是农田景观和湿地景观,而其他景观类型的 LPI 值甚至可以忽略不计。从 LSI 值来看,农田景观、园地景观这两类主要用于农业生产的半自然、半人工景观的景观斑块形状是最复杂的,乡村聚落景观、其他景观这两类人工景观次之,而以自然景观为主的草地景观、森林景观、湿地景观的景观斑块形状相对较为简单。从 COHESION 值来看,农田景观、森林景观、湿地景观的景观斑块连接度是较高的,且大体相当,其次是园地景观和乡村聚落景观,而草地景观和其他景观的连接度较低,这与其本身景观面积占比较少且分布较散有关。从 AI 值来看,园地景观、森林景观、湿地景观、农田景观、乡村聚落景观、草地景观、其他景观的聚集度依次降低。

综合每类景观的 5 个景观格局指数结果:

1)农田景观

与其他景观类型相比,农田景观的 NP 值较高且不断增加,表明农田景观的斑块数量多、平均斑块面积小,且平均斑块面积整体呈现下降趋势,表明农田景观在不断被侵占的同时,其破碎化程度也在增加,将不利于农业的规模化生产。从 LPI 值来看,除具有明显优势度的森林景观之外,农田景观 LPI 值仅次于湿地景观,而在研究区内,部分湿地景观以水域的形式大面积存在,因此,农田景观的优势度相比其他景观是较高的,但是可以看到逐年下降的趋势。而农田景观的 LSI 值是最高的,且不断升高,可见农田景观的形状复杂程度最高且趋于复杂化、不规则化（同样会对农业生产造成障碍）。相对而言,农田景观的 COHESION 值与 AI 值年际间变化不明显。

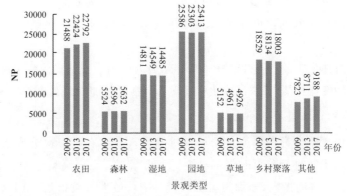

图 4.11　2009—2017 年斑块类型水平上的 NP 值

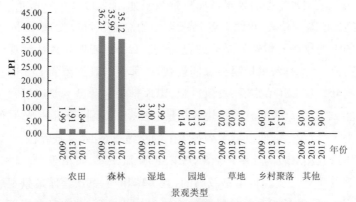

图 4.12　2009—2017 年斑块类型水平上的 LPI 值

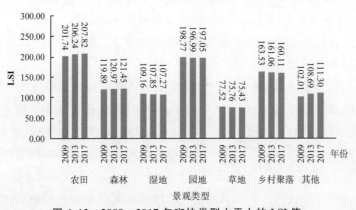

图 4.13　2009—2017 年斑块类型水平上的 LSI 值

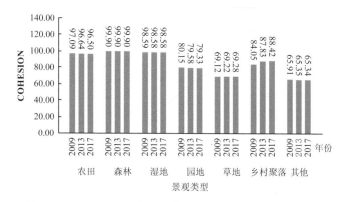

图 4.14　2009—2017 年斑块类型水平上的 COHESION 值

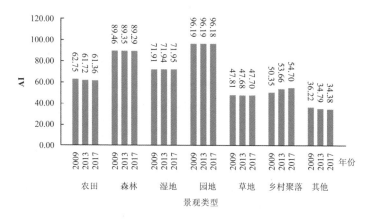

图 4.15　2009—2017 年斑块类型水平上的 AI 值

2）森林景观

森林景观的景观总面积大而 NP 值仅略高于草地,可见森林景观的平均斑块面积远高于其他景观类型。其表征景观优势度的 LPI 值也显著高于其他景观类型,但在年际间却有所下降;表征形状复杂度的 LSI 值有所上升。由此可以看出,作为整个研究区内的优势景观,在 2009—2017 年,森林景观的破碎化程度增加,优势度下降。从 COHESION 值和 AI 值来看,森林景观的连接度和聚集性都较高,且变化不大,这与森林景观本身在研究区内广泛覆盖有关,这对生物多样性维持而言是有利的。

3）湿地景观

湿地景观的 NP 值下降,表明湿地景观的破碎化程度下降。LPI 值仅次于森林景观且在年际间非常稳定,主要原因在于千岛湖区域占据了湿地景观的绝大部分。LSI 值略有下降,表明湿地景观的形状复杂程度有所下降。从连接度和聚集度来看,湿地景观在年际间是非常稳定的。总体而言,湿地景观的变化不明显,湿地景观中绝大部分为水域,而水域作为一种景观类型相对而言是不易发生变化的。

4)园地景观

园地景观的 NP 值是所有景观类型中最高的,但是园地景观总面积仅占研究区总面积的 6.5% 左右,可见园地景观的破碎化程度相当高。而且园地景观的 LSI 值仅次于农田景观,表明园地景观的斑块形状复杂度也较高。与此同时,园地景观的 COHESION 值是比较低的,且逐年有所下降,表明园地景观斑块之间的物理连接度低且正在下降。与同类型的农业景观相比,从总体景观格局来看园地景观是不利于农业生产的。

5)草地景观

草地景观因面积小且不断减少,其 NP 值最小且在降低。另外,草地景观的 LSI 值最低且不断下降,表明草地景观的形状复杂度较低且仍在不断下降;COHESION 值相比其他景观同样较低,但随时间变化略有增加,表明草地景观的物理连接度增加;AI 值同样相对较低,但在 2009—2017 年先减后增,变化幅度较小,表明草地景观的聚集度先减后增。但草地景观仅占所有景观面积中的小部分,因此,其当前表现出的变化对整体景观功能而言是非常小的。

6)乡村聚落景观

乡村聚落景观的 NP 值不断减小、LSI 值不断降低,这与上述其他景观表现出相反的特征。从前文可知,乡村聚落景观的面积在 2009—2017 年间不断增加,可见乡村聚落景观的平均斑块面积不断增加,景观破碎化程度降低,且形状复杂性不断降低、景观形状趋于规则化,这可能与过去十多年来杭州市大力推行的全域土地整治中的"迁村并点"有关。与此同时,乡村聚落景观的 COHESION 值从 2009 年的 84.05 增加到 2017 年的 88.42,增幅为 5.20%,变化幅度远大于其他几类景观;AI 值也类似。连接度和聚集度的增加意味着村庄之间的很多基础设施、社会服务可以共享,也更加有利于乡村产业的开发,有利于乡村的可持续发展。

7)其他景观

在 2009—2017 年,其他景观的 NP 值不断提高,其面积不断增加,表明景观整体的破碎化程度增高。LSI 值较低,但增幅为 9.11%,表明其他景观的形状复杂程度虽较低,但是复杂程度有较明显的增加。另外,其他景观的 COHESION 值、AI 值不断减小,表明其他景观的物理连通度、聚集度不断降低。

## 4.3　村域尺度景观格局时空演变

### 4.3.1　乡村基本概况

考虑到"村"是乡村地区最基本的活动单元,也是我国最基层的组织单位,本研究基于对全域景观格局时空演变分析结果,进一步对村级尺度上的景观格局时空变化进行分析。经统计,杭州市乡村规模的平均面积约为 $6.2km^2$。

利用 GIS 软件分区统计每个乡村的平均海拔高度及其标准差,结果如图 4.16 所示。研究区东北部的海拔平均值和标准差均较低,表明这些地区海拔较低且在整个区内起伏不大;临安区北部和淳安县南部的平均值和标准差则均较高。在整个杭州市域内,从东南向西南方向有着明显的海拔及地形起伏度分异,且两者呈现较为一致的空间耦合关系。

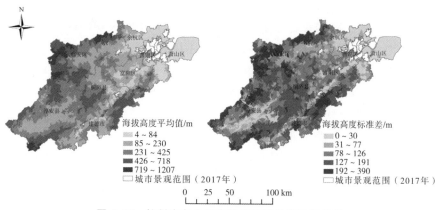

**图 4.16　杭州市各乡村海拔高度平均值与标准差**

### 4.3.2　各乡村景观类型结构特征及变化分析

(1)乡村各景观类型面积统计情况

村域尺度上的各乡村景观类型结构特征分析,采用各乡村中各类景观的面积占比来表征,通过 GIS 软件求得。草地景观、农田景观、森林景观及湿地景观的结果如图 4.17 所示。草地景观的面积占比总体较低,最高值不超过 50%,且绝大多数乡村中没有草地景观类型。其中,草地景观占比相对较高的乡村主要位于临安区,其次是建德市。农田景观的面积占比相对较高的乡村主要位于余杭区和萧山区。该区域地形地貌较为平坦,易于土地流转和规模化耕作,且耕地质量远高于山地丘陵区。富阳区和桐庐县中地势相对平坦的乡村也具备较多的农田景观。森林景观的整体面积占比是四类景观中最高的,而其占比的高低与农田景观相反,在农田景观占比高的乡村森林景观占比较低,不易耕作的山地丘陵区则覆盖了大面积的森林景观。其中,临安区、富阳区、桐庐县、建德市、淳安县内各乡村森林景观的占比基本都高于60%,且部分高于80%。另外,余杭区西部、西湖区西南部及萧山区南部也存在部分森林景观占比较高的乡村。湿地景观的面积占比在空间分布上差异较大,主要与河流、湖泊的分布相关,沿河流、湖泊而居的乡村湿地景观占比自然就高,主要位于千岛湖和钱塘江两岸。仅从图4.17来看,2009—2017年各村的草地景观、农田景观、森林景观及湿地景观的面积占比变化不明显。

　　园地景观、乡村聚落景观及其他景观的结果如图4.18所示。在淳安县的各个乡村中,园地景观占比普遍较高,且分布体现出一定的聚集性。其次,余杭区、建德市及临安区分布着零散的园地景观。乡村聚落景观的空间分布特征与农田景观的空间分布表现出较高的一致性,乡村聚落景观占比较高的乡村主要位于中心城区周边,包括余杭区、萧山区及富阳区。一般而言,农田生产的粮食是农村人们生活的主要物资,农田多意味着可以养活更多的人,因此乡村聚落景观也会更多。而其他景观的面积占比在空间上差异较大,其中在中心城区周边最大值接近1。其他景观主要是一些辅助设施,不同于具有特定生产、生活、生态功能的景观类型,其在绝大部分乡村中只占极小部分。同样地,仅从图4.18来看,2009—2017年各村的园地景观、乡村聚落景观、其他景观的面积占比变化同样也不明显。

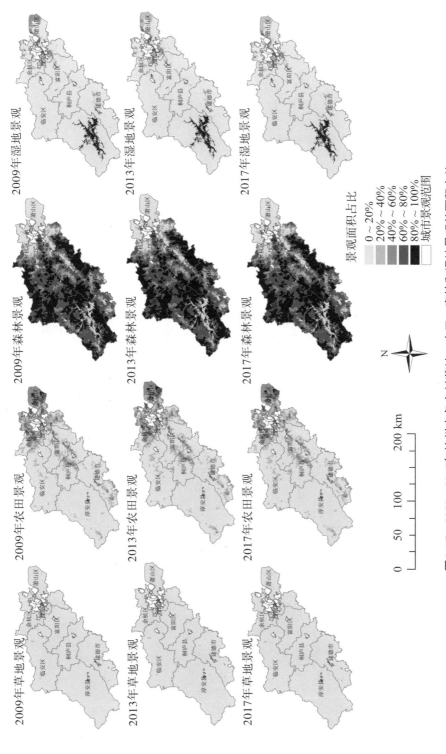

图4.17　2009—2017年杭州市各乡村草地、农田、森林和湿地景观的面积占比

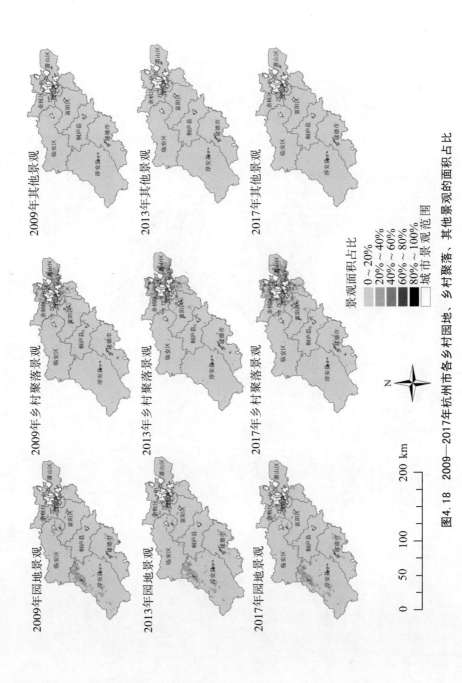

图4.18　2009—2017年杭州市各乡村园地、乡村聚落、其他景观的面积占比

　　上述乡村内各景观类型占比变化从空间可视化上来看并不明显。基于此,本研究为了对比年际差异,采用散点图来分析两个年份间各乡村内各景观类型的面积占比的关联。

　　农田景观的结果如图 4.19 所示,2009—2013 年及 2013—2017 年农田景观的斜率分别为 0.9343 和 0.9829,表明两个时间段内的农田景观总体上均有所减少,且 2009—2013 年的减少程度高于 2013—2017 年。另外,从散点的分布情况来看,2009—2013 年点的分散程度明显高于 2013—2017 年,且有较多点位于横轴上,表明 2009—2013 年的农田景观的变化较为剧烈,有较多的农田景观消失。

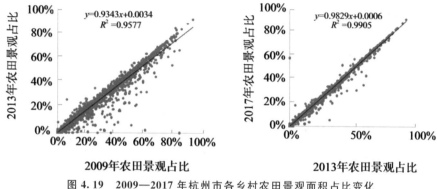

图 4.19　2009—2017 年杭州市各乡村农田景观面积占比变化

　　森林景观的结果如图 4.20 所示,2009—2013 年及 2013—2017 年森林景观的斜率分别为 0.9946 和 0.9973,两者都十分接近 1,表明村级尺度上两个时间段内的森林景观面积占比总体上较为稳定。另外,从散点的分布情况来看,两者均有一些偏离趋势线较远的点,但 2009—2013 年的偏离程度大于 2013—2017 年,表明 2009—2013 年村级尺度上的森林景观面积占比的变化程度更为剧烈,但变化剧烈的乡村仅是极个别现象。

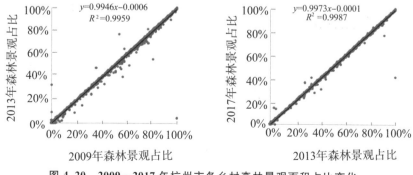

图 4.20　2009—2017 年杭州市各乡村森林景观面积占比变化

　　湿地景观的结果如图 4.21 所示,2009—2013 年及 2013—2017 年湿地景观的斜率分别为 0.9948 和 0.9980,两者均接近 1,表明村级尺度上湿地景观面积占比总体上较为稳定。另外,从散点的分布情况来看,2009—2013 年点的分散程度高于 2013—2017 年,表明 2009—2013 年湿地景观的变化更为剧烈;大多散点位于趋势线以下,表明这些乡村的湿地景观减少。

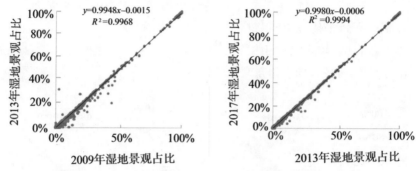

图 4.21　2009—2017 年杭州市各乡村湿地景观面积占比变化

　　园地景观的结果如图 4.22 所示,2009—2013 年及 2013—2017 年园地景观的斜率分别为 0.9605 和 0.9811,表明两个时间段内村级尺度上园地景观的面积占比均有所减少,且 2009—2013 年的减少程度更高。另外,从散点的分布情况来看,2009—2013 年点的分散程度高于 2013—2017 年,表明 2009—2013 年园地景观的变化更为剧烈。

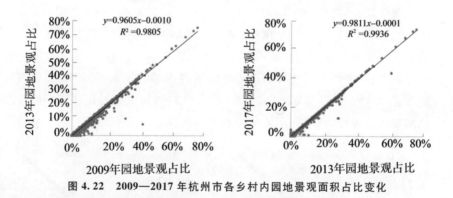

图 4.22　2009—2017 年杭州市各乡村内园地景观面积占比变化

　　草地景观的结果如图 4.23 所示。2009—2013 年及 2013—2017 年草地景观的斜率分别为 0.8948 和 0.9932,两者均小于 1,表明 2009—2013 年村级尺度上的草地景观占比总体上有较为明显的减少,而 2013—2017 年草地景观的面积占比总体上虽有减少,但变化相对较小。另外,从散点的分布情况来看,2009—2013 年,有较多的乡村草地景观消失,而 2013—2017 年各村的变化不明显。

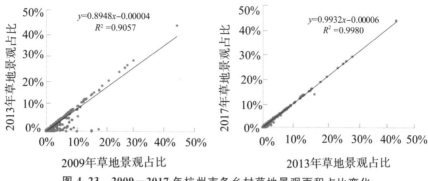

图 4.23　2009—2017 年杭州市各乡村草地景观面积占比变化

　　乡村聚落景观的结果如图 4.24 所示,2009—2013 年及 2013—2017 年乡村聚落景观的斜率分别为 1.0913 和 1.0276,两者均大于 1,表明村级尺度上两个时间段的乡村聚落景观面积占比总体上均有所增加,且相比之下,2009—2013 年增加得更多。另外,从散点的分布情况来看,2009—2013 年的点的分散程度明显高于 2013—2017 年,表明 2009—2013 年乡村聚落景观的变化更为剧烈。

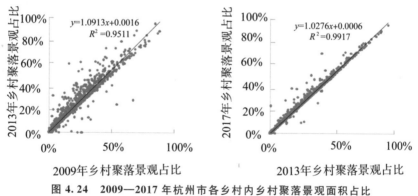

图 4.24　2009—2017 年杭州市各乡村内乡村聚落景观面积占比

　　其他景观的结果如图 4.25 所示,2009—2013 年及 2013—2017 年其他景观的斜率分别为 1.0015 和 1.0155,两者均大于 1,表明村级尺度上两个时间段的其他景观面积占比总体上有所增加。另外,从散点的分布情况来看,两个时间段的点均主要分布在 0～20%,只有少数几个点的值较高。相比之下,2009—2013 年的点的分散程度略高于 2013—2017 年,表明 2009—2013 年城市景观的变化剧烈程度高于 2013—2017 年。

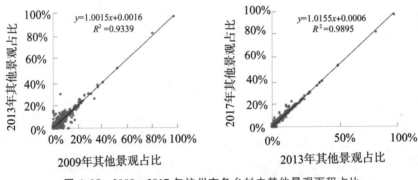

图4.25　2009—2017年杭州市各乡村内其他景观面积占比

(2)各乡村主导景观类型分析

因每个乡村各类景观的面积占比各异,本研究利用GIS工具求取了各乡村内面积占比最大的景观类型,并将其称为"主导景观类型"。各乡村的主导景观类型的空间分布结果如图4.26所示。此外,本研究对结果进行了不同年度的统计分析,结果如表4.5所示。需要说明的是,本研究仅对乡村景观和城市景观做了明确的空间划定,而从行政管理区划上并没有明确城市和乡村的界线。因此,本节乡村统计判断依据是城市景观是否为乡村(或社区)的主导景观类型。若根据先前确定的城市景观和乡村景观分类结果,某乡村的主导景观并非是城市景观,则被视为乡村,否则不纳入本节乡村统计范围。本节中,2009年、2013年、2017年的乡村数量分别为2436个、2414个、2414个。

以森林景观为主导景观类型的乡村数量最多,占比超过50%,覆盖了除东北部地区以外的绝大部分乡村,包括临安区、富阳区、桐庐县、建德市和淳安县的绝大部分区域,以及余杭区西部、萧山区南部和西湖区西南部,且年际变化较为稳定。森林是调节、支持等生态系统服务的基本保障。以森林景观为主导景观的乡村一般生态良好,但大多位于山地丘陵区,社会经济发展缓慢、交通不便且人口大量流失。森林这一主导景观占比过大对于乡村可持续性而言并非是有利的。

以农田景观为主导景观类型的乡村的数量从2009年的566个下降到2017年的481个,占比从23.23%下降到19.93%,主要分布在余杭区和萧山区。随着城市扩张,距离城市越近的乡村的农田,因其特殊的区位发展优势而被转变为城市或乡村聚落景观。逐渐地,农田景观不再是这些乡村的主导景观,农业生产也不再是此类乡村的主要经济活动。

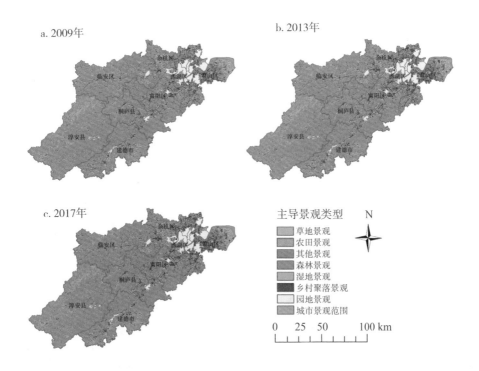

**图 4.26　2009—2017 年杭州市各乡村主导景观类型**

**表 4.5　2009—2017 年杭州基于不同主导景观类型的乡村数量和占比**

| 主导景观类型 | 2009 年 | | 2013 年 | | 2017 年 | |
|---|---|---|---|---|---|---|
| | 数量 | 占比 | 数量 | 占比 | 数量 | 占比 |
| 草地景观 | 1 | 0.04% | 1 | 0.04% | 1 | 0.04% |
| 农田景观 | 566 | 23.23% | 498 | 20.63% | 481 | 19.93% |
| 森林景观 | 1520 | 62.40% | 1514 | 62.72% | 1512 | 62.63% |
| 湿地景观 | 164 | 6.73% | 161 | 6.67% | 157 | 6.50% |
| 园地景观 | 22 | 0.90% | 20 | 0.83% | 19 | 0.79% |
| 乡村聚落景观 | 158 | 6.49% | 215 | 8.91% | 239 | 9.90% |
| 其他景观 | 5 | 0.21% | 5 | 0.21% | 5 | 0.21% |
| 总计 | 2436 | 100.00% | 2414 | 100.00% | 2414 | 100.00% |

以乡村聚落景观为主导景观类型的乡村的数量从 2009 年的 158 个增加到 239 个,占比从 6.49% 增加到 9.90%。发生此类主导景观转变的乡村大多受到快速城镇化的影响,主要位于中心城区周边。

以湿地景观为主导景观类型的乡村主要分布在淳安县、余杭区及萧山区,此类乡村的数量从 2009 年的 164 个减少到 2017 年的 157 个,占比从 6.73%减少到 6.50%。以园地景观为主导景观类型的乡村的数量从 2009 年的 22 个减少到 2017 年的 19 个,占比从 0.90%减少到 0.79%。以其他景观和草地景观为主导景观类型的乡村的数量分别保持在 5 个和 1 个,占比分别为 0.21%和 0.04%。

进一步分析主导景观类型发生变化的乡村,由表 4.6 可知,2009—2013 年共有 92 个乡村的主导景观类型发生变化,各转出景观类型的数量从大到小依次为农田景观、森林景观、乡村聚落景观、湿地景观、园地景观。主导景观由农田景观转为其他景观类型的乡村占绝大多数,其中从农田景观转为乡村聚落景观的乡村数量最多,其次是从农田景观转为城市景观,可见在城镇化进程中,有较大一部分乡村逐渐脱离农业生产。其余变化类型的乡村数量均少于 10 个。2013—2017 年只有 29 个乡村的主导景观类型发生变化,且主导景观的变化类型只剩下 6 种,远远少于 2009—2013 年的变化类型。其中,主导景观类型由农田景观转为乡村聚落景观的乡村仍然数量最多,占比达 68.97%;其次是从森林景观转为农田景观和乡村聚落景观以及从湿地景观转为森林景观和乡村聚落景观的乡村,这四种类型的乡村数量均为 2 个;另外还有一个乡村的主导景观类型从园地景观变为了农田景观。总体来看,主导景观类型的转变大多发生在农田景观、乡村聚落景观及城市景观三者之间,其余的景观类型只有零星几个,具体的空间分布如图 4.27 所示。这几类主导景观的变化基本都位于中心城区周边。

表 4.6　2009—2017 年杭州市主导景观类型变化的乡村数量和占比

| 变化类型 | 2009—2013 年 | | 2013—2017 年 | |
|---|---|---|---|---|
| | 数量 | 占比 | 数量 | 占比 |
| 农田-森林 | 3 | 3.26% | 0 | 0.00% |
| 农田-园地 | 1 | 1.09% | 0 | 0.00% |
| 农田-乡村聚落 | 55 | 59.78% | 20 | 68.97% |
| 农田-城市 | 11 | 11.96% | 0 | 0.00% |
| 合计 | 70 | 76.09% | 20 | 68.97% |
| 森林-农田 | 1 | 1.09% | 2 | 6.90% |
| 森林-湿地 | 1 | 1.09% | 0 | 0.00% |
| 森林-乡村聚落 | 3 | 3.26% | 2 | 6.90% |
| 森林-城市 | 4 | 4.35% | 0 | 0.00% |
| 合计 | 9 | 9.78% | 4 | 13.79% |

续表

| 变化类型 | 2009—2013 年 | | 2013—2017 年 | |
|---|---|---|---|---|
| | 数量 | 占比 | 数量 | 占比 |
| 湿地-森林 | 0 | 0.00% | 2 | 6.90% |
| 湿地-乡村聚落 | 2 | 2.17% | 2 | 6.90% |
| 湿地-城市 | 2 | 2.17% | 0 | 0.00% |
| 合计 | 4 | 4.35% | 4 | 13.79% |
| 园地-农田 | 1 | 1.09% | 1 | 3.45% |
| 园地-乡村聚落 | 2 | 2.17% | 0 | 0.00% |
| 合计 | 3 | 3.26% | 1 | 3.45% |
| 乡村聚落-城市 | 6 | 6.52% | 0 | 0.00% |
| 总计 | 92 | 100.00% | 29 | 100.00% |

a. 2009—2013年       b. 2013—2017年

**图 4.27 2009—2017 年杭州市乡村主导景观类型变化空间分布**

### 4.3.3 各乡村景观格局特征及变化分析

(1)景观水平上的景观格局分析

移动窗口法是通过统计方法计算窗口内所选的景观指标,输出对应的
栅格图,使景观空间格局信息明晰化,以分析景观格局空间分异状况(刘
昕和国庆喜,2009;张玲玲等,2014)。通过 Fragstats 软件的移动窗口分析
工具,可以得到景观格局指数结果在空间上的分布情况。研究区内乡村的
平均面积为 6.2km²,相当于边长为 2.5km 的正方形的面积,因而,在移动
窗口分析时,本研究以边长为 2.5km 的正方形窗口进行计算。选取的景

观格局指数与全域分析时的景观格局指数保持一致。利用 GIS 软件统计各个乡村内的景观格局指数平均值,斑块数量(NP)、最大斑块指数(LPI)、香农多样性指数(SHDI)和香农均匀度指数(SHEI)这四个指数的结果如图 4.28 所示,景观形状指数(LSI)、连接度指数(COHESION)、蔓延度指数(CONTAG)和聚集度指数(AI)这四个指数的结果如图 4.29 所示。其中的 No data 区域是移动窗口分析本身存在的边缘问题导致的。基于此,将城市景观也纳入基于移动窗口的景观格局指数计算中,否则将会缺失城市景观周边乡村的景观格局指数结果,但位于城市景观范围内的计算结果在本研究中不再做呈现和分析。

从斑块数量(NP)的空间分布情况来看,NP 值较高的乡村主要分布在余杭区靠近中心城区的区域。余杭区靠近中心城区的区域地势平坦,以农田景观为主,其中分布的湿地景观和乡村聚落景观等景观较为破碎、密集,因而该区域的斑块数量较多,景观破碎程度较高。萧山区内靠近钱塘江入海口区域的 NP 值较低,这是由于该区域主要是农田景观,且处于平原区,又有规模化耕作的需要,农田景观斑块较大,破碎程度较低,而其余区域的农田景观被分割得极为细碎。临安区、富阳区、桐庐县、建德市和淳安县这五个区县内 NP 值较高的乡村主要位于海拔高度较低的区域,这些区域分布着较为细碎的农田景观、乡村聚落景观、湿地景观和草地景观,可见景观破碎化与地形地貌本身密切相关。有些区域 NP 值较低主要是由于存在集中连片的森林景观或湿地景观,其间较少存在其他景观,因此斑块数量较少。

从最大斑块指数(LPI)的空间分布情况来看,LPI 值接近 100 的区域有较多与 NP 值较低的区域重合,如临安区北部和西部边缘、桐庐县东部边缘及淳安县东南部等地区,其中最大斑块的景观类型主要是森林景观。LPI 值较低的区域主要分布在余杭区和萧山区,即 NP 值较高的区域,这些区域的景观整体较为破碎,斑块面积普遍较小。另外,临安区、富阳区、桐庐县、建德市和淳安县这五个区县内海拔较低的区域的 LPI 值也相对较小。总体来说,LPI 值较低的区域大多为人类活动较多的区域。

从香农多样性指数(SHDI)的空间分布情况来看,SHDI 值较高的乡村主要分布在余杭区、萧山区,其次是富阳区、桐庐县及建德市内钱塘江沿岸呈条带状分布的乡村,这些区域的 NP 值普遍较高。相较余杭区,萧山区内 SHDI 值的差异较大,其中南部的 SHDI 值较高,而东北部区域的 SHDI 值则较低,主要是因为东北部的农田景观斑块普遍较大,乡村聚落景观分布较少。从香农均匀度指数(SHEI)的空间分布情况来看,SHEI 值在空间分布上与 SHDI 值相一致,这是由 SHDI 和 SHEI 本身的定义及内涵所决定的。

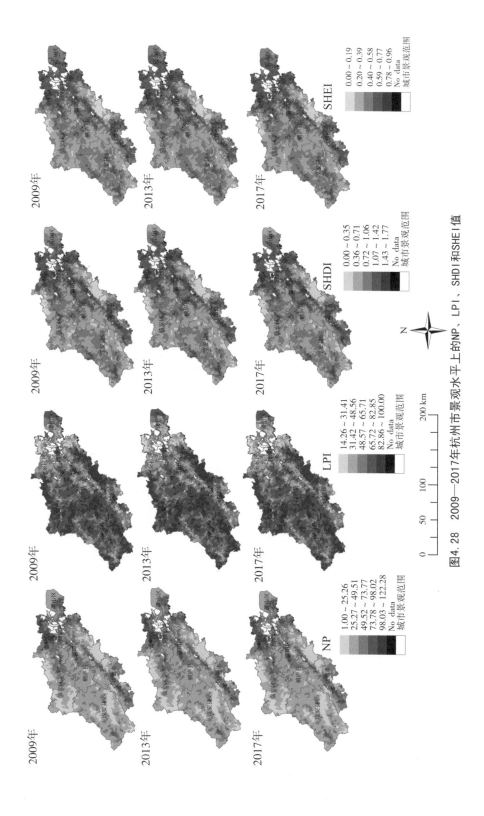

图4.28 2009—2017年杭州市景观水平上的NP、LPI、SHDI和SHEI值

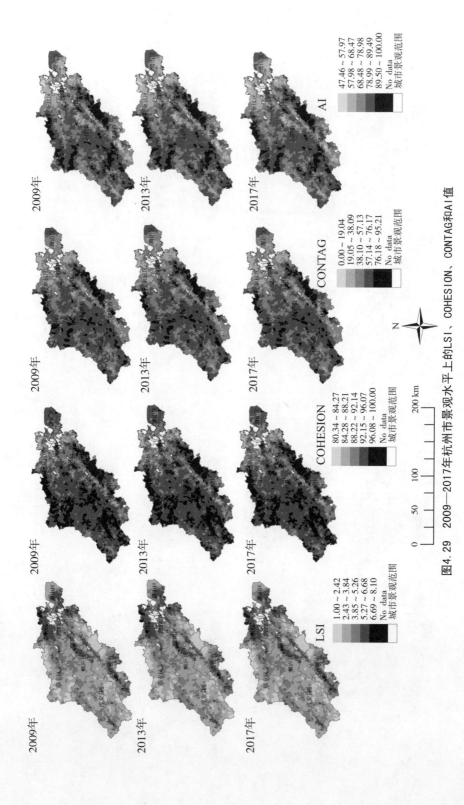

图4.29　2009—2017年杭州市景观水平上的LSI、COHESION、CONTAG和AI值

从景观形状指数(LSI)的空间分布情况来看,LSI 值较高的乡村主要分布在 NP 值较高的区域,即余杭区、富阳区,以及桐庐县和建德市内钱塘江沿岸的乡村,这些区域的景观形状复杂程度相对较高。

从连接度指数(COHESION)的空间分布情况来看,每个乡村的 COHESION 值均高于 80,表明各个乡村内的物理连接度均较高。但 COHESION 值在空间分布上仍存在较为明显的规律,即 COHESION 值相对较低的乡村主要分布在中心城区周边区域,也即 NP 值相对较高的区域,这些区域景观的破碎化程度较高。同理,COHESION 值较高的区域为 NP 值较低的区域,这些区域多为集中连片的森林景观,因而景观的物理连接度较高。

从蔓延度指数(CONTAG)的空间分布来看,各乡村内不同斑块类型的团聚程度差异较大。其中,CONTAG 值较低的乡村主要分布在中心城区周边区域,表明这些区域景观破碎程度较高;CONTAG 值大于 90 的乡村主要分布在桐庐县东部边缘,该区域为大片的森林景观,表明作为该区域的优势景观——森林景观形成了良好的连接性。

从聚集度指数(AI)的空间分布来看,各乡村的 AI 值均高于 40,且 AI 值的最高值为 100,可见各乡村内景观的聚集度总体较高。AI 值较低的区域同样为中心城区周边区域,以及富阳区、桐庐县和建德市内钱塘江沿岸的乡村。

综合以上 8 个景观格局指数的结果来看,中心城区外被大片森林景观覆盖的丘陵地区由于多保留着自然的状态,人为干预较少,景观的破碎程度和景观多样性也较低,景观连通性和聚集度较高;而其余人为活动较多的地区,如以农田景观和乡村聚落景观等为主的海拔较低的乡村,其景观破碎程度和景观多样性一般较高,但景观的连通性和聚集度一般较低,内部差异一般较高,这是由人为活动本身的复杂性决定的。

各个乡村景观格局指数的变化如图 4.30 所示。由趋势线的拟合公式可知,各个景观格局指数的斜率和 $R^2$ 均接近 1,表明景观格局指数的总体变化较小。其中 NP 值、LSI 值、CONTAG 值及 AI 值在 2009—2017 年均呈上升趋势,而 LPI 值、SHDI 值、SHEI 值及 COHESION 值在 2009—2017 年均呈先增后减趋势。另外,从点的分布情况来看,相比之下,2009—2013 年点的分散程度高于 2013—2017 年,表明 2009—2013 年乡村景观格局变化的剧烈程度高于 2013—2017 年。

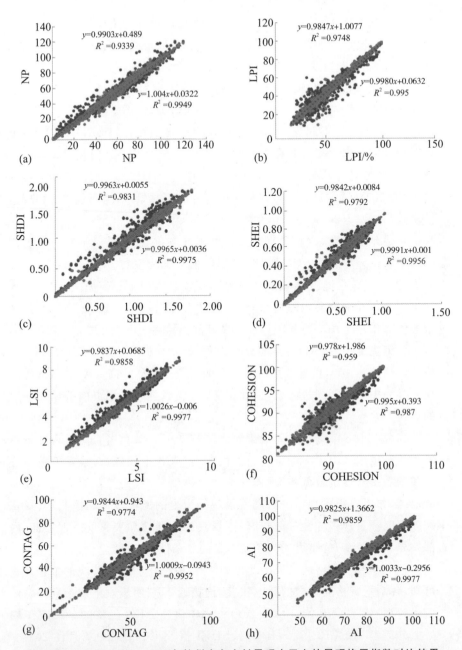

图 4.30　2009—2013—2017 年杭州市各乡村景观水平上的景观格局指数对比结果

　　注:横轴均为 2013 年的景观格局指数结果,纵轴为 2009 年和 2017 年的景观格局指数结果,浅色的点表示 2009 年的结果,深色的点表示 2017 年的结果。左边的公式是 2009—2013 年各景观格局指数趋势线的拟合公式,右边的公式是 2013—2017 年各景观格局指数趋势线的拟合公式。

（2）斑块类型水平上的景观格局分析

由于本研究的对象是乡村景观，因此在对斑块类型水平上的景观格局指数进行分析时未统计城市景观。在斑块类型水平上共选取了 5 个景观格局指数，分别为斑块数量（NP）、最大斑块指数（LPI）、景观形状指数（LSI）、连接度指数（COHESION）及聚集度指数（AI）。

1）农田景观

农田景观斑块类型水平上的景观格局指数空间分布情况如图 4.31 所示。可以发现农田景观斑块类型水平上显示 No data（特定移动窗口内无此类景观）的乡村的数量极少，主要是在千岛湖的湖中心区域。农田景观 NP 值和 LSI 值的空间分布格局类似：较高的区域主要分布在临安区和富阳区，这些地区的农田景观破碎化程度和形状复杂度较高；而 NP 值和 LSI 值较低的区域主要分布在中心城区周边、萧山区东北部及淳安县大部分区域。在2009—2017 年，余杭区、萧山区各个乡村的农田景观斑块数量有所增加，尤其是中心城区周边乡村的农田景观趋向破碎化情况比较严重，形状复杂程度变化不明显。LPI 值的空间分异比较明显，其中，农田景观最大斑块占整个乡村的比例最高的乡村集中分布在萧山区东部的地势平坦区域，而杭州市西南部地区农田景观的优势度很低。COHESION 值和 AI 值也表现出颇为相似的空间分异特征。余杭区和萧山区内大部分区域的农田景观连接度和聚集度均较高，此外较高的还有富阳区、桐庐县中部及建德市南部；而淳安县的大部分区域，尤其是中部的农田景观连接度和聚集度均较低。

2）森林景观

森林景观斑块类型水平上的景观格局指数空间分布情况如图 4.32 所示。可以发现无森林景观的乡村主要分布在研究区东北部，而这些乡村主要是以农田景观为主。森林景观 NP 值较高的区域主要分布在桐庐县中部及建德市南部等，其余区域的 NP 值普遍较低。总体而言，各个乡村中森林景观的斑块数量明显低于农田景观的斑块数量。但是与农田景观相比，森林景观的形状复杂程度要高于农田景观，主要原因在于森林景观大多是自然形成的，而农田景观是为了耕作方便经过后期改造的，这些对景观斑块的改造活动事实上会影响水流、生物活动、土壤形成等生态过程。森林景观 LPI 值的空间分异十分明显：余杭区和萧山区的绝大部分乡村都只拥有少量的森林景观，且这些森林景观的形状相比其他乡村较为简单；而其他各个县（市、区）中绝大部分乡村的森林景观覆盖率超过 50％。在地形起伏度越大的地方，森林景观的形状复杂程度也越高，与农田景观形成相反的空间格局。森林景观的 COHESION 值和 AI 值的空间分异同样十分明显，但除中心城区、余杭区及萧山区部分区域外，其余绝大部分区域的森林景观连接度和聚集度都较高。森林景观的连接度和聚集度普遍高于农田景观。

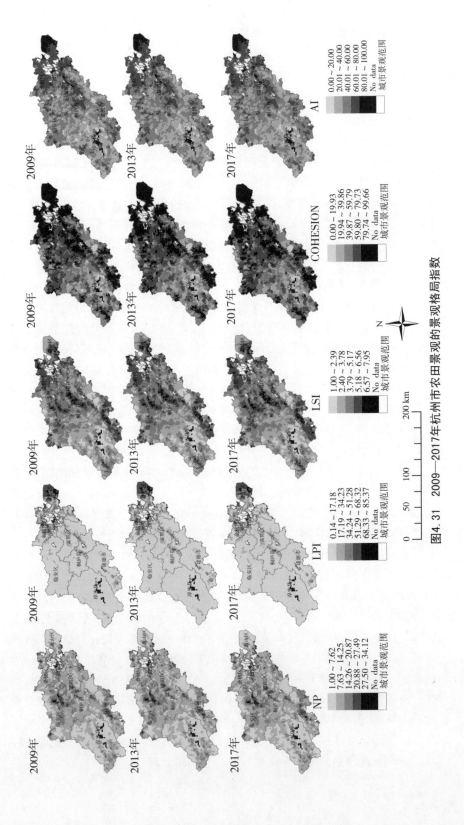

图4. 31　2009—2017年杭州市农田景观的景观格局指数

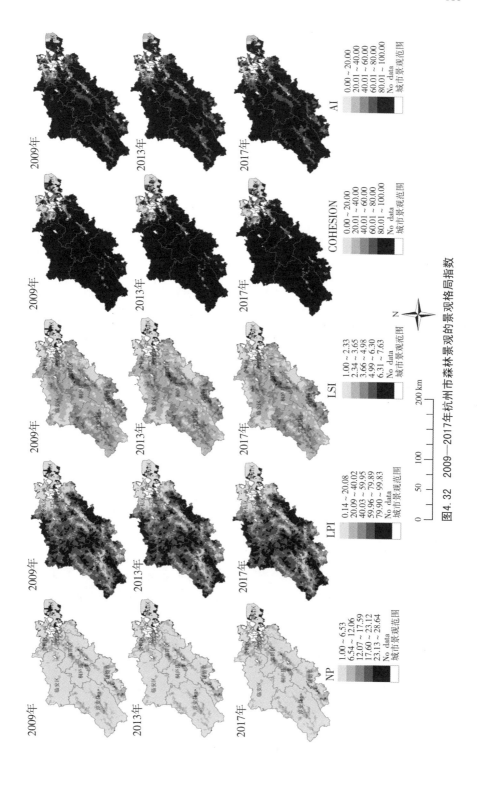

图4.32　2009—2017年杭州市森林景观的景观格局指数

3)湿地景观

湿地景观斑块类型水平上的景观格局指数空间分布情况如图4.33所示。可以发现无湿地景观的乡村也仅占极少数。湿地景观所提供的水资源是乡村自然资源中的不可或缺的一部分。湿地景观NP值较高的区域主要分布在余杭区及萧山区南部,其余区域的湿地景观斑块数量普遍较低。而湿地景观的LPI值与其他景观类型有着很大差异,且空间聚集也非常明显,主要是淳安县的千岛湖区域及贯穿杭州市的钱塘江周边一带的乡村中湿地景观占比较高,部分在50%以上。湿地景观的COHESION值和AI值的空间分异与LPI值类似。湿地景观LSI值较高的乡村主要分布在余杭区,其次是萧山区和淳安县的部分乡村,而其他区域的湿地景观形状指数各异,没有明显的空间规律。

4)园地景观

园地景观斑块类型水平上的景观格局指数空间分布情况如图4.34所示。无园地景观的乡村主要分布在研究区东北部,该区域的乡村以农田景观和乡村聚落景观为主,其他类型景观较少。园地景观NP值较高的区域主要分布在淳安县,同样地,海拔高意味着景观斑块的数量多、破碎化程度高。将2009年与2017年的园地景观NP值相比,有一部分乡村的园地景观斑块数量有所增加。园地景观LSI值的空间分布和变化情况与NP值类似。园地景观的LPI值差异较大且普遍较低,仅淳安县和临安区有零星几个乡村的LPI值较高,其他绝大部分乡村中园地景观只占据了小部分,大多少于5%。园地景观COHESION值的差异较大,其中景观连接度较高的乡村主要集中位于淳安县,淳安县分布着大面积的园地景观,形成了连片规模。但相比连接度,园地景观的聚集度显得较低,但空间分异与连接度基本一致。

5)草地景观

草地景观斑块类型水平上的景观格局指数空间分布情况如图4.35所示。可以发现相比景观水平上的结果,由于草地景观的面积占比本身较少,因此有许多的乡村没有统计到草地景观的景观格局指数,这些乡村主要分布在研究区东北部,且数量随时间有增加趋势。从NP值的结果来看,草地景观斑块数量相对较高的乡村主要分布在淳安县西部的乡村,其余几个区县的绝大部分的乡村斑块数量均较低。草地景观LPI值普遍较低,其中相对较高的值主要分布在临安区。草地景观LSI值同样普遍较低,其中相对较高的值主要分布在淳安县,与NP值在空间分布上相似。草地景观COHESION值与AI值的空间分异相似,其中连接度和聚集度较高的乡村主要分布在临安区和与余杭区,而较低的则在淳安县。

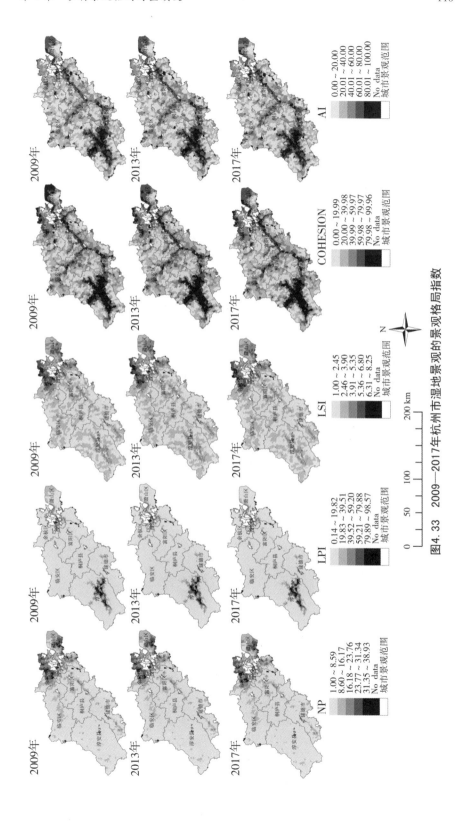

图4.33　2009—2017年杭州市湿地景观的景观格局指数

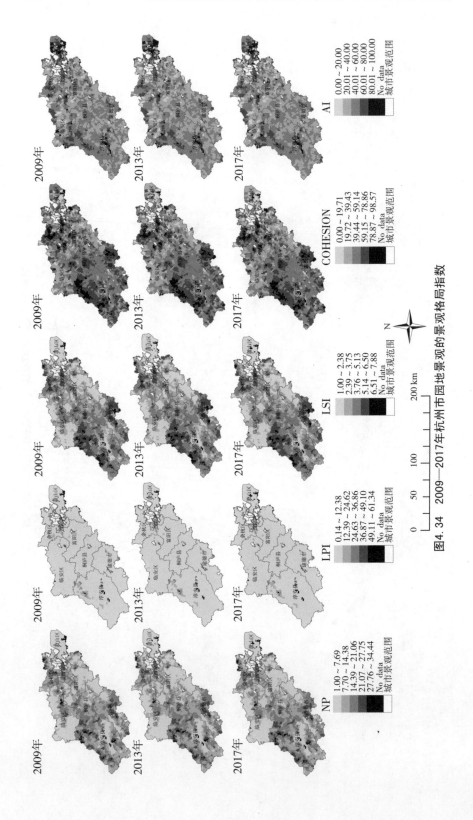

图4.34　2009—2017年杭州市园地景观的景观格局指数

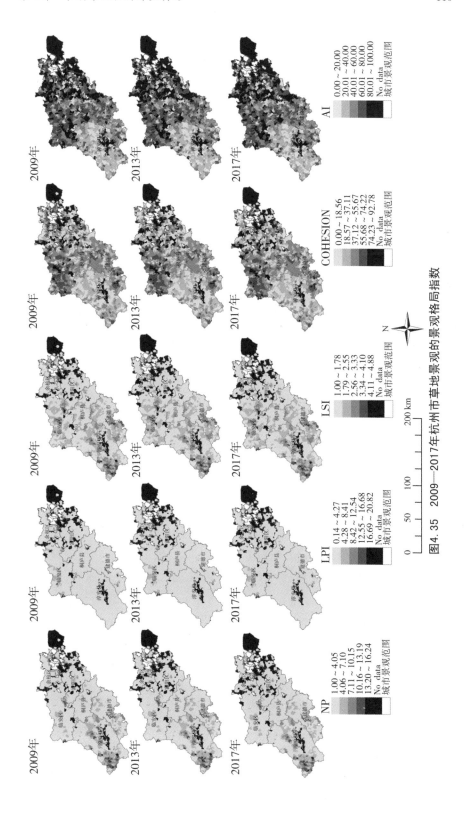

图4.35　2009—2017年杭州市草地景观的景观格局指数

　　6）乡村聚落景观

　　乡村聚落景观斑块类型水平上的景观格局指数空间分布情况如图 4.36 所示。乡村聚落景观 NP 值较高的区域主要分布在余杭区和萧山区，这些区域村庄较多，其余区域的村庄数量明显较少。乡村聚落景观 LPI 值的差异较大，在山地丘陵区，乡村聚落景观在整个乡村中的占比非常低。乡村聚落景观 LSI 值在空间分布上与 NP 值较相似，乡村聚落景观形状复杂程度较高的乡村主要分布在余杭区和萧山区。乡村聚落景观 COHESION 值与 AI 值的空间分异类似，其中萧山区、余杭区、中心城区及富阳区的乡村聚落景观连接度和聚集度普遍较高。

　　7）其他景观

　　其他景观斑块类型水平上的景观格局指数空间分布情况如图 4.37 所示。NP 值较高的区域主要分布在中心城区周边区域，其余区域的 NP 值普遍较低。LPI 值的差异较大，其中最大值位于萧山区，其余区域的 LPI 值均较低。LSI 值的空间分布与 NP 值较相似，值较高的区域主要分布在中心城区周边区域，其余区域的 LSI 值普遍较低。COHESION 值的差异较大，其中中心城区周边的值较高。AI 值的差异同样较大，但在空间分布上较无规律可循。

## 4.4　本章小结

　　本章将整个研究区划分为城市景观和乡村景观两大类，其中，乡村景观又被细分为草地景观、农田景观、森林景观、湿地景观、园地景观、乡村聚落景观及其他景观 7 类。从全域和村级两个尺度入手，分别对景观的数量结构特征和景观空间格局进行分析，主要结果如下。

　　（1）全域尺度上，研究区内各景观面积占比从大到小依次为森林景观、农田景观、湿地景观、园地景观、乡村聚落景观、城市景观、其他景观和草地景观，且森林景观的面积远大于其他几类景观。其中，城市景观、农田景观及乡村聚落景观主要分布在研究区东北部平原，森林景观则连片分布在丘陵地区，其余几类景观类型的分布较为分散细碎。

　　（2）从景观变化的结果来看，2009—2017 年的景观变化以乡村聚落景观和城市景观侵占农田景观、森林景观、湿地景观及园地景观为主，其次是部分森林景观、湿地景观及园地景观向农田景观的转变，且 2009—2013 年变化的剧烈程度高于 2013—2017 年。

　　（3）从景观格局指数的结果来看，全域尺度上景观破碎程度不断增加，景观多样性和均匀度也有所增加，但景观的连通性和聚集度下降；另外，各个景观类型在斑块水平上的指数结果差异较大，但随时间的变化均较小。

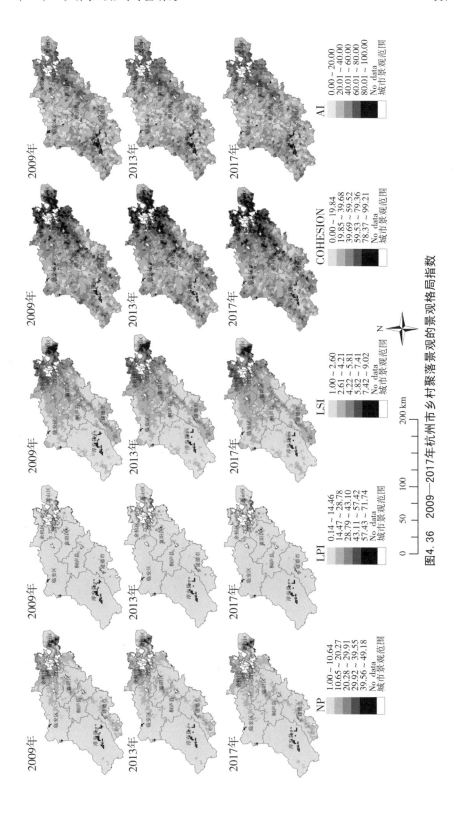

图4.36 2009—2017年杭州市乡村聚落景观的景观格局指数

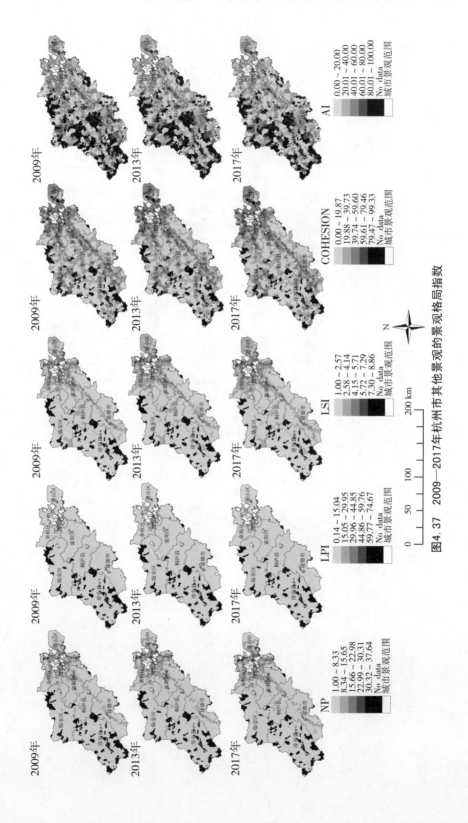

图4.37　2009—2017年杭州市其他景观的景观格局指数

　　(4)村级尺度上,各乡村内的各类景观占比的空间分布与全域尺度基本一致,且 2009—2013 年的变化剧烈程度高于 2013—2017 年。从主导景观类型的转变而言,主要由农田景观主导转为乡村聚落景观或城市景观主导,以及由乡村聚落景观主导转为城市景观主导,有这些变化的乡村基本都位于中心城区周边。

　　(5)村级尺度上的景观格局指数分析结果表明:被大片森林景观覆盖的丘陵地区的破碎化程度较低,景观连通性和聚集度较高,但景观多样性较低;而以农田景观和乡村聚落景观等为主的海拔较低的区域,其景观破碎程度和景观多样性一般较高,但景观的连通性和聚集度较低,且这些地区的内部差异一般较高。从时间上来看,景观格局指数的变化较小。

第5章

乡村景观服务时空分异

　　乡村景观服务评估是本研究的核心内容,前文所述的乡村景观格局演变可以说是景观变化的外在表现,而景观服务能力的时空分异特征则是随景观格局的动态演变景观功能发生的内在变化。本章基于景观服务的内涵对景观服务类型进行分类,构建景观服务分类体系,并运用多种方法评估景观服务能力,分析研究期内各类景观服务水平及景观服务综合能力的时空分异规律,探讨景观的外在变化对景观内在功能的影响,进而以景观服务能力作为景观可持续性测度的关键依据。

## 5.1　乡村景观服务分类

　　景观"格局-过程-功能"之间的关系是景观生态学研究领域的核心组成部分,景观格局影响景观生态过程,进而影响景观功能。景观服务源自景观功能,同时,乡村景观还具有多功能性(Fagerholm et al.,2019)。随着景观的多功能性被学界逐渐认识,乡村景观兼具农业生产以外的多种功能的观点已成共识,并且这些多功能性也越来越被重视。人们已认识到自己从多功能景观中享受到了多种的景观服务。故此,从景观的多功能性出发,基于景观服务的内涵,综合考虑本研究的目的及数据的可得性,将本乡村景观功能与乡村景观服务分类划分为三大类功能和四大类服务(图5.1)。

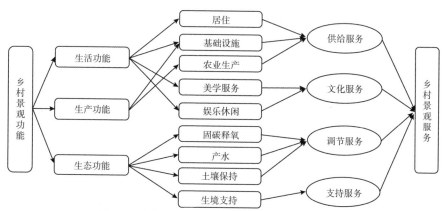

**图 5.1　乡村景观功能与乡村景观服务分类体系图**

### 5.1.1　乡村景观功能

（1）生活功能

农业文明时期，绝大部分的人都生活在乡村地区，乡村地区本就是人类起源并长期生活的地方。虽然在当前快速城镇化与工业化进程中，大批民众涌向城市，城市成了人们聚居的主要地方。即便如此，乡村景观的生活功能仍然不能被忽视。农村居民点是乡村人民生活的聚居点，是乡村景观生活功能的主要体现。农村居民点内部及其周边区域存有很多基础设施，如道路、电网等，这些基础设施可以改善乡村人民生活，提供便利生活条件。农村居民点的居住功能和道路等基础设施提供的通达性等功能，可以说是乡村人民"生存"的必需功能。但相比城市的居住密度和基础设施建设强度，乡村景观对于这两类功能上的供给是有限的，与城市无法比拟。而乡村和城市存在的很大不同是，乡村具有城市景观所不具备的提供农耕文明背景下的美景和娱乐休闲的功能，这些功能是乡村景观独有的文化遗产，是城市不可替代的功能。其不仅可丰富乡村人民的生活，还能吸引城市居民前来旅游，体验自然风光和农耕文明，丰富城市人民的生活。过去，乡村景观主要由以自然特色为主的旅游景点提供美景和娱乐休闲功能；现如今，部分乡村还在发展都市农业、休闲农业等生态旅游产业，进一步挖掘和体现乡村景观的文化功能。

更重要的是，乡村的生活功能是乡村能否可持续发展和演化的核心所在。当前，我国乡村面临的一个重要问题就是，在人口流失背景下的乡村"空心化"问题，越来越多原本居住在乡村地区的年轻人迁徙到城市工作和居住，一方面是由于乡村的生活存在诸多的不便利性，另一方面是因为城市里有更多的工作机会和更高的收入来源。这种城镇化演进过程本身所带来的乡村发展问题，会导致乡村出现"空心化"，从而促使乡村走向衰败。在乡村景观生活功能削弱的情况下，即使乡村景观在生产和生态方面具有较高的可持续性，乡村居住及往来人群的减少也会在一定程度上降低乡村景观可持续性的意义。因此，乡村景观的生活功能是乡村可持续性的重要纽带，在景观功能研究中不可忽视。

（2）生产功能

乡村景观的生产功能主要是指乡村景观为人们提供所需物质资料的生产能力，人们通过对不同乡村景观资源类型、空间格局的合理利用，获得一定的物质资料或经济收入。农业生产是乡村景观的主要生产功能，也是乡村得以存续的根源。除了农田、园地、草地等景观类型之外，沟渠、道路等基础设施虽然没有直接生产物质资料的能力,但具有保障和提升农业景观生产能力的重要作用,因此,沟渠、道路等基础设施也具有生产功能。此外,乡村景观中的生产功能主要是农业生产,但是随着工业化程度的不断提高,乡村地区也同样具有一定的工业生产及打造特色产业等的能力。考虑到这方面各地的发展水平参差不齐、形式各异,对农业景观生产功能的影响复杂多样,难以统一,故本研究暂不做考虑。

乡村的生产功能为乡村人民的世代休养生息提供了必备的物质保障。但由于乡村的生产功能较为单一,所能够提供的经济来源或物质资料已不能满足当代人民的需求,当前大量青壮年劳动力从乡村涌向城市。然而,即便如此,乡村的生产功能是城市所不能替代的。如若乡村的生产功能衰退,不能满足乡村人民的需求,会使乡村进入"衰退"的恶循环,而且会对整个社会(包括生活在城市的居民)造成严重影响。我国一直对耕地保护有着非常严格的要求,始终将"十分珍惜、合理利用土地和切实保护耕地"作为基本国策,其目的正是要保障乡村农业基本的生产功能。因此,乡村景观的生产功能对于乡村景观可持续性也具有重要意义。

(3)生态功能

相比生活功能、生产功能,乡村景观的生态功能属于"隐性"功能,但却是乡村景观最为宝贵的功能。事实证明,过去人们所采用的粗放、快速发展方式(以牺牲生态环境为代价)是不可持续的。本研究将从非生物环境(如水、土、空气等)和生物环境来界定乡村景观的生态功能。水资源、土壤资源、新鲜空气都是大自然赠予人们的难以替代的宝贵资源,是人类生存繁衍的根本。乡村景观相比城市景观受人类干扰程度小,景观的生态功能完整性、稳定性更高。本研究关注的乡村景观具体的生态功能包括:①固碳释氧功能。二氧化碳是诸多温室气体中数量最多、增强温室效应影响最大的气体之一(李俊梅等,2019)。固碳释氧功能主要取决于植被通过光合作用同化大气 $CO_2$,同时通过呼吸作用分解有机质并释放到大气中的碳收支过程(冯源等,2020)。②产水功能。顾名思义,它指的是生态系统的供水能力,主要为大气降水减去实际蒸发耗散的剩余部分,对整个水循环具有重要意义。③土壤保持功能。森林、草地等景观要素通过其空间结构、生态过程及相互作用关系,减缓因水蚀所导致的土壤侵蚀作用,是防止区域土地退化、降低洪涝灾害风险的重要保障(刘月等,2019)。④生境支持功能。乡村景观可在不同程度上为各类生物提供生存场所和生境条件。生物多样性维持(生境支持)是生态系统功能最为基础的功能,乡村景观其他生态功能的体现很大程度上与其相关(李奇等,2019)。

　　总之,生态功能是维持生活功能、生产功能的前提和基础,其在乡村景观功能研究领域具有越来越重要的研究意义和价值。与生产功能、生活功能相比,生态功能是一种无形的功能类型,可为生活和生产"保驾护航"。因此,生态功能的维持是景观可持续性的根基所在。

### 5.1.2　乡村景观服务分类

　　景观功能是客观存在的,景观服务则具备主观感受的内涵,景观服务源自景观功能,因此,可依据景观功能类型对景观服务进行分类。由于景观服务建立在生态系统服务的基础之上,本研究的景观服务一级分类体系沿用生态系统服务的分类体系,即分为四大类服务:供给服务、调节服务、支持服务、文化服务,并在四大类一级服务类型的基础上,进一步根据景观功能与生态系统服务功能研究范畴的不同,细分为 9 类二级景观服务类型。

　　(1)供给服务

　　供给服务是景观服务的直接体现,是人们从景观中的直接受益,包括居住服务、基础设施服务、农业生产服务等。其中,居住服务、基础设施服务两大类型是传统生态系统服务分类体系中所没有的,属于是景观而非生态系统所特有的服务种类。人们生活在乡村聚落景观,也就享受着乡村聚落景观带来的居住和相关基础设施服务。人们合理利用自然;相应地,大自然也会凭借其生物和非生物环境,滋养和哺育各种植物、动物(如粮食、蔬菜、牲畜等),反哺于人类。在乡村地区,可以将食物供给归结为人们从农业景观中获得的农业生产服务。此外,虽然产水服务是通过自然生态系统的结构和过程对水资源进行"调节作用"而产生的服务,但事实上也可被视为供给服务的一部分。水作为能够被人们直接利用的物质,类似于农业生产提供的食物。

　　(2)调节服务

　　景观服务的调节服务源自景观的生态功能,主要为固碳释氧服务、产水服务和土壤保持服务。调节服务原本是基于生态系统的生态过程而产生的一类服务,因此,景观服务中的调节服务与生态系统服务中的调节服务类似,但也有所区别。景观的概念强调景观格局对景观生态过程的影响以及景观尺度与景观功能之间的关系,景观服务中的调节服务也更为强调"格局-过程-功能-服务"之间的关系及其在景观尺度上体现出的服务价值。当然,调节服务作为生态系统的基础性服务,类别不仅仅局限于以上三种服务形态,因为生态系统具有多样性和复杂性特点。事实上,调节服务还应当具有空气质量调节服务、水源涵养服务、水资源净化服务、养分循环服务、授粉服务、病虫害防治服务等服务形态。本研究考虑到数据获取难度以及评估的复杂性问题,仅对上述相对重要的且可以大体包含生态系统中非生物环境调节的三类服务(即基于水、土、空气三大非生物环境要素)进行深入探讨和评估。

（3）支持服务

景观服务中的支持服务同样与生态系统服务密切相关,主要是指生境支持服务。在德国和欧盟委员会发起的《生态系统和生物多样性经济学倡议》(TEEB)中,曾将 MEA 中的支持服务界定为栖息地服务。因此,对景观服务分类中的支持服务,本研究仅关注生境支持服务,即景观作为生物活动的场所,能够支持其繁衍生息并保持生物多样性的能力。在生态系统服务的生境支持服务内涵中,主要以生境质量来体现其服务能力。但是,过去生境质量指数主要考虑生态系统本底因素对生境支持的作用,而忽视了生境格局对生物多样性维持的影响。例如,生境隔离程度是影响生境生物扩散和生存的重要因素。因此,在景观服务框架下的生境支持服务,需要考虑生境质量和生境格局两个维度。此外,前文供给服务中的居住服务、基础设施服务在某种程度上也可以归并到支持服务,并可以将其理解为是景观给予的一种以支持人类生活为主的栖息地服务。

（4）文化服务

文化服务也是生态系统服务中的重要组成部分,且越来越受到重视。在生态系统服务中,文化服务价值大体包括美学价值、娱乐休闲价值、宗教与精神价值、文化和遗产价值、社会关系维系价值等等(Cheng et al.,2019)。虽然生态系统服务中的文化服务范围很广,但是用传统的生态系统的概念去评估无形的文化服务却有些欠缺,而景观服务的概念则可以进一步完善、深化生态系统文化服务的内涵。景观服务分类中的文化服务,强调的是人们对景观的感知。本研究从视觉感知和体验感知两方面,将文化服务分为美学服务和娱乐休闲服务两类,这也是生态系统文化服务评估研究中涉及最多的两种类型。而前面述及的其他几类文化服务类型虽客观存在,但均是无形、难以衡量、个性化差异过大的服务,本研究同样不予深入探讨。

## 5.2  乡村景观服务评估方法

### 5.2.1  居住服务

乡村聚落景观是居住服务的提供主体,而其他景观类型从理论上而言并不具有提供居住服务的能力。过去的居住服务评估研究,一般基于居住用地景观承载的人口数量,并将其转化为人口密度进行评估(Gerecke et al.,2019;Peng et al.,2019)。本研究以乡村中的乡村聚落景观为对象,同样采用在空间上计算其人口密度的方式来进行居住服务的评估。

本研究的人口数据,来源于英国南安普顿大学地理与环境科学学院基于各行政单元人口和多源辅助数据(诸如距离农田的距离、距离城市的距离、距离主要道路的距离等)、运用随机森林算法生成的覆盖中国全域的高分辨率人口数据库(WorldPop Project),栅格分辨率为100m。但由于该数据属于空间连续性分布的栅格数据类型,在其他非居住区域同样会显示出少量的人口数据分布,因此,本研究基于此数据进行了居住用地(乡村聚落景观)人口密度的统计换算。具体而言,本研究的乡村聚落景观仅包括村庄和建制镇用地类型,即所有的居住服务均由该类型景观提供。首先,根据 WorldPop 数据库,以"村"为单位计算每个乡村的总人口数量;其次,以"村"为单位计算每个乡村的乡村聚落景观总面积;再次,将每个乡村的总人口数量除以乡村聚落景观总面积,得到每个乡村聚落景观像元(100m×100m)的平均人口数量;然后,在 WorldPop 数据库中提取每个乡村聚落景观像元上的人口数量并计算乡村聚落景观像元上的平均人口数;最后,以乡村聚落景观为分析对象,将每个乡村的总人口根据各个乡村聚落景观像元上的人口数量与该乡村的乡村聚落景观像元上的平均人口数量之比,分配至各个乡村聚落景观像元上(式5.1):

$$G_{ij} = \frac{P_{i,j}}{P_{mean,j}} \times G_j \qquad (式5.1)$$

式中:$G_{ij}$ 为第 $j$ 个乡村的第 $i$ 个乡村聚落景观像元(100m×100m)的人口密度(人/km²);$G_j$ 为第 $j$ 个乡村的乡村聚落景观像元的平均人口密度(人/km²);$P_{i,j}$ 为 WorldPop 数据库中第 $j$ 个乡村的第 $i$ 个乡村聚落景观像元的人口数;$P_{mean,j}$ 为 WorldPop 数据库中第 $j$ 个乡村的乡村聚落景观像元的平均人口数。

### 5.2.2  基础设施服务

基础设施服务是景观支持人类生产生活必不可少的服务类型,基础设

施可以提高生产效率、改善人民生活。本研究的基础设施服务考虑两个层
面。一方面是对农业生产而言,即农田水利设施状况,借助沟渠密度来评
估。农田水利设施是农业生产中最为重要的基础设施,可以较大程度地保
证生产稳定。另一方面是道路密度。便利的出行条件可以加大不同地区
之间的交流、增加工作机会,间接提高生活水平,因此选取道路密度作为评
估基础设施服务的另一个指标。此外,由于不同宽度的沟渠和道路的服务
能力不一样,本研究进一步采用"道路宽度"或"沟渠宽度"属性作为加权因
素,并简单地假设宽度与服务能力成正比关系,即:若沟渠或道路宽度为
1m,则在沟渠或道路密度计算中计数 1 次;若沟渠或道路宽度为 2m,则计
数为 2 次,以此类推。

本研究认为沟渠密度和道路密度对乡村地区的生产和生活同等重要,
因此,基础设施服务的评估采用沟渠密度和道路密度直接加和的方式进行
计算,公式(式 5.2)如下:

$$D_t = \frac{\sum_{i=1}^n X_i K_i + \sum_{j=1}^m Y_j K_j}{A_t} \qquad (式 5.2)$$

式中:$D_t$ 为区域 $t$ 的沟渠和道路设施网络密度(km/km$^2$);$n$ 和 $m$ 分
别表示为 $t$ 区域有 $n$ 条沟渠和 $m$ 条道路;$X_i$ 为第 $i$ 条沟渠长度;$Y_j$ 为第 $j$
条道路长度;$K_i$ 为第 $i$ 条沟渠宽度;$K_j$ 为第 $j$ 条道路宽度;$A_t$ 为区域 $t$ 的
面积。以 30m×30m 栅格为分析单元,统计沟渠和道路密度的范围为 1km
×1km,即 $A_t$ 的面积为 1km$^2$。

### 5.2.3　农业生产服务

乡村拥有着大面积的农田、园地、草地等半人工半自然景观,这些景观
以提供农业生产服务为主,可为乡村及城市居民提供最根本的食物来源。
农业生产中包括种植业、畜牧业、林业、渔业四大类,其中,种植业依赖于农
田景观和园地景观,林业依赖于森林景观,渔业主要依赖于湿地景观中的
养殖水面、坑塘水面等,而杭州地区的畜牧业中牲畜以各类饲料喂养为主,
不依赖于特定景观。严格意义上,广义上的农业生产应包含这四大类,但
是考虑到森林景观、湿地景观、草地景观的主导功能并不是农业生产,难以
从客观上对此类景观的农业生产服务能力进行评价,而且畜牧业、林业、渔
业三者产值总值在杭州历年的农业总产值中占比不到 30%,因此,本研究
仅评估农田景观、园地景观的农业生产服务价值,即农作物种植业的生产
服务。

此外,还需要说明的是,目前较多文献关于生态系统服务评估中的粮
食生产服务是以粮食产量为评估依据的,而本研究评估的农业产品涉及种

类较多,不同农业产品之间产量的可比性差,因此,本研究采用"产值"作为评估依据。另因本研究的时间尺度跨越八年,"产值"存在通货膨胀以及农产品年际间价格不一致问题,故本研究参考《浙江统计年鉴》(2009—2017年)中的居民消费价格指数对产值进行换算(表 5.1)。

**表 5.1　居民消费价格指数(2010—2017 年)**　　　　　　　(上年＝100)

| 年份 | 粮食 | 畜肉类 | 鲜瓜类 | 茶及饮料 |
|---|---|---|---|---|
| 2010 | 117.1 | 102.1 | 101.3 | 106.8 |
| 2011 | 110.1 | 120.1 | 104.2 | 110.6 |
| 2012 | 104.1 | 103 | 106.6 | 105.05 |
| 2013 | 103.5 | 103.9 | 102.2 | 103.2 |
| 2014 | 101.4 | 100.8 | 101.8 | 106.7 |
| 2015 | 100.7 | 106.7 | 101.4 | 99.45 |
| 2016 | 100.5 | 113.5 | 100.5 | 98.9 |
| 2017 | 100.5 | 97.6 | 102.2 | 102.3 |

(1)粮食生产

粮食生产服务由水田、旱地等农田景观提供,即土地利用现状分类中的耕地地类。我国已开展了多年的耕地质量评价与监测工作。耕地质量是构成耕地的各种自然因素和环境因素条件状况的总和,具体表现为耕地产能的高低、耕地环境状况的优劣及耕地产品质量的高低。基于此,本研究针对粮食生产服务的评估重点,综合考量研究区历年耕地质量等别评定的成果进行评估。根据《浙江省耕地质量分等技术指南》中的耕地质量评价标准,浙江省当前的耕地质量评定考虑了表层土壤质地、土壤有机质含量、耕作层厚度、灌溉保证率、pH 值、有效土层厚度、坡度、海拔高度、排水条件等影响因素。也有部分学者提出,有关田块规模、田块规整度等对机械化耕作起到关键作用的田块状况因子,亦应纳入耕地质量评定体系。因此,本研究借鉴已有的田块状况评价体系,分别赋予耕地质量和田块状况 0.8 和 0.2 的权重值(张涛,2014;马能,2018),以综合评估农田景观的粮食生产服务能力。

1)耕地质量等别指标分值

耕地质量等别的赋值参考《第三次全国国土调查耕地分等调查评价技术要求》中全国耕地等别对应的标准粮产量(表 5.2),依据每一等别下的标准粮产量均值确定耕地等别标准化分值(式 5.3)。本研究区范围内的耕地等别范围是 4～12 等,因此,本研究赋予最高等(4 等)的耕地等别分值为 100 分,其余耕地等别标准化分值以此类推,见表 5.3。

耕地等别标准化分值计算公式(式 5.3)如下:

$$X_i = \frac{C_i}{C_{\max}} \times 100 \qquad (式 5.3)$$

式中:$X$ 为耕地等别标准化分值,$i$ 为耕地等别,$C_i$ 为第 $i$ 等耕地的标准粮产量,$C_{\max}$ 为最高等别耕地的标准粮产量均值(1150 千克·亩$^{-1}$·年$^{-1}$)。

表 5.2 耕地等别对应的标准粮产量表

| 耕地等别 | 标准粮产量/千克·亩$^{-1}$·年$^{-1}$ | 耕地等别 | 标准粮产量/千克·亩$^{-1}$·年$^{-1}$ |
| --- | --- | --- | --- |
| 1 等 | >1400 | 9 等 | >600~700 |
| 2 等 | >1300~1400 | 10 等 | >500~600 |
| 3 等 | >1200~1300 | 11 等 | >400~500 |
| 4 等 | >1100~1200 | 12 等 | >300~400 |
| 5 等 | >1000~1100 | 13 等 | >200~300 |
| 6 等 | >900~1000 | 14 等 | >100~200 |
| 7 等 | >800~900 | 15 等 | 0~100 |
| 8 等 | >700~800 | | |

表 5.3 耕地等别因素赋分体系表

| 耕地等别 | 指标标准化分值 | 耕地等别 | 指标标准化分值 |
| --- | --- | --- | --- |
| 4 等 | 100 | 9 等 | 57 |
| 5 等 | 91 | 10 等 | 48 |
| 6 等 | 83 | 11 等 | 39 |
| 7 等 | 74 | 12 等 | 30 |
| 8 等 | 65 | | |

2)田块状况指标分值

田块状况因素由两个指标构成:田块规整度和田块规模,分别分级赋值,权重均为 0.5(表 5.4)。

田块规整度参考景观生态学的景观斑块分维数指标进行量化赋值,其计算公式(式 5.4)为:

$$S = 2\frac{\ln(P/4)}{\ln A} \qquad (式 5.4)$$

式中:$S$ 为田块规整度,其理论范围为 1.0~2.0,$P$ 为田块周长,$A$ 为田块面积。当 $S$ 等于 1.0 时表示田块形状为最规整的正方形,$S$ 为 2.0 时表示等面积的形状最复杂的地块。

表5.4　田块状况因素评价赋分体系表

| 指标标准化分值 | 田块规整度 | 田块规模/hm² |
|---|---|---|
| 100 | 1.00～1.05 | >6 |
| 80 | >1.05～1.15 | >3～6 |
| 60 | >1.15～1.2 | >1～3 |
| 40 | >1.2 | ≤1 |
| 指标权重 | 0.5 | 0.5 |

田块规模的赋值以能否满足农业机械化和规模化经营要求为原则,分为完全满足、满足、基本满足、不能满足四个级别,具体量化参考《高标准基本农田建设标准》的要求。

3)粮食生产服务综合评价

综上,通过耕地质量等别分值与田块状况分值的叠加,进行农田景观(耕地)粮食生产服务能力的综合评价,分析像元为30m×30m栅格,计算公式(式5.5)如下:

$$G_i = 0.8 \times X_i + 0.2 \times Y_i \qquad (式5.5)$$

式中:$G_i$为第$i$个像元的粮食生产服务分值,$X_i$为第$i$个像元的耕地等别分值,$Y_i$为第$i$个像元的田块状况分值。

最后,本研究基于《杭州市统计年鉴》(2009年、2013年、2017年)中的县(市、区)级粮食总产值数据,经居民消费价格指数换算后,同居住服务评估方法一样,依据粮食生产服务分值将每个县(市、区)的产值分配至每一个农田景观评估单元(见式5.1)。

(2)果蔬、茶叶等其他种植业生产

为便于计算,本研究根据农业景观类别进行农业生产服务计算,仅计算园地景观的农业生产服务。园地景观的农业生产服务以计算果蔬、茶叶生产为主,即根据《杭州市统计年鉴》统计类目中的种植业总产值减去粮食、油料、棉花、麻类等在农田中种植的产值。园地景观不同于耕地,其没有统一的等别评定成果,此前较多的研究均已证实NDVI(归一化植被指数)与作物生产之间具有较强的线性关系(Groten et al.,1993),而农田景观因农作物生产的种类不同会在景观覆被特征上差异较大,以NDVI来直接衡量产量存在不确定性。综上,本研究基于MODIS NDVI数据评估果蔬、茶叶等种植业生产的能力,以此作为农业生产服务的一部分,选取年度内3—11月份(植物生长季)的NDVI最高值作为每一个像元的NDVI值。具体而言,本研究分别提取出研究区范围内的园地景观,运用公式5.6把果蔬、茶叶等其他种植业总产值分配到每一个园地景观的栅格：

$$G_i = \frac{\text{NDVI}_i}{\text{NDVI}_{\text{mean}}} \times G_{\text{mean}} \qquad (式 5.6)$$

式中：$G_i$ 是园地景观中第 $i$ 个栅格像元的产值（元/hm²）；$\text{NDVI}_i$ 是园地景观中第 $i$ 个栅格像元的 NDVI 值；$G_{\text{mean}}$ 是研究区内果蔬、茶叶等的平均产值（万元·hm⁻²），其中 $G_{\text{mean}}$ 由园地景观的生产总值除以总面积分别求得。

### 5.2.4　娱乐休闲服务

娱乐休闲服务是景观文化服务的重要组成部分，景观的存在不仅为人类居住、活动、工作提供了场所，也在一定程度上给人们提供了精神文化层面的服务。不同于景观美学服务，娱乐休闲服务提供的前提是需要特定的场所，而并非各类景观都能提供娱乐休闲服务。对于乡村景观而言，乡村旅游景点、休闲农业园等是提供娱乐休闲服务的主体。本研究把可提供娱乐休闲服务的场所视为服务供给"源"，供给"源"周围一定区域的人们可以享受到由供给"源"提供的娱乐休闲服务，但随距离会呈逐渐衰减趋势。此外，娱乐休闲服务能力的大小与游玩的人数密切相关，而这又与交通便利程度及距离城镇的远近有关。因此，本研究从娱乐休闲服务供给"源"核密度和可达性两个方面来综合评估娱乐休闲服务。

（1）供给"源"空间分析

供给"源"的确定是研究的基础，参考赵梦珠（2019）、He（2019）等人在耕地景观文化服务研究中对娱乐休闲服务的界定和"源"地的选取方法，本研究选取了乡村景观中的休闲农业和乡村旅游点为"源"地。相关数据来源于百度和高德地图开放平台（Application Programming Interface，API）爬取的与乡村景观娱乐休闲服务相关的兴趣点（Point of Interest，POI），筛选出度假村、旅游区、风景区、公园、休闲广场、植物园、休闲农庄等关键词的 POI。2010 年、2013 年、2017 年共爬取到的 POI 数量分别为 227、1334、1483 个。需要说明的是，由于 GPS 技术在普通大众日常生活中普及的时间并不长，相关企业和机构的研发技术和早期数据搜集能力有限，因此，本研究中 2010 年爬取到的有关娱乐休闲的 POI 有限，尤其是在农村地区，早期 GPS 定位的使用更为有限，实际生活中的部分娱乐休闲服务点可能并未在地图上显示。而随着近年来相关技术的迅猛发展，2013 年和 2017 年可爬取到的 POI 在部分景区过于密集，与实际情况并不相符，因此，本研究将 POI 与遥感图像进一步对比分析，将部分距离过近的"重复点"进行了剔除。

　　为了在空间上呈现出供给"源"服务强度存在的"距离衰减效应",本研究采用了核密度(Kernel Density Estimation,KDE)的分析方法(禹文豪和艾廷华,2015)。所谓核密度,即采用平滑的峰值函数("核")来拟合观察到的数据点,从而对真实的概率分布曲线进行模拟。本研究基于 GIS 对 POI 的核密度估算方法,借助一个移动窗口,计算并输出每个栅格单元的点。一般定义(式 5.7)为:$X_1$,$X_2$,$\cdots$,$X_n$ 是从分布密度函数为 $f$ 的总体中抽取的独立同分布的 $n$ 个样本点。$f$ 在某点 $X$ 处的值 $f(x)$,通常由 Rosenblatt-Parzen 核估计:

$$f_n(x) = \frac{1}{nh} \sum_{i=1}^{n} k\left(\frac{x - x_i}{h}\right) \qquad (式 5.7)$$

　　式中:$k$ 函数表示空间权重函数;$h$ 为带宽,是计算的移动窗口的宽度。

　　在核密度估算中,带宽 $h$ 的确定或选择对于计算结果影响很大,随着 $h$ 的增加,空间上点密度的变化更为光滑(蔡雪娇等,2012)。本研究通过比较不同带宽可视化结果,以及参考 Scholte 等人(2018)研究,确定带宽为 5km。

　　(2)道路通达度分析

　　对于同样的娱乐休闲服务,道路网络越密集的地方,越可能服务到更多人。与 POI 的核密度分析相同,利用道路的核密度分析进行道路通达度分析。本研究采用"道路宽度"作为加权因素,即:若道路宽度为 1m,则在核密度计算中计数 1 次;若道路宽度为 2m,则计数为 2 次,以此类推。此外,在基于核密度计算道路通达度时,带宽的确定是依据乡镇规模的平均大小,即假设人们平时的大部分活动在一个乡镇的范围之内,因此,本研究将所有乡镇分布范围视为圆形,求得研究区各乡镇范围的平均半径为 5113m,将此作为核密度计算的带宽。

　　(3)娱乐休闲服务综合评价

　　因娱乐休闲服务评估运用的指标较少,且不同地区针对不同研究需求的娱乐休闲服务评估体系不一,故本研究采用专家打分法确定娱乐休闲服务供给"源"核密度和道路通达度两个指标的权重。通过邀请土地利用、景观生态、乡村发展等相关学科的专家对指标的重要性进行打分,将各专家确定的指标权重加权平均后得到各评价指标权重值。另外,本研究采用自然间断法对指标计算结果进行分级,并进一步转换为[0,100]区间无量纲化的分值,各评价指标的权重及分级标准化分值详见表 5.5。

表 5.5　乡村景观娱乐休闲服务综合评价指标体系表

| 指标标准化分值 | 供给"源"核密度 | 道路通达度 |
| --- | --- | --- |
| 90 | 1.000~2.162 | 29.173~46.780 |
| 70 | 0.475~0.999 | 18.719~29.172 |
| 50 | 0.221~0.476 | 11.566~18.718 |
| 30 | 0.069~0.220 | 6.064~11.565 |
| 10 | 0~0.068 | 0~6.063 |
| 权重 | 0.550 | 0.450 |

最后,采用加权求和法综合评估研究区乡村景观娱乐休闲服务,具体公式(式 5.8)为:

$$R_i = 0.55X_i + 0.45Y_i \qquad (式 5.8)$$

式中:$R_i$ 为第 $i$ 个栅格单元的娱乐休闲服务能力综合得分;$X_i$ 为第 $i$ 个栅格单元的供给"源"核密度标准化分值;$Y_i$ 为第 $i$ 个栅格单元的道路通达度标准化分值。

### 5.2.5　美学服务

景观美学服务是指景观本身作为一种自然和人文的综合体,所能给予人的美的享受,其同样是景观服务的重要组成部分。相比城市景观,乡村景观别具一格,景观美学服务虽然属于一种无形的服务,却是不可忽视的。乡村景观本底的美景度是景观美学服务的基础,但也需考虑人们获取美学感受的便捷度。若有一个区域景观非常壮丽,但却存在于人口极少、交通不便的地方,那么,这样的景观即使拥有出色的美学功能,其服务能力仍是相当有限的。因此,度量乡村景观的美学价值要从景观本底美景度和获取美学感受的便捷性两方面综合度量(彭建等,2016)。景观类型本身就具备了不同层次的美学价值,例如,农田、森林景观的美学价值一般高于建筑景观;地形起伏度越大,越能给予人们丰富、壮观的视觉感受,美学价值也就更高;绿色是大自然的颜色,作为乡村景观而言,植被覆盖度越高的地区越具有美学价值;景观格局指数能够指示景观的植被空间分布、丰富性等特性,是影响景观视觉美学的主要因素(刘文平,2014);道路通达性越高的地方,景观的美学价值越容易被获取。综上,本研究选取了以下指标综合评估景观美学服务能力。

(1)不同景观类型美景度

不同景观类型的美景度是景观美学服务的本底。本研究通过梳理相关文献(杨仙,2018),并结合乡村景观实际,给定每类景观一个美学服务的基础分值。由于美学价值本属于主观感受,不同人有不同感受,难以普适性地定量化衡量,因此,本研究首先对不同景观的相对美学价值进行排序,而后对具有最高美学价值的景观赋值100,其余景观以15分一个级差依次递减(表5.6)。农田景观是半人工半自然的景观,在经人类改造后会保留一定的自然特色,但也会更具规整性、丰富性,尤其在山地丘陵区,农田景观一般会以梯田的形式存在,梯田具有相当高的富含人类智慧的美学价值,而本研究区内分布较广的农田景观大多以这样的形式存在,因此,将农田景观的美学价值视为最高级别;湿地景观一般都是水域,相对于农田、植被景观会给人以眼前一亮的感觉,其在绝大多数情况下发挥的是点缀效果,难以主导性地形成较高的美学价值;森林景观相对而言自然化程度最高,但其给人的感觉基本上是满眼绿色,相对农田景观而言,多属千篇一律的感受,特色不明显;园地景观在大多数情况下相对于森林景观而言,绿色植被会相对较为稀疏,美学感受也会因此而降低,但部分茶园景观则是一种美学价值较高的园地类型;草地景观若要具有较高的美学价值则需要分布于集中连片、开阔空旷的地区,本研究区几乎不具有类似条件,考虑到其植被稀疏、单一,景观美学价值较低;相对于以上自然景观或半人工半自然景观类型,大部分乡村聚落景观的美学价值也普遍被认为是比较低的,有特色的乡村毕竟只是少数,故将乡村聚落的美学价值位列草地景观之后;其他景观主要是道路、未利用地等,这些景观的美学价值相对而言是最低的。

表 5.6 不同景观类型美学服务价值基础分值

| 景观类型 | 分值 |
| --- | --- |
| 农田景观 | 100 |
| 湿地景观 | 85 |
| 森林景观 | 70 |
| 园地景观 | 55 |
| 草地景观 | 40 |
| 乡村聚落景观 | 25 |
| 其他景观 | 10 |

(2)地形起伏度

地形起伏度也称地势起伏度、相对地势或相对高度,是指某一特定范围内最高、最低点之高差(刘颖等,2015)。山地丘陵地区相对于平原地区,其作为旅游景区的潜力会更大,很大一部分原因就在于其地形起伏度所带

来的美学感受。地形起伏度的计算过程如下:

1)最佳统计单元计算

最佳统计单元是计算地形起伏度的基准单元。随着基准单元的增加,地形起伏度必然增加。地形起伏度研究的关键是确定最佳统计单元。前人研究表明,地形起伏度随面积的变化呈逻辑斯蒂曲线形态,最佳统计单元大小的确定即在此曲线的由陡变缓处。本研究计算的范围限定为乡村景观范围,因城市所在区域大多地形平坦,地形起伏度变化不大。采用均值变点分析法计算研究区地形起伏度的最佳统计单元。均值变点法属于数理统计方法,主要用于确定一系列数据中发生突变的点,该方法对于仅存在一个变点的计算最有效。令数据序列 $\{X_i\}$ 中 $i = 1, 2, \cdots, N$,样本分为 $X_1, X_2, \cdots, X_{i-1}$ 和 $X_i, X_{i+1}, \cdots, X_N$ 两段,计算每段样本的算术平均值 $X_{i1}$、$X_{i2}$ 及其统计量,以及总体样本的离差平方和 $S$、分段样本的离差平方和之差 $S_i$。其中:$X = \sum_{i=1}^{N} x_i / N, S_i = \sum_{i=1}^{N} (x_i - X_{i1})^2 - \sum_{i=1}^{N} (x_i - X_{i2})^2, S = \sum_{i=1}^{N} (x_i - X)^2$。对 $S - S_i$ 数据序列按照均值变点分析法计算得到差值变化曲线。在第 12 个点时 $S$ 与 $S_i$ 的差值达到了最大(12.16),此点即为寻找的变点。第 12 个点对应的分析窗口为 15 像元×15 像元,每个像元为 30m×30m,如图 5.2 所示。由此,通过均值变点分析法确定地形起伏度的最佳统计单元为 0.2025km²。

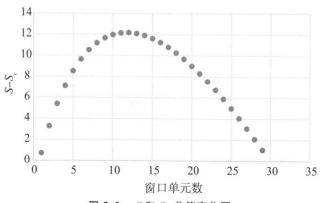

**图 5.2　$S$ 和 $S_i$ 差值变化图**

2)地形起伏度计算

封志明(2007)将中国基准山体海拔高度视为 500m,从而使得地形起伏度作为独立的数值具备了地理学意义。将地形起伏度作为景观美学的评价因子,考虑研究区的地形条件,借鉴封志明对地形起伏度的提取方法,计算公式(式 5.9)如下:

$$\text{RDLS} = \frac{[\text{Max}(H) - \text{Min}(H)] \times [1 - \text{P}(A)]}{500} \qquad (\text{式 } 5.9)$$

式中:RDLS 为地表起伏度(Relief Degree of Land Surface,RDLS),又称地形起伏度;Max($H$) 和 Min($H$) 分别为最佳统计单元内海拔的最高值和最低值(m);P($A$) 为最佳统计单元内的平地面积($km^2$),本研究区(不含城市区域)的平均坡度为 17.7°,因此,本研究将坡度小于等于 5° 的区域界定为平地;$A$ 为最佳统计单元面积(0.2025$km^2$)。当 RDLS 为 1 的若干倍时,表明地形起伏度为若干个基准山体的高度。

(3)植被覆盖度

景观美学价值与植被覆盖度密切相关,因为其能影响景观的绿视率,给人以较好的视觉感受。研究证明,植被覆盖度和 NDVI 之间存在极显著的线性相关关系(李苗苗,2003)。本研究借鉴前人的植被覆盖度算法(穆少杰等,2012),通过建立两者之间的转换关系,直接提取覆盖度信息,具体公式(式 5.10)如下:

$$C_i = \frac{NDVI - NDVI_{min}}{NDVI_{max} - NDVI_{min}} \qquad\qquad (式 5.10)$$

式中:$C_i$ 为植被覆盖度;$NDVI_{max}$ 和 $NDVI_{min}$ 分别为研究区范围内整个生长季植被 NDVI 的最大值和最小值。

(4)景观格局

借助 Fragstats 景观空间分析工具,计算景观格局指数。本研究选取香农多样性指数(SHDI)、香农均匀度指数(SHEI)两个景观格局指数作为美学服务定量化指标。其中,SHDI 能够表征景观异质性特征,而 SHEI 可以反映景观是受一种或几种斑块类型所支配的特征。格局指数通过 Fragstats 移动窗口的方式求得,输入像元大小为 30m×30m 的景观类型栅格数据,以边长为 2.5km 的正方形窗口进行移动计算。利用 GIS 软件的自然间断法工具(Nature Break)将景观格局指数指标进行等级划分(表5.7),借鉴刘文平(2014)在评估景观美学服务中的打分矩阵方法,建立 SHDI 指数与 SHEI 指数的链接矩阵(图 5.3)。

表 5.7　SHDI 指数和 SHEI 指数级别划分表

| 等级 | SHDI 指数 | SHEI 指数 |
|---|---|---|
| 1 级 | 0~0.201 | 0~0.113 |
| 2 级 | 0.202~0.564 | 0.114~0.317 |
| 3 级 | 0.565~0.898 | 0.318~0.494 |
| 4 级 | 0.899~1.237 | 0.494~0.666 |
| 5 级 | 1.238~1.972 | 0.667~1.000 |

SHEI →

| SHDI ↓ | 1 | 2 | 3 | 4 | 5 |
|---|---|---|---|---|---|
| 1 | 70 | 55 | 40 | 25 | 10 |
| 2 | 85 | 70 | 55 | 40 | 25 |
| 3 | 100 | 85 | 70 | 55 | 40 |
| 4 | 85 | 70 | 55 | 40 | 25 |
| 5 | 70 | 55 | 40 | 25 | 10 |

**图5.3　景观格局指数标准化分值**

(5)道路通达度

道路通达度分析方法同前文娱乐休闲服务。

(6)美学服务综合评估

美学服务的综合评估与娱乐休闲服务评估相同,也采用专家打分法确定各个评价指标的分级、赋分及权重,结果见表5.8。

**表5.8 乡村景观美学服务综合评价指标体系表**

| 指标标准化分值 | 景观类型美景度 | 地形起伏度 | 植被覆盖度 | 道路通达度 | 景观格局 |
|---|---|---|---|---|---|
| 100 | 农田景观 | 0.292～0.608 | 0.871～1 | 33.942～46.779 | |
| 85 | 湿地景观 | 0.234～0.291 | 0.803～0.870 | 24.771～33.941 | |
| 70 | 森林景观 | 0.187～0.233 | 0.711～0.802 | 17.618～24.770 | 分级赋分结果见图5.3 |
| 55 | 园地景观 | 0.141～0.186 | 0.582～0.710 | 12.116～17.617 | |
| 40 | 草地景观 | 0.091～0.140 | 0.422～0.581 | 7.530～12.115 | |
| 25 | 乡村聚落景观 | 0.034～0.090 | 0.205～0.421 | 4.046～7.529 | |
| 10 | 其他景观 | 0～0.033 | 0～0.204 | 0～4.045 | |
| 权重 | 0.367 | 0.167 | 0.167 | 0.183 | 0.117 |

### 5.2.6　固碳释氧服务

农田、园地、森林和草地等植被覆盖率高的景观类型均属于乡村景观的重要组成部分。植物的光合作用可以生产有机物,固定大气中的二氧化碳,制造并释放氧气,对碳汇的贡献不容小觑。由此,乡村景观同样具有较强的固碳释氧能力。植被净初级生产力(Net Primary Productivity,NPP)是指在单位面积和单位时间内,绿色植物所累积的有机物量,表现为植物通过光合作用固定的有机碳总量扣除植物自养呼吸消耗的剩余部分。NPP 是地表碳循环过程中不可或缺的组成部分,是固碳释氧服务的直接表征(Gu et al.,2017)。本研究的 NPP 计算基于目前应用最为广泛的光能利用率模型 Carnegie Ames-Stanford Approach——CASA 模型实现,该模型的具体计算公式(式 5.11—式 5.13)如下:

$$\mathrm{NPP}(x,t) = \mathrm{APAR}(x,t) \times \varepsilon(x,t) \qquad (式\ 5.11)$$

$$\mathrm{APAR}(x,t) = \mathrm{SOL}(x,t) \times \mathrm{FPAR}(x,t) \times 0.5 \quad (式\ 5.12)$$

$$\varepsilon(x,t) = T_{\varepsilon 1}(x,t) \times T_{\varepsilon 2}(x,t) \times W_{\varepsilon}(x,t) \times \varepsilon_{max} \quad (式\ 5.13)$$

式中:APAR($x,t$)为像元 $x$ 在 $t$ 月份吸收的光合有效辐射($\mathrm{MJ \cdot m^{-2} \cdot a^{-1}}$);$\varepsilon(x,t)$为像元 $x$ 在 $t$ 月份的实际光能利用率($\mathrm{gC \cdot MJ^{-1}}$);SOL 为像元 $x$ 在 $t$ 月份的太阳总辐射量($\mathrm{MJ \cdot m^{-2}}$);FPAR 为光合有效辐射吸收比例;常数 0.5 为植被利用的太阳有效辐射占太阳总辐射的比例;$T_{\varepsilon 1}(x,t)$、$T_{\varepsilon 2}(x,t)$和$W_{\varepsilon}(x,t)$分别为低温、高温和水分对光能利用率的胁迫影响系数,采用的是朱文泉等(2006)研究得出的不同植被类型最大光能利用率的模拟值。

根据 Potter 等(1993)提出的公式(式 5.14、式 5.15)对 FPAR 进行计算:

$$\mathrm{FPAR}(x,t) = \min\left[\frac{\mathrm{SR} - \mathrm{SR}_{min}}{\mathrm{SR}_{max} - \mathrm{SR}_{min}}, 0.95\right] \qquad (式\ 5.14)$$

$$\mathrm{SR}(x,t) = \left[\frac{1 + \mathrm{NDVI}(x,t)}{1 - \mathrm{NDVI}(x,t)}\right] \qquad (式\ 5.15)$$

式中:SR 为比值植被指数;NDVI 为归一化植被指数。

此外,$T_{\varepsilon 1}(x,t)$、$T_{\varepsilon 2}(x,t)$和$W_{\varepsilon}(x,t)$的计算方法(式 5.16—式 5.18)分别为:

$$T_{\varepsilon 1}(x,t) = 0.8 + 0.02 \times T_{opt}(x) - 0.0005 \times [T_{opt}(x)]^2$$
$$(式\ 5.16)$$

$$T_{\varepsilon 2}(x,t) = \frac{1.184}{1 + \exp\{0.2 \times [T_{opt}(x) - 10 - T(x,t)]\}}$$
$$\times \frac{1}{1 + \exp\{0.3 \times [-T_{opt}(x) - 10 + T(x,t)]\}}$$
$$(式\ 5.17)$$

$$W_{\varepsilon}(x,t) = 0.5 + 0.5 \times E(x,t)/E_{p}(x,t) \qquad (式\ 5.18)$$

式中:$T_{opt}(x)$为植物生长的最适温度,即研究区一年内 NDVI 值最大时的当月平均气温(℃);当月均温 $T(x,t) \leqslant -10℃$ 时,$T_{\varepsilon 1}(x,t)=0$;当月均温 $T(x,t)$ 比最适温度 $T_{opt}(x)$ 高 10℃ 或低 13℃ 时,$T_{\varepsilon 2}(x,t)$ 等于最适温度 $T_{opt}(x)$ 时 $T_{\varepsilon 2}(x,t)$ 值的一半;$E(x,t)$ 和 $E_{p}(x,t)$ 分别为实际蒸散量(mm)和潜在蒸散量(mm)。

### 5.2.7　产水服务

水资源是人类生存和发展中不可或缺的重要资源。随着社会经济的快速发展和人口规模的扩张,乡村地区的人类活动强度不断增强,对水资源的需求也不断增长。目前,学术界对产水量、水源涵养和水源供给等概念存在不同的界定,尚未形成统一定义(徐洁等,2016)。一般认为,产水量是广义上的水源供给量,可作为产水服务的定量表达,可通过计算区域降雨量减去实际蒸散量的插值得到(郭洪伟等,2016;吴健等,2017;戴尔阜和王亚慧,2020)。因此,本研究选取产水量作为表征乡村景观产水服务的指标,基于 InVEST 模型的产水量模块对研究区的产水量进行评估与分析。此模块以水量平衡原理和 Budyko 曲线(1974)为基础,计算不同景观类型栅格单元的年产水量,包括地表产水、枯枝落叶含水量及土壤含水量等,计算公式(式 5.19—式 5.23)如下:

$$Y_{xj} = \left(1 - \frac{\mathrm{AET}_{xj}}{P_x}\right) \times P_x \qquad (\text{式 } 5.19)$$

式中:$Y_{xj}$ 为栅格单元 $x$ 中第 $j$ 类景观的年产水量(mm);$P_x$ 为栅格单元 $x$ 的年降水量(mm);$\mathrm{AET}_{xj}$ 为栅格单元 $x$ 中第 $j$ 类景观的年实际蒸散量(mm)。

$$\frac{\mathrm{AET}_{xj}}{P_x} = \frac{1 + W_x R_{xj}}{1 + W_x R_{xj} + \dfrac{1}{R_{xj}}} \qquad (\text{式 } 5.20)$$

式中:$W_x$ 为自然气候-土壤性质的非物理参数;$R_{xj}$ 是栅格单元 $x$ 中第 $j$ 类景观的干燥度指数,定义为潜在蒸散量与降雨量的比值,无量纲。

$$W_x = Z \frac{\mathrm{AWC}_x}{P_x} \qquad (\text{式 } 5.21)$$

$$R_{xj} = \frac{K_{xj} \mathrm{ET}_{0x}}{P_x} \qquad (\text{式 } 5.22)$$

式中:$Z$ 为 Zhang 系数,是表征研究区季节性降水分布和降水深度的经验常数,降水次数越多则 Zhang 系数越大;$\mathrm{AWC}_x$ 为栅格单元 $x$ 的植被可利用水含量(mm),由土壤质地和有效土壤深度决定;$K_{xj}$ 为栅格单元 $x$ 中第 $j$ 类景观的植被蒸散系数;$\mathrm{ET}_{0x}$ 为栅格单元 $x$ 的潜在蒸散量(mm)。

$$\mathrm{AWC}_x = \mathrm{Min}(\mathrm{SoilDepth}_x, \mathrm{RootDepth}_x) \times \mathrm{PAWC}_x \qquad (\text{式 } 5.23)$$

式中:$\mathrm{PAWC}_x$ 为栅格单元 $x$ 的植被可利用含水量指数;$\mathrm{SoilDepth}_x$ 为栅格单元 $x$ 的土壤厚度;$\mathrm{RootDepth}_x$ 为栅格单元 $x$ 的植物根系深度。

该模型需要输入的数据及系数包括年降水量空间分布栅格图、年潜在蒸散量空间分布栅格图、土壤深度栅格图、植被可利用含水量栅格图、景观分类栅格图、流域和子流域矢量图、生物物理参数表及 Zhang 系数。

(1)年降水量

由于 InVEST 模型产水量模块要求输入栅格类型数据,本研究利用 GIS 软件,搜集整理研究区及附近区域共 10 个气象站点数据,对年降水量进行不同方法的空间插值,以确定插值结果精度相对较高的反距离加权插值法,从而利用插值结果分析研究区年降水量的空间分布特征。

(2)潜在蒸散量 $ET_0$

潜在蒸散量是影响产水量估计的重要因素,受海拔、纬度、湿度和坡度等多方面条件影响。估算潜在蒸散量的方法很多,相关数据要求和准确性各不相同,本研究采用 InVEST 模型推荐使用的 Hargreaves 方程计算年潜在蒸散量,公式(式 5.24)如下(Hargreaves and Samani,1985):

$$ET_0 = 0.0023 \times R_a \times [(T_{max} + T_{min})/2 + 17.8] \times (T_{max} - T_{min})^{0.5}$$

$$(式 5.24)$$

式中:$R_a$ 为太阳大气顶层辐射(mm·d$^{-1}$);$T_{max}$ 为平均最高温度(℃);$T_{min}$ 为平均最低温度(℃)。

其中,太阳大气顶层辐射 $R_a$ 可用公式 5.25 计算(Allen,1998):

$$R_a = \frac{24 \times 60}{\pi} G_{sc} d_r [\omega_s \sin(\varphi)\sin(\delta) + \cos(\varphi)\cos(\delta)\sin(\omega_s)]$$

$$(式 5.25)$$

式中:$G_{sc}$ 为太阳常数(0.0820MJ·m$^{-2}$·min$^{-1}$),$d_r$ 为日地相对距离,$\omega_s$ 为日落时角,$\varphi$ 为地理纬度,$\delta$ 为太阳赤纬。

(3)土壤深度

土壤数据来源于世界土壤数据库(Harmonized World Soil Database version 1.1,HWSD),中国境内数据源为第二次全国土地调查中国科学院南京土壤研究所提供的 1:100 万土壤数据。通过投影转换和裁剪处理,获得研究区范围内土壤数据集,属性数据包括土壤组成成分含量(沙粒含量、粉粒含量、黏粒含量、有机质含量等)、土壤容重和土壤参考深度等。

(4)植被可利用含水量 $PAWCx$

植被可利用含水量指数可由田间持水量(FWC)和永久萎蔫系数(WC)的差值计算得到。计算公式(式 5.26、式 5.27)分别为:

$$FMC = 0.003075 \times SAN + 0.005886 \times SIL + 0.008039 \times CLA$$
$$+ 0.002208 \times OM - 0.14340 \times BD \qquad (式 5.26)$$

$$WC = -0.000059 \times SAN + 0.001142 \times SIL + 0.005766 \times CLA$$
$$+ 0.002228 \times OM + 0.02671 \times BD \qquad (式 5.27)$$

式中：SAN 为土壤沙粒含量(％)；SIL 为土壤粉粒含量(％)；CLA 为土壤黏粒含量(％)；OM 为土壤有机质含量(％)；BD 为土壤容重($g/cm^3$)。

(5)流域和子流域

流域指被分水岭包围的河流集水区。一个流域内部可划分出数个互不嵌套的子流域。本研究基于 DEM 数据，利用 GIS 的水文分析工具，提取研究区相关河流流向、流量和河网等数据，生成流域和子流域矢量图。

(6)生物物理参数表

不同景观类型的生物物理参数包括景观代码、名称描述、植被最大根系深度和植被蒸散系数($K_c$)。其中，植被最大根系深度和植被蒸散系数需结合 InVEST 模型中推荐使用的参考值和联合国粮食和农业组织(FAO)提供的灌溉与园艺手册中的相关数据进行赋值。

(7)Zhang 系数

Zhang 系数(Z 系数)为表征研究区降水季节性特征的常数，降水越频繁则系数越大，其值为 1～10。基于研究区多年平均径流量等自然地理特征，通过多次调整 Z 系数对模型进行校验，结果发现，将 Z 系数设置为 3 时，产水量与实际径流量最为接近，模拟产水量效果最优。因此，本研究选取 3 为 Z 系数值并进行估算。

### 5.2.8　土壤保持服务

由于受到植被覆盖、土壤、地形等生态系统结构和组分等因素的影响，自然生态系统具有控制侵蚀和拦截泥沙的能力，这种能力所表现出的服务被称为土壤保持服务(刘月等,2019)。目前，对土壤保持服务的评估主要基于土壤侵蚀视角，根据生态系统对侵蚀产沙过程的影响，对其进行物质量评估。通用土壤流失方程(Revised Universal Soil Loss Equation,RUSLE)是最常见的土壤保持服务计算模型，其核心是计算模型中的降雨侵蚀力因子($R$)、土壤可蚀性因子($K$)、坡度坡长因子(LS)、地表植被覆盖与管理因子($C$)、人工管理措施因子($P$)等因子(见图 5.4)。本研究运用土壤流失方程对研究区内的土壤保持服务进行计算，用潜在土壤流失量与实际土壤流失量的差值来表示土壤保持功能，计算公式(式 5.28—式 5.30)如下：

$$A_c = A_p - A_r \qquad\qquad (式 5.28)$$
$$A_p = R \times K \times LS \qquad\qquad (式 5.29)$$
$$A_r = R \times K \times LS \times C \times P \qquad (式 5.30)$$

式中：$A_c$ 为土壤保持量($t \cdot hm^{-2} \cdot a^{-1}$)；$A_p$ 为年均土壤侵蚀模数($t \cdot hm^{-2} \cdot a^{-1}$)，即潜在土壤流失量；$A_r$ 为实际土壤流失量($t \cdot hm^{-2} \cdot a^{-1}$)；$R$

为降雨侵蚀力因子($MJ \cdot mm \cdot hm^{-2} \cdot h^{-1} \cdot a^{-1}$);$K$ 为土壤可蚀性因子($t \cdot hm^2 \cdot h \cdot hm^{-2} \cdot MJ^{-1} \cdot mm^{-1}$);LS 为坡长坡度因子,无量纲;$C$ 为地表植被覆盖与管理因子,无量纲;$P$ 为水土保持措施因子,无量纲。

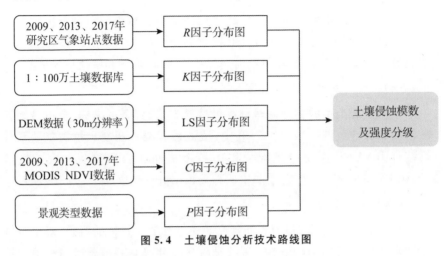

图 5.4　土壤侵蚀分析技术路线图

各个因子具体计算方法如下。

(1)降雨侵蚀力因子($R$)

降雨侵蚀力是一项反映降雨对土壤侵蚀影响的指标,难以直接测定。因此,各种估算 $R$ 的方法也就应运而生。周伏建等(1989)根据福建省实测数据建立 $R$ 值的计算公式较适用于我国南方丘陵区。考虑到研究区与福建省的降雨特征及自然地理条件具有一定相似性,本研究运用该模型计算 $R$ 值,公式(式 5.31)如下:

$$R = \sum_{m=1}^{12}(-2.6398 + 0.3046P_m) \times 10 \qquad (式 5.31)$$

式中:$R$ 为年均降雨侵蚀力($MJ \cdot mm \cdot hm^{-1} \cdot h^{-1} \cdot a^{-1}$);$P_m$ 为月均降雨量(mm);$m$ 为月份。

(2)土壤侵蚀性因子($K$)

土壤是土壤侵蚀发生的本底,而土壤侵蚀性因子是表征土壤性质对侵蚀敏感程度的指标。不同的土壤 $K$ 值大小不同,其估算方法很多,应用较为广泛的是 Wischemeier 等(1978)提出的诺漠图法和 Williams 等(1978)在侵蚀力评价中提出的土壤可蚀性计算模型——EPIC(Erosion-Productivity Impact Calculator)模型。本研究选择 EPIC 模型,计算与土壤的粉粒、砂粒、黏粒及有机质含量有关的土壤可蚀性因子,其公式(式 5.32)如下:

$$K_{\text{EPIC}} = \{0.2 + 0.3\exp[-0.0256P_s(1 - P_f/100)]\} \times [P_f/(P_n + P_f)]^{0.3}$$
$$\times \{1 - 0.25P_c[P_c + \exp(3.72 - 2.95P_c)]\}$$
$$\times \{1 - 0.7(1 - P_c/100)/\{(1 - P_c/100)$$
$$+ \exp[-5.51 + 22.9(1 - P_c/100)]\}\} \qquad (式 5.32)$$

式中:$K$ 为土壤可蚀性($t \cdot hm^2 \cdot h \cdot hm^{-2} \cdot MJ^{-1} \cdot mm^{-1}$);$P_s$ 为土壤砂粒百分含量(%);$P_f$ 为土壤粉粒百分含量(%);$P_n$ 为土壤黏粒百分含量(%);$P_c$ 为土壤有机碳百分含量(%)。研究区土壤特征数据(砂粒、粉粒、黏粒、有机碳含量)来源于联合国粮农组织(FAO)和维也纳国际应用系统研究所(IIASA)所构建的 HWSD,中国境内数据源为第二次全国土地调查南京土壤所提供的 1∶100 万土壤数据。

(3)坡度坡长因子(LS)

坡度、坡长因子统称为地形因子,一般同时计算,反映坡度、坡长对土壤侵蚀的影响。本研究采用研究区 30m 分辨率 DEM 数据提取坡度坡长因子,研究区的平均坡度在 16.9°,因此,通用土壤流失方程中坡度 $S$ 因子计算公式并不完全适用。本研究在国际通用的计算方式上(Renard et al.,1997),借鉴何山(2019)对于杭州耕地土壤流失的按坡度分段计算公式(式 5.33、式 5.34),具体如下:

$$L = \left(\frac{\lambda}{22.13}\right)^m \qquad (式 5.33)$$

$$S = \begin{cases} 10.8 \times \sin\theta + 0.03, & \theta < 9° \\ 16.8 \times \sin\theta - 0.50, & \theta \geqslant 9° \end{cases} \qquad (式 5.34)$$

式中:$\lambda$ 为特定的集水面积($m^2$),用累积流量(flow accumulation)乘以栅格边长估算,22.13 是 RULSE 模型采用的标准小区坡长;$\theta$ 为坡度(°);$m$ 为可变坡长指数,按式 5.35、式 5.36 计算。

$$m = \frac{\beta}{1 + \beta} \qquad (式 5.35)$$

$$\beta = \frac{\sin\theta}{0.0896 \times 3 \times (\sin\theta)^{0.8} + 0.56} \qquad (式 5.36)$$

式中:$\theta$ 为坡度(°)。

(4)地表植被覆盖与管理因子($C$)

地表植被覆盖与管理因子表示地表植被或作物及管理措施对土壤侵蚀的影响。在相同的条件下,植被覆盖度较高或者适当进行田间管理的土地,其土壤流失量会相对小。$C$ 值介于 0~1,值越大表明植被覆盖度越高或者作物管理措施越到位。研究表明,植被覆盖度和植被覆盖与管理因子有很好的相关性。因此,本研究以研究区 MODIS NDVI 为数据基础计算

植被覆盖度,借鉴蔡崇法等人(2000)的研究,地表植被覆盖与管理因子计算公式(式5.37)如下:

$$C = 0.221 - 0.595 \lg \nu \qquad (式5.37)$$

式中:$\nu$为植被覆盖度(%),按式5.38计算。

$$\nu = \frac{(NDVI - NDVI_{min})}{(NDVI_{max} - NDVI_{min})} \qquad (式5.38)$$

式中:$NDVI_{max}$和$NDVI_{min}$分别为研究区范围内整个生长季植被NDVI的最大值和最小值。

(5)水土保持措施因子($P$)

水土保持措施因子是指在采取水土保持措施后,研究区土壤流失量与顺坡种植时土壤流失量的比值。它是侵蚀动力的抑制因子,起着保持水土的作用。其值介于0~1,值越小,表示水土保持措施对土壤侵蚀的抑制作用越明显。土地利用状况可以在很大程度上反映水土保持措施。在大尺度上的土壤侵蚀研究中,较多学者根据土地覆被类型来确定水土保持因子的值。借鉴滕洪芬(2017)有关水土保持措施因子的赋值总结以及怡凯(2015)等人的研究成果,对不同景观类型的水土保持措施因子赋值(表5.9)。此外,因水田和旱地的管理措施相差较大,本研究将农田景观进一步细分为水田和旱地。水田一般具有良好的保水保土作用,而旱地则较易发生侵蚀。此外,湿地景观大多为水域,故不考虑水土侵蚀问题。

表5.9　不同景观类型的水土保持措施因子($P$)值

| 景观类型 | 水田景观 | 旱地景观 | 草地景观 | 园地景观 | 森林景观 | 湿地景观 | 乡村聚落景观 | 城市景观 | 其他景观 |
|---|---|---|---|---|---|---|---|---|---|
| $P$ | 0.01 | 0.4 | 1 | 0.7 | 1 | 0 | 0 | 0 | 0 |

### 5.2.9　生境支持服务

生境支持是指乡村生态环境能够提供物种生存、繁衍及可持续发展的能力,考虑到生物多样性对生态系统功能的重要性,很多学者提出了不同的生境质量评估方法,如IDRISI Selva软件中的生物多样性评价模块(Biodiversity Assessment Module)、美国渔业与野生动物局开发的生境适宜性指数模型(Habitat Suitability Index,HSI)等。其中应用最广泛的是由美国斯坦福大学伍兹环境研究所、世界自然保护基金会、大自然保护协会等机构联合开发的用于评估生态系统经济、生态等功能量的InVEST模型中的生境质量模块。Terrado等(2016)将InVEST模型中生境质量模块的计算结果与生物多样性实地观测结果进行了对比,发现两者之间存在显著的相关关系。本研究借鉴刘文平(2014)对景观生境服务的评估方法,结合生境质量与生境格局两个方面评估生物多样性服务。其中,生境斑块质量指数运用 InVEST 模型的生境质量模块计算;生境格局指数运用 Fragstats 软件的景观格局指数计算,包括斑块数量(NP)和相似近邻比例(PLADJ)两个在景观水平上的指数。

(1)生境质量指数

1)模型概述

InVEST 模型生境质量模块利用不同景观覆被类型的胁迫因子敏感度和外界威胁强度,考虑胁迫因子的影响距离、空间权重,将生境质量视为一个连续变量(由区域内可供生物生存、繁殖和发展所需资源的多少来决定),继而表征生物多样性的丰富性,即生境质量好的区域,其生物多样性水平亦高,反之亦然。具体计算过程如下(式5.39—式5.42):

$$Q_{xj} = H_j \left[ 1 - \left( \frac{D_{xj}^z}{D_{xj}^z + k^z} \right) \right] \qquad (式5.39)$$

式中:$Q_{xj}$ 为景观生境类型 $j$ 中栅格单元 $x$ 的生境质量,$H_j$ 为景观生境类型 $j$ 的生境适宜度;$k$ 为半饱和常数,当 $1 - \left( \frac{D_{xj}^z}{D_{xj}^z + k^z} \right) = 0.5$ 时,$k$ 值等于 $D$ 值;$z$ 为归一化常量,通常取值2.5;$D_{xj}$ 为景观生境类型 $j$ 栅格 $x$ 的生境威胁水平。

$$D_{xj} = \sum_{r=1}^{R} \sum_{Y=1}^{Y_r} \left( \frac{w_r}{\sum_{r=1}^{R} w_r} \right) r_y i_{rxy} \beta_x S_{jr} \qquad (式5.40)$$

式中:$D_{xj}$ 是景观生境类型 $j$ 栅格 $i$ 的生境威胁水平,$w_r$ 为威胁因子的权重,表示该威胁因子对所有生境的相对破坏力;$R$ 为威胁因子个数;$\beta_x$ 为栅格 $x$ 的可达性水平,取值0~1,1表示容易达到;$S_{jr}$ 为景观生境类型 $j$ 对威胁因子 $r$ 的敏感性,取值0~1,该值越接近1表示越敏感;$i_{rxy}$ 为栅格 $y$ 的威胁因子值 $r_y$ 对生境栅格 $x$ 的威胁水平,主要分为线性和指数两类威胁水平。

$$线性:i_{rxy} = 1 - \left( \frac{d_{xy}}{d_{rmax}} \right) \qquad (式5.41)$$

$$指数:i_{rxy} = \exp \left[ - \left( \frac{2.99}{d_{rmax}} \right) d_{xy} \right] \qquad (式5.42)$$

式中:$d_{xy}$ 为栅格单元 $x$ 与栅格单元 $y$ 之间的直线距离;$d_{rmax}$ 为胁迫因子 $r$ 的最大影响距离。

2)模型设置

生境支持评估过程中将杭州全域作为研究区范围。虽然研究对象是乡村景观,但生境支持受不同景观类型之间的相互影响,城乡之间不可割裂。本研究的景观生境类型划分沿用前文景观分类体系,包括城市景观、农田景观、森林景观、草地景观、园地景观、湿地景观、乡村聚落景观、其他景观。部分类型的景观对区域生境质量会造成不同程度的威胁。本研究将城市、乡村聚落、农田作为威胁源，依据人类活动强度由高到低，威胁干扰程度依次降低，并且参照前人研究，设置空间衰减距离（表 5.10）。另外，各类景观的生境适宜度相对具有区分度。借鉴庞海燕和李咏华（2019）对杭州生境质量评估研究以及包玉斌等人（2015）、陈妍等人（2016）、张学儒等人（2020）的研究，对各类景观的生境适宜性进行赋值（表 5.11）。城市景观是人口聚集且受人类活动影响最为剧烈的地方，大部分地区是不透水面，生境适宜度最差，赋值为 0；同理，其他景观主要为道路和未利用地，生境适宜度也很差，赋值为 0；乡村聚落景观不同于城市，其是散布在自然生态系统中的聚居点，乡村聚落斑块的主导性不高，且乡村聚落内部的绿化也相对较好，具有一定的生物多样性，赋值为 0.1；农田景观中作物单一，在乡村地域中受到人类活动的干扰也相对大，且存在季节性的农作物律动，属于半自然的生态环境，相对适宜性也较低，赋值为 0.3；草地景观受人类活动影响较小，但是植被丰富程度不够，植物物种多样性也较低，赋值为 0.6；湿地景观以水域为主，也具有重要的生物多样性价值，但是承载的生物种类有限，赋值 0.6；园地景观常年养育着较为高大的树种，可为生物提供一个较好的栖息环境，但是植物种类相对单一，赋值为 0.8；森林景观拥有种类繁多的植被，受人类干扰最小，生境适宜程度最高，赋值 1.0。

**表 5.10　生态威胁因子量表**

| 威胁因子 | 最大影响距离/km | 权重 | 衰退线性相关性 |
| --- | --- | --- | --- |
| 农田 | 3 | 0.6 | liner |
| 乡村聚落 | 5 | 0.8 | exponential |
| 城市 | 5 | 1 | exponential |

**表 5.11　景观生境类型对各威胁因子敏感度量表**

| 景观生境类型代码 | 景观生境类型 | 生境适宜度 | 农田 | 道路 | 乡村聚落 | 城市 |
| --- | --- | --- | --- | --- | --- | --- |
| 1 | 草地景观 | 0.6 | 0.8 | 0.3 | 0.7 | 0.4 |
| 2 | 农田景观 | 0.3 | 0 | 0.2 | 0.7 | 0.5 |
| 3 | 森林景观 | 1.0 | 0.5 | 0.5 | 0.2 | 0.5 |
| 4 | 湿地景观 | 0.7 | 0.2 | 0.6 | 0.2 | 0.3 |
| 5 | 园地景观 | 0.8 | 0.5 | 0.8 | 0.2 | 0.7 |
| 6 | 乡村聚落景观 | 0.1 | 0 | 0 | 0 | 0.1 |
| 7 | 其他景观 | 0 | 0 | 0 | 0 | 0.1 |

（2）景观格局指数

生境支持服务中涉及的斑块数量（NP）和相似近邻比例（PLADJ）的景观格局指数计算与美学服务中的景观格局指数计算相同，通过 Fragstats 移动窗口的方式求得，输入像元大小为 30m×30m 的景观类型栅格数据，以边长为 2.5km 的正方形窗口进行计算。而后利用 GIS 软件的自然间断法将景观格局指数 NP 与 PLADJ 计算结果划分等级，通过打分矩阵链接获得生境格局指数（图 5.5）。

PLADJ

| NP | 1 | 2 | 3 | 4 | 5 |
|---|---|---|---|---|---|
| 1 | 60 | 70 | 80 | 90 | 100 |
| 2 | 50 | 60 | 70 | 80 | 90 |
| 3 | 40 | 50 | 60 | 70 | 80 |
| 4 | 30 | 40 | 50 | 60 | 70 |
| 5 | 20 | 30 | 40 | 50 | 60 |

图 5.5　景观格局指数（生境格局）标准化分值

（3）生境支持服务综合评估

生境质量指数和景观格局指数均在像元大小为 30m×30m 的精度下进行计算，故可进行叠加分析，实现最终生境支持服务综合能力的评估（表5.12、图 5.6）。

表 5.12　生境质量和景观格局指数等级划分

| 等级 | 生境质量指数 | NP | PLADJ |
|---|---|---|---|
| 1 级 | 0～0.198 | 1～20 | 38.448～61.399 |
| 2 级 | 0.199～0.398 | 21～40 | 61.400～70.066 |
| 3 级 | 0.399～0.699 | 41～60 | 70.067～78.277 |
| 4 级 | 0.700～0.802 | 61～80 | 78.278～86.944 |
| 5 级 | 0.803～1.000 | 81～149 | 86.945～96.296 |

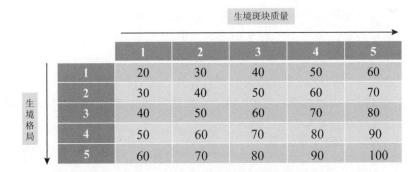

**图 5.6    生境支持服务综合评估标准化分值**

## 5.3    乡村景观服务评估结果

### 5.3.1    居住服务时空演变

(1)居住服务空间分布

居住服务即为人口密度的表征,以每平方公里的乡村聚落景观所承载的人口数量来表征。从图 5.7 可知,杭州市的居住服务具有明显的空间聚集特征。一方面,城市景观周边有较多的村庄或者建制镇(村庄和建制镇在本研究中被视为乡村聚落景观,而其他景观则不具备提供居住服务的能力),即在城市周边有较多的可以提供居住服务的景观。景观是人与自然之间交互作用演化而来的。城市景观一般分布在相对平坦的地区,杭州中心城区及其他县(市、区)的城中心都位于平坦地区,平坦地区本身就具有良好的居住条件,因此,城市周边乡村聚落景观更为密集,可以提供较高的居住服务。即使在远离城市的地区,乡村聚落景观的分布大多也都位于地势平坦且交通发达的地区。

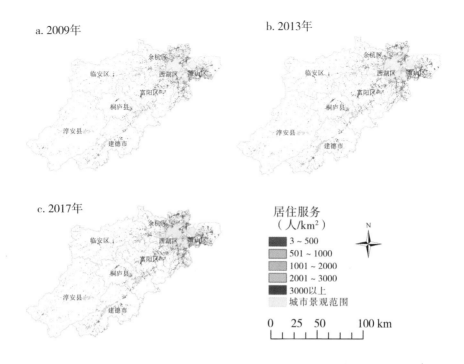

**图 5.7　2009—2017 年杭州市乡村居住服务空间分布格局**

　　另一方面,从单位面积的乡村聚落景观中的人口密度来看,越靠近城市景观的地方,人口密度相对较高,中心城区周边较大一部分地区的人口密度达到 3000 人/km²。需要指出的是,此处的"人口密度"并非一般意义上的人口密度,本研究所得到的人口密度值较高的原因是基数中只计算了可以提供居住服务的"局部景观",并没有把散布其内的其他景观包含在内。基于此,人口密度的空间分异相对不明显,多数山地丘陵区的乡村聚落景观"人口密度"也可以达到 3000 人/km² 以上,而如萧山区和余杭区,其部分离城市景观较远地区的"人口密度"较低,这并非意味着其人口数量少,主要原因在于该地区拥有较多的居住用地,但区位条件并不优越,单位面积的可提供居住服务的景观承载的人口数量就相对较少。但总体而言,杭州市范围内绝大部分居住服务的供给源自城市景观的周边地区,且离市中心的距离越远,居住服务水平越低。

　　(2)居住服务变化分析

　　从全市乡村的居住服务水平上看,2009 年、2013 年、2017 年的乡村聚落景观面积分别为 873km²、972km²、1007km²,在城市景观中由原城市中心向外围逐渐蔓延,在越来越多的乡村景观演化成为城市景观的前提下,提供居住服务的景观范围仍在逐年扩大。居住服务是乡村可持续性的活力所在,居住服务范围的扩大,有助于乡村的可持续发展。从面积扩张上来看,乡村聚落景观扩张的范围主要是在城市景观周边地区,而本身乡村活力不足、青壮年劳动力流失较为严重的山地丘陵区,则几乎没有出现乡村聚落景观面积增加的情况。但是,从人口密度上看,本研究统计的乡村居住人口密度是有所下降的,2009 年、2013 年、2017 年每平方公里乡村聚落景观平均人口数量为 1100 人、901 人、919 人,这与劳动力人口由乡村向城市转移有关。因此,综合乡村聚落景观面积和居住人口数量,杭州市范围内的整体居住服务水平在年际间并没有出现明显的提升或下降。

### 5.3.2　基础设施服务时空演变

(1)基础设施服务空间分布

基础设施服务的结果由沟渠密度和道路密度两部分加和求得。比较图 5.7 与图 5.8 可以发现,基础设施服务与居住服务是相辅相成的,居住服务高的地方用于人们通行的道路和用于生产的沟渠密度一般情况下也会较高。因此,基础设施服务的空间分布格局与居住服务类似,东北部(杭州市中心城区所在位置周边)的乡村景观中道路和沟渠的密度明显高于其他地区,其中萧山区和余杭区的基础服务设施是总体最高的两个区。

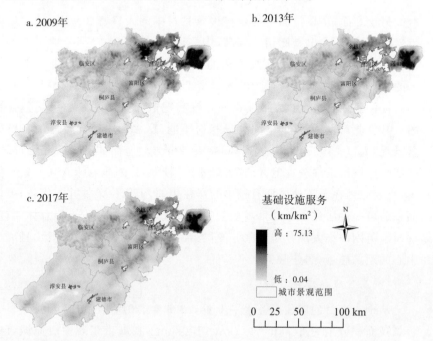

**图 5.8　2009—2017 年杭州市乡村基础设施服务空间分布格局**

　　分别从基础设施服务中的道路密度(图 5.9)和沟渠密度(图 5.10)来看,两者呈现出不一样的空间格局。道路密度与居住服务之间的空间耦合性程度更高,道路的空间聚集性也较为明显,聚集特征与居住服务类似。此外,道路密度与地形地貌之间的相关性也比较显著,在地势平坦的地区(如萧山区、余杭区),道路密度远高于地势起伏大的地区。相对而言,沟渠的空间聚集性则没有那么明显。沟渠实则是与农田景观连为一体的,山地丘陵区的灌溉排水等水利设施修建难度大,农田也极少有规模化经营的情况。浙江的平原地区水利设施的完备程度远高于山地丘陵区。因此,萧山区、余杭区、西湖区、临安区的沟渠密度较高,富阳中心位置部分区域的沟渠密度也相对较高;而桐庐县、淳安县、建德市的沟渠密度则普遍较低,大部分地区甚至完全没有沟渠。此外,还有一个值得注意的现象是临安与其他县(市、区)交界处的沟渠密度差异较为明显,但是道路密度在全市范围内未出现此类空间分异。例如,在临安区和淳安县的交界处,临安一侧的沟渠密度在 10km/km² 左右,而淳安县则接近于 0,基础设施非常欠缺,同样,临安与桐庐县、富阳区的交界处也类似。

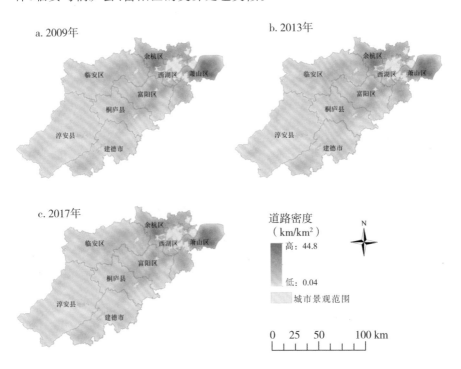

图 5.9　2009—2017 年杭州市乡村道路密度空间分布格局

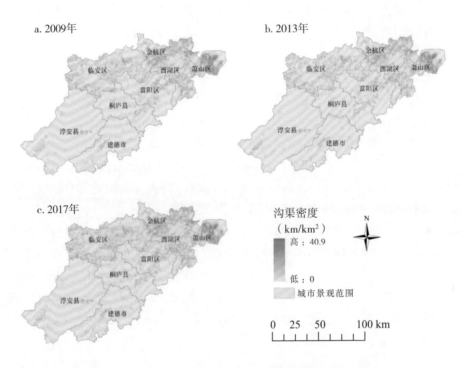

图 5.10　2009—2017 年杭州市乡村沟渠密度空间分布格局

（2）基础设施服务变化分析

从时间尺度上看,研究时段内的基础设施服务水平无论从整体上还是从空间上变化均不明显。这是由于研究时间跨度较短,大部分山地丘陵区本身有大量的耕地抛荒和农居点废弃现象,这些地区的基础设施大多是没有发生明显变化的。

### 5.3.3　农业生产服务时空演变

农业生产服务与基础设施服务的计算思路类似,均是按照农田景观的粮食生产和园地景观的其他种植业生产分别计算得到。但与基础设施服务不同的是,粮食生产和其他种植业（果蔬、茶叶等）虽然都属于农业生产,但此两者对人们的意义却不可一概而论。由于产量在不同农作物之间的可比性较差,本研究计算的是经居民消费价格指数修正后的产值。现实情况中,由于粮食是人民生活的基本物质资源,粮食价格由国家严格管控,价格一直较低,而果蔬、茶叶是相对可替代的消费品,在市场经济的驱动下其平均产值（万元/hm²）会明显高于粮食生产产值,但是并不意味着粮食生产的服务低于园地景观种植业生产的服务。事实上,粮食生产的意义是农田景观以外其他景观类型所不可替代的,且是维持人类生存的最基本服务之一,因此,不宜对这两项农业生产服务进行简单叠加。

(1)农田景观粮食生产

1)农田景观粮食生产空间分异

粮食生产产值的空间分异是由耕地质量和田块状况因素决定的,由图5.11可知,其在全市范围内以及各县(市、区)之间有很明显的空间分异。从耕地质量因素看,以 2013 年全市为例,萧山区、西湖区、余杭区、富阳区、淳安县、桐庐县、临安区、建德市耕地质量依次降低,平均国家利用等别分别为6.74 等、7.13 等、7.38 等、10.18 等、10.20 等、10.26 等、10.56 等、10.95 等,与粮食生产产值分布格局(图 5.11)基本相符。萧山区、西湖区、余杭区的耕地质量等别显著高于其他县(市、区)。另外,由于这三个区地处平原区,耕地集中连片程度高,便于机械化耕作,也就形成了整个杭州市粮食生产服务能力明显的空间分异。粮食生产服务能力最高的地方则位于萧山区的东部和南部地区,如图 5.12 中①号遥感图所示,农田景观规整,连片面积大,相应的粮食生产产值高,达到了 4.3 万元/hm²;而相比之下,②号遥感图中所示的农田景观位于山谷之间,布局较为分散,耕地质量也较低,其粮食生产的服务能力相对较低,产值仅有 2.3 万元/hm²。

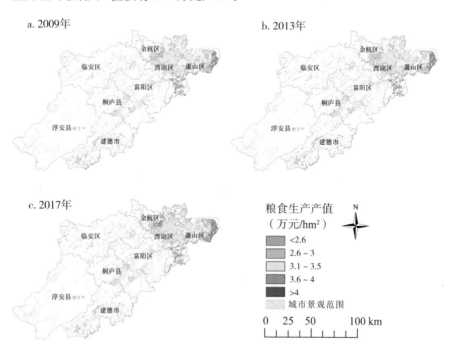

图 5.11　2009—2017 年杭州市乡村农田景观粮食生产产值空间分布格局

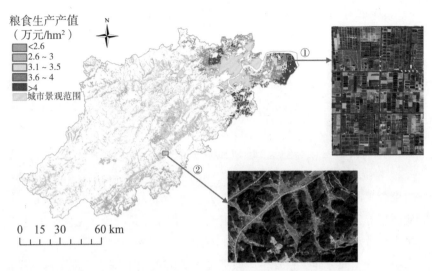

**图 5.12　杭州市农田景观粮食生产产值对应的遥感影像(2017 年)**

2)农田景观粮食生产时间变化

农田景观中耕地质量和田块状况是自然形成的,虽然人为管理技术水平的提升会对其有所改变,但在短时间内人类活动对全市的农田粮食生产能力的影响是有限的,因此,在研究时段内一直存在的农田景观的粮食生产服务变化是极小的,基本可以忽略不计。但是,农田景观的面积在年际间是有变化的,随着城市的扩张,部分农田景观转变为城市景观,虽然也有新增的农田景观,但从总量上来看,农田景观的面积在 2009 年、2013 年、2017 年是不断递减的,分别为 $2388km^2$、$2359km^2$、$2348km^2$。因此,粮食生产服务随着快速城镇化的发展呈现出略有下降的趋势。

(2)园地景观种植业生产

1)园地景观种植业生产空间分异

由图 5.13 可知,园地景观的空间分布与农田景观不同,以农田景观居多的西湖、萧山两个地区的园地景观规模只占了极少的一部分,而淳安县、建德市则拥有较大面积的园地景观,尤其是淳安县东北部园地景观最为集中。在单位面积的园地景观服务能力方面,淳安县的园地景观种植业生产服务能力也是最高的。相比之下,在城市景观周边地区的园地景观的种植业产值较低。

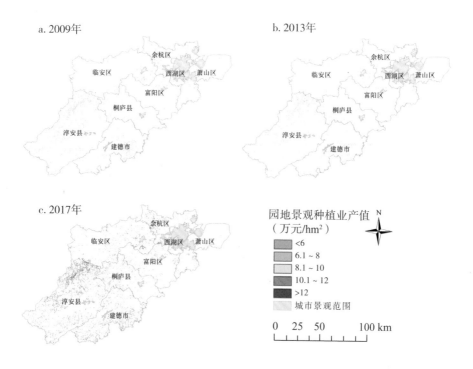

a. 2009年

b. 2013年

c. 2017年

园地景观种植业产值
（万元/hm²）

<6
6.1 ~ 8
8.1 ~ 10
10.1 ~ 12
>12
城市景观范围

0　25　50　　　100 km

图 5.13　2009—2017 年杭州市乡村园地景观种植业产值空间分布格局

2）园地景观种植业生产变化分析

2009 年、2013 年、2017 年园地景观种植业产值逐年明显升高，这三年的杭州市果蔬、茶叶等园地景观种植业总产值经居民消费价格指数修正后分别为 79.26 亿元、94.32 亿元、123.23 亿元。生产产值的提升在一定程度上反映出园地景观农业生产服务能力的提升，但这不单单意味着园地景观"服务潜力"水平的提升，也涵盖着另一层因素，即可能是人们对果蔬、茶叶等需求量的提升使得消费量有所上涨，从而使得其总产值增加。在空间分布上，园地景观种植业产值是同步增加的，并没有出现明显的时空异质性。

### 5.3.4　娱乐休闲服务时空演变

（1）娱乐休闲服务空间分异

娱乐休闲服务在空间上也具有明显的空间差异。娱乐休闲服务主要集中在中心城区周边的余杭区、西湖区和萧山区，临安区、富阳区、桐庐县次之，而淳安县和建德市的娱乐休闲服务水平较低，淳安县的娱乐休闲服务主要集中在千岛湖风景区周边。

　　从娱乐休闲服务供给"源"（POI）核密度图 5.14 来看,西湖风景区的周边乡村是全市娱乐休闲服务水平最高的区域,围绕着整个中心城区周边,POI 核密度都比较高,这是由于乡村的娱乐休闲活动场所(例如休闲农业园、度假区等)吸引的很大一部分人群是生活居住在城市的人群,距离人口聚居地(城市)越近的地方越容易吸引人们来游玩,供给"源"的核密度就越高。但是,偏离城市较远的地方也有一些别具一格的自然风光和休闲农业体验,因此,也会零星地分布着一些娱乐休闲服务场所。部分区域的一些地方凭借其优越的自然条件以及后期不断开发,已形成较为成熟的娱乐休闲服务供应产业链,此类区域提供的娱乐休闲服务在一定范围内形成了明显的空间聚集。例如,临安区东北部的天目山自然保护区、临安区西北部的浙西大峡谷、桐庐县中部的瑶琳仙境、淳安县中部的千岛湖等地,都提供了非常高水平的娱乐休闲服务。

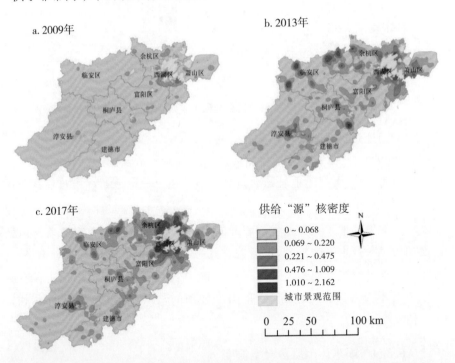

**图 5.14　2009—2017 年杭州市乡村娱乐休闲服务供给"源"核密度空间分布格局**

　　娱乐休闲服务场所的存在必然是因为有需求。上述供给"源"仅从客观上描述其存在,而道路通达度则从某种程度上反映其吸引人群的能力,道路通达性越好,娱乐休闲场所能服务的人群越广泛,即娱乐休闲服务水平越高。道路通达度和上述道路密度的区别在于,道路通达度考虑了娱乐休闲服务场所距离道路越远,道路对其的辐射作用会随之衰减,而道路密度没有考虑距离衰减作用。但从呈现的结果来看(图 5.15),道路通达度和道路密度并没有明显的空间分异。因此,道路通达度与前文道路密度的空间分布格局类似,不再赘述。

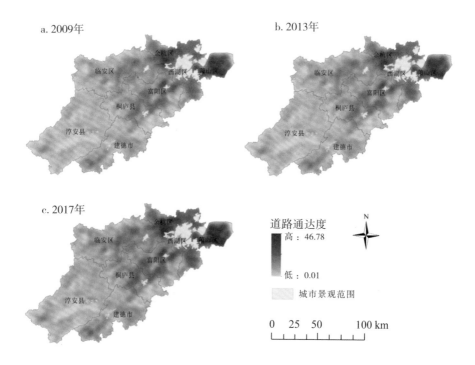

a. 2009年　　　　　　　　　　　b. 2013年

c. 2017年

道路通达度
高 : 46.78

低 : 0.01

城市景观范围

0　25　50　　　100 km

**图 5.15　2009—2017 年杭州市乡村道路通达度空间分布格局**

　　将 POI 核密度与道路通达度进行加权叠加计算后,所得到的娱乐休闲服务在局部地区的空间聚集度并没有 POI 核密度那么明显,因为娱乐休闲服务实际上不仅仅是地图上呈现出来的娱乐休闲服务场所可以提供,其他很多乡村聚落或者自然风光虽然没有形成特定的娱乐休闲场所,但其在无形中也给当地人民带来了娱乐休闲的体验,当然前提是人可以达到的地方。因此,叠加了道路通达度指标后,部分没有特定娱乐休闲服务场所的地方,也可被认为具有提供娱乐休闲服务的能力,尤其是淳安县、建德市的部分区域(图 5.15)。

　　(2)娱乐休闲服务变化分析

　　娱乐休闲服务水平在年际的变化是非常显著的(图 5.16),这主要由娱乐休闲服务场所年际间的显著增加所致。需要说明的是,部分娱乐休闲服务场所并非是新增场所。研究中所有娱乐休闲服务的场所,获取自

　　互联网在线地图中的地点名称,即在互联网在线地图中只有存在该场所的地理位置,才可在本研究中被认为是存在的。现实生活中可能有部分场所真实存在,但由于没有在地图上标识,因此没有被统计进来,尤其是2009年的数据源更是存在此类问题。2009年的娱乐休闲服务水平因此表现较弱。但从另一个方面看,若场所在地图中可以被搜索到,在某种方式上其本身也是一种宣传方式。在 GPS 导航应用技术还不发达的时期,这些娱乐休闲服务场所虽然存在,但是被人了解的程度、吸引到的人群却是有限的。近年来,乡村休闲旅游之所以能够得到不断发展,很大一部分推动力量便是来自 GPS 技术的快速发展和进步。虽然,总体上看,娱乐休闲服务水平是逐年提升的,但其在空间上的分布格局并没有呈现出明显的变化。

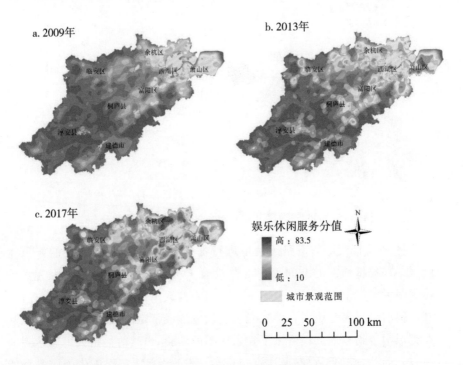

**图 5.16　2009—2017 年杭州市乡村娱乐休闲服务空间分布格局**

### 5.3.5　美学服务时空演变

（1）美学服务空间分布

　　由图 5.17 可知,美学服务水平的总体空间格局体现为城市景观周边的乡村美学服务水平相对较低,其他地区美学服务水平较高,具体表现为

临安区、淳安县美学服务水平较高,建德市、桐庐县、富阳区次之,余杭区、
西湖区、萧山区美学服务水平最低。

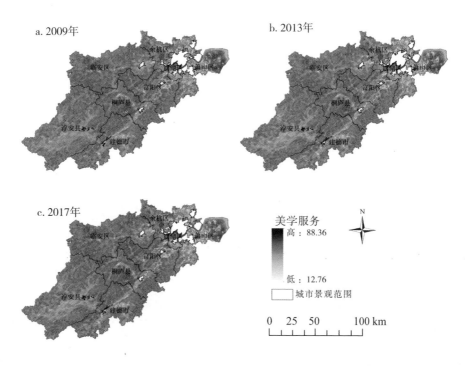

**图 5.17　2009—2017 年杭州市乡村美学服务水平空间分布格局**

　　由图 5.18－5.21 可知,从景观类型美景度来看,杭州东北部地区有大
量的农田景观,其景观本底提供的美学服务水平显著高于其他地区。另
外,淳安县拥有大面积的水域(千岛湖区域),其景观本底的美学服务水平
也高于其他地区。但是杭州东北部的农田景观位于全域范围内地势起伏
度最低的地区,景观多样性水平低,给人带来的视觉感受相对“乏味”,且农
田景观的植被覆盖度远不如森林、园地等景观,因此,总体而言,位于该区
位的农田景观的美学服务能力仅处于中等水平。当然,城市景观周边除了
大面积的农田景观,相对于其他乡村地区,城市周边的乡村聚落也占据了
较大面积,城市景观周边分布了较多美学服务水平极低的景观,大多为乡
村聚落景观。除了部分农田景观和乡村聚落景观,分布在淳安县中部的湿
地景观(千岛湖区域)也是美学服务水平较低的。与农田景观类似,该地区
的水域作为景观本底而言具有较高的美学价值,但该区域的水域面积较
大,不存在地形起伏和植被覆盖,而且水域面积过大导致水域中间地带交
通工具不易抵达,这使其虽有美景但服务人群有限,仅水域周边地区的美

学服务水平较高。相比农田景观,分布在山地丘陵区的森林和园地景观由于其地形起伏度高、植被覆盖度高且景观具有多样性,美学服务水平是各类景观中最高的。总之,美学服务水平和居住服务、基础设施服务水平之间空间分布上呈现出相反的表征。

(2)美学服务变化分析

美学服务在年际的变化相对不明显(图5.17)。总体而言,美学服务水平有逐年递减的趋势,尤其是杭州市中心城区周边,美学服务水平有所下降,大体因植被覆盖度有所降低所致。杭州市的美学服务分值在研究期内下降0.4,下降幅度较小。

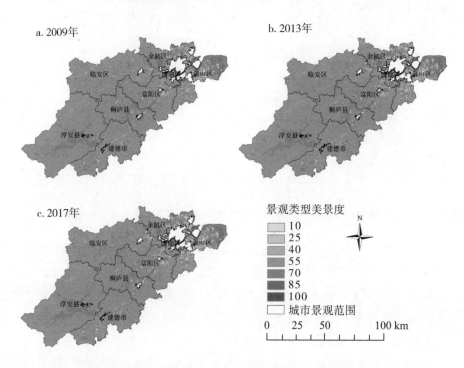

**图5.18　2009—2017年杭州市乡村景观类型美景度空间分布格局**

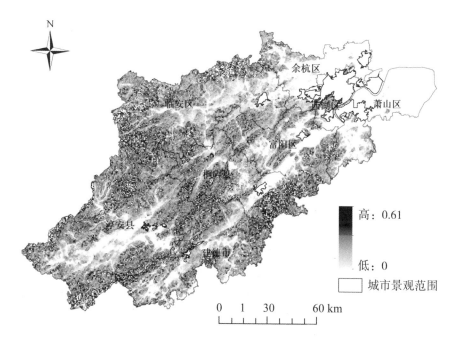

图 5.19  杭州市乡村地形起伏度情况

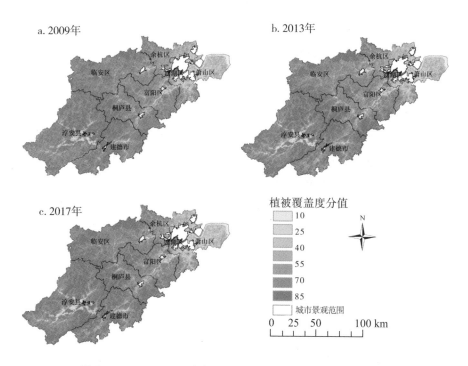

图 5.20  2009—2017 年杭州市乡村植被覆盖度空间分布格局

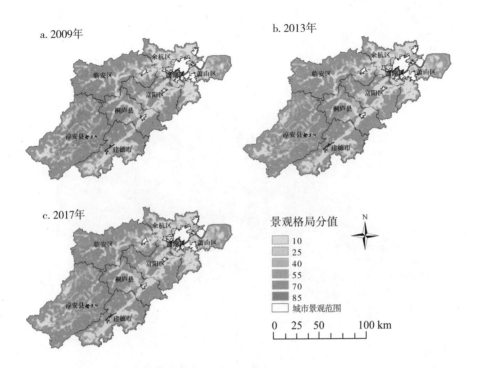

图 5.21　2009—2017 年杭州市乡村美学意义上的景观格局分值空间分布

## 5.3.6　固碳释氧服务时空演变

### (1)固碳释氧服务空间分布

NPP 值用来表征杭州市乡村景观的固碳释氧服务。由于 NPP 受地形、气候及不同景观植被类型等多方面因素的综合影响,杭州市固碳释氧服务表现出较为显著的空间分异性:除东北部城市周边地区景观和西南部的湿地景观明显处于固碳释氧服务的低值区以外,其余区域大多为 NPP中高值区,固碳释氧服务水平较高(图 5.22)。

从景观类型来看,固碳释氧服务的高值区主要集中在森林景观,其次为草地景观和园地景观。这些区域往往地形较为复杂,人类活动随海拔和坡度增加而减弱,植被类型繁多、覆盖率高、生长状况良好。相比人类活动干扰强、植被稀疏的城市景观和分布在城市周围性质相似的乡村聚落景观,森林景观、草地景观和园地景观对固碳释氧服务的贡献量显然更多。而固碳释氧服务的低值区主要分布于余杭区、西湖区、萧山区和富阳区,该区域地形平坦开阔,包含了大面积的乡村聚落景观和农田景观。随着工业化与城镇化的快速推进,人类活动愈发频繁,土地利用变化剧烈,人工景观面积扩大,植被覆盖率逐渐下降。虽然农田景观中也存在各类植被分布,但以农作物为主,覆盖范围有限,因此,植物光合作用所带来的固碳释氧能力远不如森林景观。此外,淳安县中部地区的湿地景观(即千岛湖区域),也表现出较低水平的固碳释氧能力。湿地景观中大范围的水域表面无植被生长覆盖,因此,与区域植被状况密切相关的固碳释氧服务自然处于较低水平甚至不具备固碳释氧服务能力。

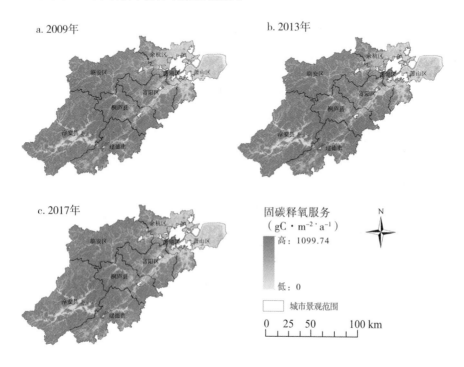

**图 5.22　2009—2017 年杭州市乡村固碳释氧服务空间分布格局**

(2)固碳释氧服务变化分析

2009—2017 年,杭州市乡村景观的固碳释氧服务变化并不明显(图5.22),基本上呈现出杭州市东北部与西南部较低、其余区域普遍较高的空间分布特征,从年际变化上看略有递减趋势。研究期内固碳释氧服务的不断下降趋势,与杭州市快速城镇化背景下人类活动区域的不断扩张和乡村景观植被覆盖率的下降相关。

### 5.3.7　产水服务时空演变

（1）产水服务空间分布

从空间分布格局看,杭州市乡村景观的产水服务表现出明显的空间异
质性,湿地景观的平均产水深度远低于其他景观。从县域尺度看,除淳安
县和萧山区较低外,其余区域产水能力整体较为平均(图5.23)。

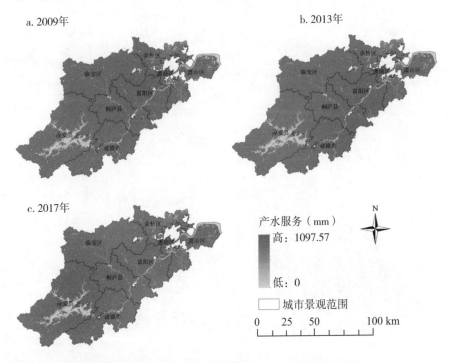

**图5.23　2009—2017年杭州市乡村产水服务空间分布格局**

产水服务与气象条件、自然环境和植被类型等因素存在相关性(图
5.24－图5.27)。淳安县和萧山区境内分布有较大规模的河流、湖泊等湿
地景观,属于植被覆盖率低的景观类型,土壤深度浅,植被可利用含水量
低,且水体蒸散能力强,因此,该区域单位面积平均产水深度较低。从不同
景观类型来看,乡村聚落景观与城市景观受区域下垫面性质影响,多有不
透水面,无植被截留降水,蒸散量相对其他景观类型而言较小,地表产流量
相对较大,使得城市景观周边地区产水服务处于较高值区。而广泛分布于
临安区、富阳区、桐庐县和建德市的森林景观、草地景观和园地景观,植被
覆盖率高,相对应的枯枝落叶层厚度大、持水能力强,植被冠层截留水分
多,且森林景观土壤孔隙度较大,土壤含水量高,多重因素综合作用下使得
森林景观、草地景观和园地景观产水服务较强。

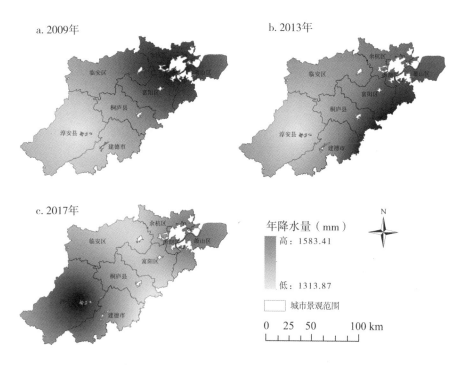

**图 5.24　2009—2017 年杭州市乡村降水量空间分布格局**

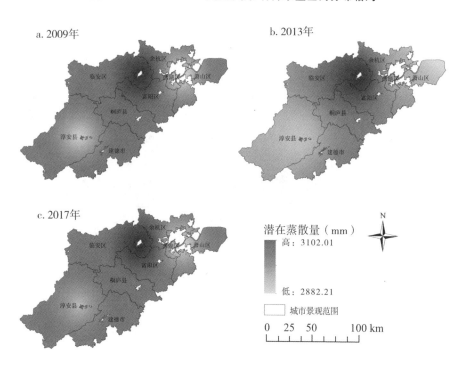

**图 5.25　2009—2017 年杭州市乡村潜在蒸散量空间分布格局**

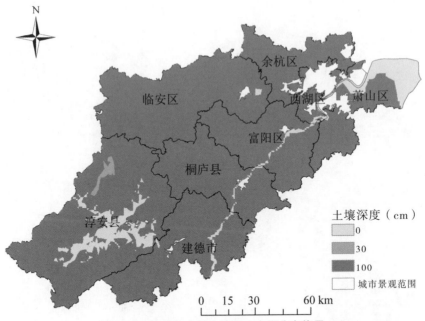

图 5.26　杭州市乡村土壤深度空间分布格局

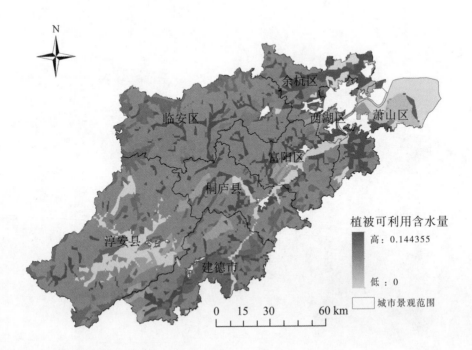

图 5.27　杭州市乡村植被可利用含水量空间分布格局

（2）产水服务变化分析

受年降水量和潜在蒸散量等具有明显年际变化的自然因素影响,杭州市乡村景观的产水服务空间格局也呈现出随时间波动的趋势,具体表现为中值区的年际变化。2009 年,产水服务中值区较少,多集中于西南部的淳安县,这与当年杭州市西南部降水量较低的气象条件相吻合;2013 年,产水服务中值区向杭州市中部转移,淳安县、临安区和桐庐县的产水服务与 2009 年相比略有下降,该年度产水服务空间格局也与年降水量分布规律相似,说明年降水量与区域产水能力大小密切相关,产水服务对降水量的变化敏感性较高;2017 年,产水服务中值区继续东移,分布于临安区、桐庐县和建德市东部及富阳区中部,该区域为年降水量低值区和潜在蒸散量高值区,在降水量显著减少而潜在蒸散量增加的情况下,产水服务呈现下降趋势。

### 5.3.8　土壤保持服务时空演变

（1）土壤保持服务空间分布

在空间分布上,土壤保持服务表现为:余杭区、萧山区、西湖区土壤保持服务水平整体较低,富阳区、桐庐县、建德市、淳安县城市景观中部的土壤保持服务也较低,而这些县（市、区）中的山地丘陵区的土壤保持服务较高（图 5.28）。其主要原因是土壤保持服务本身与土壤潜在流失量密切相关,城市地区（不透水面）、水域不存在土壤侵蚀问题,因此,也就不存在土壤保持服务。由图 5.29－图 5.32 可知,余杭区的东北部地区虽然降雨侵蚀力高、土壤侵蚀性高、植被覆盖度低,但是因其大部分属于不透水面,土壤保持服务很低。山体本身有很高的土壤保持风险,其表现出的土壤保持服务也相应较高。杭州市西南部地区多是山地丘陵区,且降雨量大,因此,该地区的土壤潜在流失量远高于东北部的平原地区,其土壤保持服务也相应高于东北部平原地区。

（2）土壤保持服务时间变化

土壤保持服务是一项由自然条件本身所决定的服务,但是人类也可以通过改变景观类型或利用方式去影响土壤潜在流失量和土壤保持量。从表 5.13 中可以看出,土壤保持服务中的外在自然条件影响因子中,各个站点的降雨侵蚀力在年际的变化幅度比较大,不同站点的降雨侵蚀力也差异较大。但是,降雨侵蚀力是一个外在影响因素,并非是土壤保持服务的本底因素。另外,土壤侵蚀性因子、坡度坡长因子本就是在相当长一段时间内不会发生变化的因子,而植被覆盖与管理因子在研究期内也没有发生明显的变化。事实上,土壤保持措施因子是影响土壤保持服务最重要的因素,但由于土壤保持措施因子是基于景观类型的变化,在 2009 年至 2017 年之间景观类型变化程度不高,因此研究期内土壤保持服务变化不大。

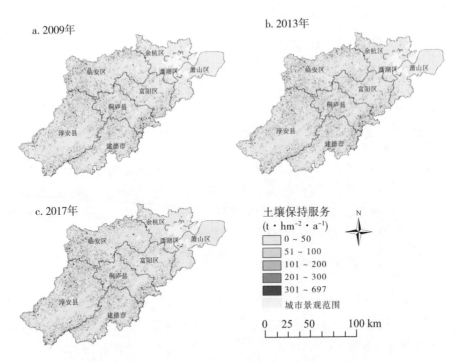

**图 5.28　2009—2017 年杭州市乡村土壤保持服务空间分布**

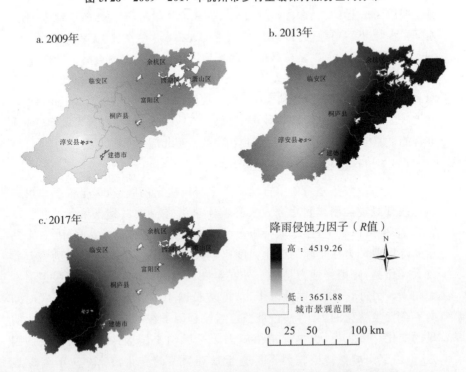

**图 5.29　2009—2017 年杭州市乡村降水侵蚀力因子空间分布格局**

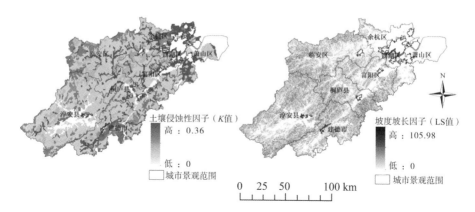

图 5.30　杭州市乡村土壤侵蚀性因子和坡度坡长因子空间分布格局

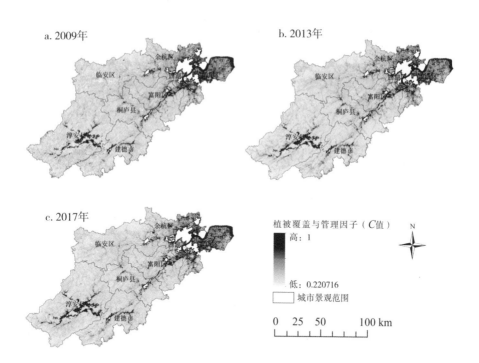

图 5.31　2009—2017 年杭州市乡村植被覆盖与管理因子空间分布格局

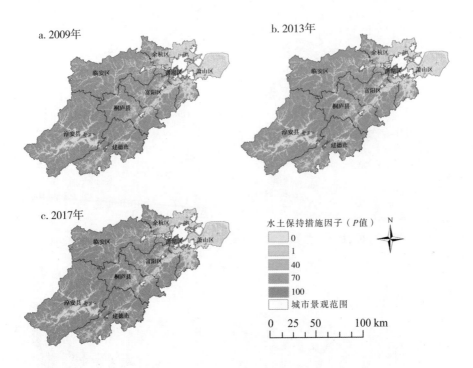

**图 5.32　2009—2017 年杭州市乡村水土保持措施因子空间分布格局**

**表 5.13　各个站点降雨侵蚀力表**

| 区站号 | 经度 | 纬度 | 2009 年 | 2013 年 | 2017 年 |
|---|---|---|---|---|---|
| 58448 | 119°42′11″ | 30°13′11″ | 4024.38 | 4159.32 | 3890.05 |
| 58450 | 120°2′13″ | 30°52′12″ | 3445.03 | 2960.11 | 3543.42 |
| 58457 | 120°10′12″ | 30°13′48″ | 4111.80 | 4315.89 | 4249.18 |
| 58464 | 121°7′12″ | 30°39′00″ | 3396.30 | 3320.76 | 4078.60 |
| 58467 | 121°16′12″ | 30°12′00″ | 4059.11 | 3638.76 | 5130.69 |
| 58543 | 119°1′12″ | 29°37′12″ | 3601.29 | 3802.33 | 4428.28 |
| 58549 | 119°39′00″ | 29°7′12″ | 3838.58 | 3390.51 | 3937.88 |
| 58553 | 120°49′12″ | 30°3′00″ | 3974.73 | 4950.67 | 4567.79 |
| 58556 | 120°49′12″ | 29°36′00″ | 3987.53 | 3411.53 | 3890.05 |
| 58557 | 120°4′48″ | 29°19′47″ | 3876.04 | 4804.77 | 3547.68 |

### 5.3.9 生境支持服务时空演变

(1)生境支持服务空间分布

生境支持服务同样在杭州市中心城区周边呈现出明显的低值空间聚集性,无论是从景观类型上的生境斑块质量,还是从景观格局上的生境格局等级,中心城区周边区域都表现出生境支持服务较低的分布特征(图5.33)。

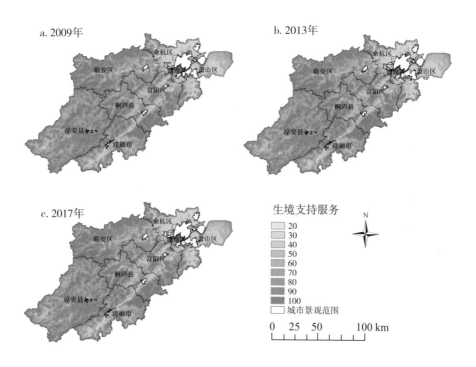

**图5.33 2009—2017年杭州市乡村生境支持服务空间分布**

图5.34是InVEST模型得到的生境斑块质量空间分布图,除了余杭区、西湖区、萧山区位于距离中心城区较近的区域生境斑块质量较低以外,其他区域没有明显的空间分异。另外,从图上还可以看到,其他地区也有一些"条带状"的区域呈现出生境斑块质量较低的特征,这些区域的景观类型大部分为乡村聚落景观。

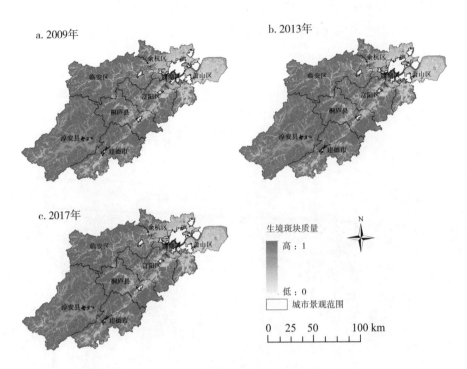

**图 5.34　2009—2017 年杭州市乡村生境斑块质量空间分布**

从生境景观格局指数来看(图 5.35),斑块数量越少(破碎化程度低)、相似近邻比例越高(最大程度相似斑块连接),则其生境格局越适宜生物生存和活动。根据景观格局指数结果,杭州市的东北部区域和南部区域属于两个重点的生境景观格局不适宜区域,尤其是东北部区域及城市景观周边地区,由于城市蔓延的影响这些区域的景观破碎化问题严重。事实上,建德市的西南部区域虽然是乡村聚落景观,但是该区域有山体包围,处于中间的一个相对面积较大的平坦地区,其中散布着很多乡村聚落景观,造成了该地区整体景观的严重破碎化。因此,该地区从景观基质上来看是相对适宜生物生存和生物活动的景观单元类型(以农田、森林、园地景观为主),但由于景观破碎化程度较高,仍使得生境支持服务水平较低。同样,淳安县的西部区域也有类似表现。

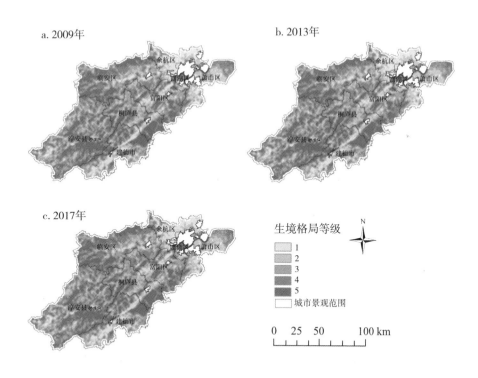

图 5.35　2009—2017 年杭州市乡村生境格局等级空间分布

（2）生境支持服务变化分析

从图 5.35 可以看出，生境支持服务并没有发生明显变化。但从空间统计上看，由于城市扩张，使得原来紧挨着城市的部分乡村景观逐渐演变为城市景观，这部分区域的生境支持服务水平直接下降。而对于其他地区而言，大部分景观的生境支持服务没有表现出明显的提升或下降。但是零星地仍有一部分区域的生境支持服务有所下降，对于研究期内全域而言，杭州市的生境支持服务分值下降 0.58，下降幅度较小。

## 5.4　乡村景观服务供给能力综合评估

### 5.4.1　景观服务能力权重确定及数据标准化处理

（1）景观服务能力权重确定

1）建立层次分析法（AHP）模型

景观服务供给能力综合评估是基于前文景观服务评估的结果，通过构建指标体系而进行的系统性评估。综合评估采用的方法为层次分析法。

本研究构建 AHP 模型的目标层为"乡村景观服务供给能力综合评价";准则层考虑通过生态服务、生活服务、生产服务 3 个方面来构建;指标层由前文 9 类景观服务类型构成。其中,生态服务指标层包括固碳释氧服务、产水服务、土壤保持服务、生境支持服务;生产服务指标层包括基础设施服务、农业生产服务;生活服务指标层包括居住服务、娱乐休闲服务、美学服务,评价模型的整体结构框架如图 5.36 所示。

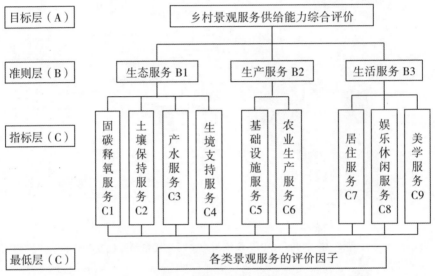

**图 5.36　基于 AHP 的乡村景观服务供给能力综合评价模型**

2)构造判断矩阵及其一致性检验

采用 1－9 比率标度方法评价 9 项指标层的相对重要性,量化权重值,构建判断矩阵。首先,得出准则层(B)对于目标层(A)的权重值 $W$,形成两两比较矩阵;再依次得出指标层(C)与相应准则层(B)重要性的比较矩阵。按照准则层(B)权重,继续计算其下属指标层(C)占准则层(B)的权重,进而得出各指标层(C)相对于目标层(A)的总权重 $W$。共构造出 4 个判断矩阵,即 A－B、B1－C、B2－C、B3－C。

为确保判断矩阵具有完全的一致性,需要以判断矩阵一致性指标 CR (Consistency Ratio)对其进行检验,公式(式 5.43)如下:

$$\mathrm{CI} = \frac{\lambda_{\max} - 9}{9 - 1}, \mathrm{CR} = \frac{\mathrm{CI}}{\mathrm{RI}} \qquad (式 5.43)$$

式中,$\lambda_{\max}$ 为矩阵 A、B 的最大特征值,RI 为平均随机一致性指标。当 CR<0.1 时,判断矩阵具有满意的一致性,否则该判断矩阵偏离一致性的程度过大,需要对判断矩阵进行调整。

本研究计算出 4 个判断矩阵的 CR 值,均小于 0.1,表明构造的矩阵均具有满的一致性,指标层(C)对目标层(A)的权重值计算结果如表5.14所示。

**表 5.14　指标层(C)相对于目标层(A)的总权重值表**

| 准则层 B | | 指标层 C | | 总权重值 $W$ |
|---|---|---|---|---|
| B1 | 0.46 | C1 | 0.24 | 0.11 |
| | | C2 | 0.24 | 0.11 |
| | | C3 | 0.22 | 0.10 |
| | | C4 | 0.30 | 0.14 |
| B2 | 0.29 | C5 | 0.38 | 0.11 |
| | | C6 | 0.62 | 0.18 |
| B3 | 0.25 | C7 | 0.40 | 0.10 |
| | | C8 | 0.28 | 0.07 |
| | | C9 | 0.32 | 0.08 |

(2)数据标准化处理

因景观服务供给能力值单位不一,部分结果是评分分值,部分结果是经济产值、人口数量等具有实际物理意义的单位,相互之间不具有直接可比性,因此,需在综合评估之前进行无量纲化处理,计算公式(式5.44)如下:

$$Y_{ij} = \frac{X_{ij} - \min(X_i)}{\max(X_i) - \min(X_i)} \qquad (式5.44)$$

式中:$Y_{ij}$为第$i$个指标(景观服务类型)的第$j$个像元的归一化分值;$\min(X_i)$为研究区全域内第$i$个指标的最小值;$\max(X_i)$为研究区全域内第$i$个指标的最大值;$X_{ij}$为第$i$个指标的第$j$个像元的原值。需要说明的是,本研究的时间范围是2009年、2013年、2017年,归一化标准需要每个指标在3个年度内统一,因此,$\min(X_i)$和$\max(X_i)$的取值是分别根据3个年度内的最小值和最大值获得。

(3)建立综合评价标准

由于数据源本身的精度问题,不同景观服务评估结果像元精度不一,且景观服务供给本身不是以"计算像元"为单位的景观所决定的,服务具有流动的特性,服务供给的"源"地与服务享受者的"汇"地往往并不重合。例如,农业生产服务源自农田景观,但是可以享受此服务的人们却不在农田景观之上,一般为居住在不远处的农户。因此,本研究考虑以"乡村"为分析单元评价景观服务能力。首先,以"乡村"为单位进行各类景观服务的平均值的计算。在此前计算过程中,对于居住服务和农业生产服务,仅计算了乡村聚落景观和农田景观的服务供给能力,若简单求平均值而不考虑该乡村本身覆盖范围的大小,将会产生较大偏差,因此,对这两类服务在计算平均值前需要进行面积加权。而后,基于上述构建的乡村景观服务供给能力综合评价模型进行评价,计算公式(式 5.45)如下:

$$S = \sum_{i=1}^{n} W_i X_i \qquad\qquad (式 5.45)$$

式中:$S$ 是某村景观服务供给综合能力分值,$X_i$ 为第 $i$ 个景观服务指标归一化后的某乡村范围内的平均值,$W_i$ 为第 $i$ 个景观服务指标的权重,基于 AHP 层析分析法求得。

### 5.4.2　景观服务供给能力综合评估结果

景观服务供给能力的综合评估结果以乡村为单位呈现。从图 5.37 中可知,杭州东北部地区乡村的景观服务综合能力是相对较高的,从东北往西南方向乡村景观服务综合能力呈现出逐渐递减的趋势,尤其是淳安县的千岛湖及其周围地区的景观服务是全市中最低的。

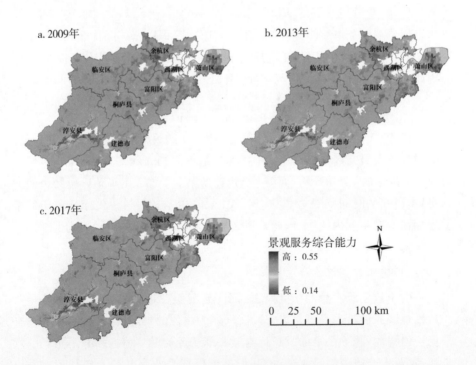

**图 5.37　2009—2017 年杭州市乡村景观服务综合能力空间分布**

传统的生态系统服务以生态意义上对人类的服务为主。由于本研究针对的是景观服务,除了生态服务,还需要同时考虑景观类型及其空间格局所体现出来的生活、生产功能及其对人类的服务价值。淳安县、建德市等位于杭州西南地区县(市、区)的乡村具有很好的生态功能,但由于居住的人口数量少,其供给服务能够辐射到的人群有限,且这些地区的乡村位于山地丘陵区,本身生产生活的自然条件不佳,能够提供的"生产"、"生活"服务也是有限的。综合来看,这些地区的景观服务水平较低。城市景观周边(不仅是杭州市中心城区周边,还包括临安区、富阳区、桐庐县城市景观周边)的绝大部分乡村的景观服务综合能力较强,其主要原因是这些地区的娱乐休闲服务、基础设施服务、农业生产服务等生活、生产方面的服务水平较高。这些地区当中也有部分乡村的景观服务能力在全市范围来看属于偏低水平,主要原因在于部分乡村的各类与生态相关的服务及美学服务水平过低,以至于整体景观服务能力较低。

另外,研究区范围内存在两片值得注意的区域:一是萧山区的东部地区。其景观服务综合能力远低于萧山区的其他地区。从前文图 5.12 的遥感影像中也可以看到,该地区的主体景观是空间形态规整的大面积农田。农田景观的主导服务是农业生产服务,从评估结果来看,该地区的粮食生产服务水平是全市最高的。但从其他服务可以看到,该地区乡村聚落景观较少导致居住服务水平较低,且分布于萧山区中最为偏远的位置,以至于其娱乐休闲服务水平也低于萧山区其他区域,再加上农田景观本身的各类生态服务水平有限,该区域的景观服务综合能力明显低于其他地区。另外一个地区是淳安县的千岛湖区域。明显可以看出,该地区的景观服务综合能力属于全市范围内最低的,且形成了空间聚集。该地区的主体景观是水域,是景观类型最为单一的区域。若从作为一个本应该具备生产、生活、生态等各类服务的、相对完整的乡村景观单元视角看,千岛湖区域仅有水域景观类型,单一景观能够提供的综合服务能力当然是相当有限的。虽然从全市范围来看,千岛湖区域作为水资源的重要"源"地,能够提供很好的且难以替代的服务,但在本研究中,根据景观综合服务的评判标准,该区域由于缺乏诸多其他各类服务的贡献,乡村景观服务综合能力是最低的。

## 5.5　乡村景观格局演变对景观服务能力的影响

利用散点图,分析各项景观服务以及综合景观服务能力随时间的变化特征和规律,结果如图 5.38 所示。以此为基础,分析景观格局演变对景观服务能力的影响。所有散点图的横轴为 2013 年的景观服务水平,纵轴为 2009 年和 2017 年的景观服务水平。其中,蓝色的点代表 2009 年,橙色的点代表 2017 年,左上角的公式均为 2009—2013 年的拟合公式,右下角的公式均为 2013—2017 年的拟合公式。

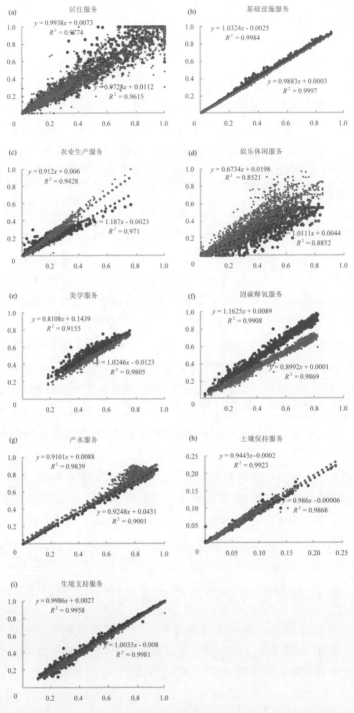

**图 5.38　2009—2017 年杭州市各乡村景观服务能力变化散点图**

由图 5.38(a)可知,居住服务的散点较为分散,表明居住服务的变化较为剧烈,不同乡村之间的变化差异较大;但趋势线的斜率仍接近 1,表明增加的值与减少的值基本相互抵消。本研究与居住服务直接相关的景观类型是乡村聚落景观,居住服务的评估源于人口密度的分析。前文已述及,在 2009—2017 年,研究区内乡村聚落景观的总面积及各乡村内的乡村聚落景观占比均增加,破碎程度降低,连通性和集聚度增加,但乡村聚落景观格局演变的剧烈程度明显低于与之相关的居住服务的变化情况。由此可见,虽然乡村聚落景观的变化是导致居住服务变化的原因之一,但居住服务的变化主要归结于各村人口的变化。然而,乡村地区的人口数量与乡村聚落景观之间存在着复杂的关系。一般情况下,乡村地区人口的减少并不会导致乡村聚落景观的减少,只是呈现为村庄中的一些房屋处于空置、废弃的状态,即为典型的"空心村"现象;人口的增加却可能导致乡村聚落景观的增加,但两者增加的幅度可能存在差异,因而导致居住服务的变化。总而言之,居住服务的变化虽与乡村聚落景观的格局演变存在一定的关联,但这种关联关系仍需进一步的探讨。

由图 5.38(b)可知,基础设施服务整体呈现略微下降的趋势,而且各个乡村之间的变化情况差异较小。本研究的基础设施服务与道路、沟渠的长度和宽度直接相关。然而,道路、沟渠和其余的很多用地类型均被归类为其他景观,且道路和沟渠的长宽变化对于分析像元的精度要求过高,在本研究的景观格局演变中难以体现,因而也较难探究乡村景观演变对基础设施服务能力的影响。

由图 5.38(c)可知,农业生产服务在 2009—2017 年有较为显著的增加。本研究评估了农田景观、园地景观的农业生产服务价值。其中,粮食生产产值是由耕地质量和田块状况因素共同决定的。而种植业产值则与 NDVI 相关。从研究结果看,尽管农田景观粮食生产产值不断递减,但园地景观种植业生产产值有明显增加,最终使得农业生产服务呈明显增加趋势。同样,前文研究结果表明,2009—2017 年,农田及园地景观的面积占比不断下降,破碎化程度不断增加,由此可见,其他因素对农业生产服务的影响超过了景观演变对农业生产服务的影响。例如,虽然城镇化进程对景观格局演变产生了负面影响,但社会经济发展、科学技术进步等正面影响在一定程度上可以抵消这些负面的影响。

由图 5.38(d)可知,娱乐休闲服务的数值点也较为分散,但与居住服务相反,娱乐休闲服务呈现出整体上升的趋势。本研究的娱乐休闲服务受到供给"源"和可达性两方面的共同影响。其中,数据获取能力的逐年提升是导致娱乐休闲服务出现大幅度上升的原因之一。除此之外,供给"源"以点的形式存在,且乡村旅游景点、休闲农业园等均是提供娱乐休闲服务的主体,因而娱乐休闲服务难以与特定的景观类型直接关联起来,也就难以探究乡村景观演变对娱乐休闲服务能力的影响。

由图 5.38(e)可知,美学服务总体呈现出下降趋势,且各乡村的变化差异较小。本研究的美学服务评价指标包括不同景观类型美景度、地形起伏度、植被覆盖度、景观格局、道路通达度等。不同景观类型具有不同的美学价值基础分值,从高到低依次为农田景观、湿地景观、森林景观、园地景观、草地景观、乡村聚落景观和其他景观;景观格局指标选取了香农多样性(SHDI)和香农均匀度(SHEI)两个景观格局指数;植被覆盖度与道路通达度的变化与景观演变相关,而地形起伏度基本不会随时间发生改变。结合前文景观演变结果,2009—2017 年,尽管景观多样性和均匀度不断上升,但农田景观、湿地景观、森林景观及园地景观等具有较高美学服务基础分值和植被覆盖度相对较高的其他景观类型面积总体减少,破碎程度增加。这些指标的综合结果表现出研究区内各村的美学服务总体下降的特征。

由图 5.38(f)可知,固碳释氧服务总体呈现出较为明显的下降趋势,且各乡村的差异较小。本研究选取 NPP 作为固碳释氧服务的指标,而 NPP受到地形、气候和不同景观植被类型等多方面因素的综合影响。从景观类型看,固碳释氧服务的高值区主要集中在森林景观,其次为草地景观和园地景观。景观演变结果表明,森林景观、草地景观和园地景观的面积占比在 2009—2017 年不断减少,这些景观的演变将会直接导致固碳释氧服务能力的下降。

由图 5.38(g)可知,产水服务具有一个较为明显的特征,就是散点分布的不均匀性,尤其是在 2013—2017 年,大量乡村的产水服务集中在 0.8附近,且这些乡村产水服务的变化较为明显。本研究的产水服务与气象条件、自然环境和植被类型等因素都存在相关性,具体的评估指标包括年降水量、年潜在蒸散量、土壤深度、植被可利用含水量等。结合上文产水服务的空间分布结果看,乡村聚落景观的产水服务一般较高。结合散点图进行分析,产水服务较高的村落景观变化较大,这是由于乡村聚落景观在2009—2017 年呈增加趋势,与之相反的是产水服务较低且变动较小的乡村。

由图 5.38(h)可知,土壤保持服务的变化较不明显,且各村的变化差异较小。本研究的降雨侵蚀力、土壤可蚀性、地形、植被覆盖度、人工管理措施等均会影响土壤保持服务的大小。其中,植被覆盖度的变化与景观演变直接相关。不透水面(如乡村聚落景观)和水域本身就不存在土壤侵蚀问题,因此也就不存在土壤保持服务;而山体本身有很高的土壤保持风险,其体现的土壤保持服务也相应较高。总体来看,土壤保持服务变化不大。

　　由图 5.38(i)可知,生境支持服务整体呈现出极其微弱的减小趋势。本研究的各类景观均被赋予了不同的生境适宜度。其中,森林景观、园地景观、湿地景观和草地景观的生境适宜度较高,而城市景观、乡村聚落景观和农田景观被视为威胁源。除此之外,斑块数量(NP)和相似近邻比例(PLADJ)的景观格局指数也被选为综合评估指标。前文的景观演变结果表明,研究区景观破碎化程度增加,连通度和集聚度降低,生境适宜度较高的几类景观的面积均减少,这些景观的演变都会导致生境支持服务的下降。

## 5.6　本章小结

　　生态系统服务的分类体系及评估方法目前已较为成熟,但鲜有景观服务分类及评估的研究成果。本研究基于乡村景观的生态、生活、生产功能,弥补现有生态系统服务分类体系的不足,首次增加居住服务和基础设施服务评估类型。此外,基于景观格局与景观服务的耦合效应理念,在传统的生态系统服务评估体系基础上,创新性地发展了农业生产、美学、娱乐休闲、生境支持等服务的量化评估体系,具体表现为:过去较多的农业生产服务只考虑粮食生产,而本研究的评估范畴拓宽至所有的种植业,包括园地景观的果蔬、茶叶等农业生产服务,且在粮食生产评估中纳入耕地质量、田块状况指标,其中,田块状况体现出景观格局对农业生产服务能力的影响,有别于此前较多研究中采用的植被覆盖度指标;美学服务评估中纳入了景观类型美景度指标、景观指数(SHEI、SHDI),体现景观本底以及景观多样性和异质性对景观美学服务的影响;娱乐休闲服务评估中充分运用网络开放大数据,并结合以道路宽度为加权的道路通达性指标,更加系统地评估不同年份间的娱乐休闲服务能力;生境支持服务评估则利用当前研究领域应用较多的 InVEST 模型,结合景观连通性的影响,综合考量了生境质量和生境格局两方面对生境支持服务的影响。

　　从评估结果看:在空间分布上,杭州东北部区域的乡村景观服务综合能力相对较高,自东北往西南方向乡村景观服务综合能力有逐渐递减的趋势,尤其是淳安县的千岛湖及其周围地区的景观服务是全市最低的;生活、生产、生态内的各自服务类型表现出较强的空间相似性,但不同类别之间差异较大,主要体现为生活、生产类服务在城市景观周边或者地势平坦的地方服务能力较强,而生态类服务则相反。

　　在时间变化上,杭州市乡村景观服务能力于 2009—2013 年有所降低,

2013—2017 年景观服务能力有所提升。其中,居住服务、基础设施服务、固碳释氧服务及生境支持服务表现为 2013 年前后先升高后降低的变化特征;农业生产服务和娱乐休闲服务表现则相反,先降后升;美学服务、产水服务和土壤保持服务则在两个时间段内均有所降低。总之,近年来杭州市乡村景观服务综合能力的动态变化呈现出各区县之间明显的地域空间分异特征。

　　从景观格局演变对景观服务能力的影响来看,除了基础设施服务和娱乐休闲服务这两种服务之外,其余 7 类景观服务的变化与景观格局演变之间在一定程度上彼此关联。其中,居住服务和农业生产服务的变化分别受到乡村聚落景观、农田景观和园地景观格局演变的直接影响,当然也离不开人口数量、生产能力的影响;固碳释氧服务、产水服务和土壤保持服务等调节服务,与森林和湿地等景观类型的关系最为密切;美学服务和生境支持服务在较大程度上受到整体景观类型演变的影响。然而,景观格局的外在演变与景观功能的内在变化并非是简单线性关系,这也与服务能力评估的方法体系密切相关。未来的研究可在现有研究基础上,进一步以村级尺度为分析单元,开展更为深入的案例探讨,尤其是基于现有景观格局和服务的时空演变分析结果,继续探索其内在的驱动机制性问题,将会为可持续性管理路径和政策建议提供更加机制性的决策依据。

# 第6章

乡村景观可持续性测度

　　无论是乡村景观格局还是乡村景观服务的演变,都会影响到乡村景观的可持续性。在快速城镇化与社会经济发展的背景下,部分乡村正在衰退,贫困、土地退化、水资源短缺、人口老龄化等问题依然严峻(贺艳华等,2020),这将直接影响到全球可持续发展目标的实现。乡村可持续发展的需求迫切。开展基于景观服务的景观可持续性测度研究,可为杭州市乡村景观可持续性管理路径提供依据。

　　本章从时间维度、空间维度、供需维度分别进行景观可持续性的测度。从时间维度衡量景观服务的持续能力,若在一定的时间段内,景观服务的供给能力有所下降,则可认为其可持续性将难以保证;从空间维度衡量景观服务的稳定性,即局部范围的景观服务能力高并不能代表其一定具有稳定的可持续能力,只有景观服务能力高值聚集的地方才具有稳定的可持续能力;从供需维度衡量景观服务供给对需求的满足能力,若景观服务供给满足不了人类对服务的需求,也可认为是不可持续的。本研究将综合以上三个单方面维度的"可持续性"评估,实现杭州市乡村景观可持续性测度。

## 6.1　基于时间维度的景观可持续性测度

　　持续性、公平性和共同性是可持续发展理论的三大要义。对于基于景观服务能力的景观可持续性测度而言,景观服务的供给能力是景观可持续性的根本性保障,也是景观可持续性的前提。这就要求景观服务的供给能力应在长时间维度上具有保持稳定或持续提升的能力。

　　本研究的时间尺度为 2009—2013—2017 年,前后跨度 8 年,通过分别估算 3 个时点的景观服务能力,试图将研究期内景观服务能力的变化情况作为测度研究区景观可持续性的维度之一。以"乡村"为单位,对 9 类景观服务在时间上的变化进行空间统计分析。杭州市景观可持续性测度对象共计 2308 个乡村(仅包含在研究期内所有景观类型均为乡村景观的乡村)。2009—2017 年,随城镇化进程快速推进,部分乡村由乡村景观演化为城市景观,乡村景观类型已灭失,不再涉及乡村可持续性的问题。另外,也有一些乡村正处于快速城镇化进程中,其部分景观类型已经演变为城市景观。本研究在此前的景观服务评估中,并未评估此类乡村中的城市景观服务。因其满足不了以"整村"为分析单元评估"乡村"景观可持续性的基本需求,且这些村落在可预见的未来,很大可能也将演变为城市景观,故不再将这类样本纳入景观可持续性的评估范畴。

### 6.1.1　景观服务能力随时间变化分析

伴随着快速城镇化的进程,不同类型的景观服务会受到不同程度的影响。分别针对 2009—2013 年、2013—2017 年两个阶段,9 类景观服务变化统计分析结果如图 6.1 所示。图 6.1 中,"增-增"表示 2013 年某类服务的水平相比 2009 年是提升的,2017 年相比 2013 年也是提升的;"增-减"表示2013 年某类服务的水平相比 2009 年是提升的,而 2017 年相比 2013 年是下降的;"减-增"、"减-减"以此类推。

从图 6.1 中可以看出,研究期内杭州市各类乡村景观服务水平提升最明显、范围最大的是农业生产服务,有高达 65.1% 的乡村的农业生产服务是连续提升的,仅有 8.5% 的乡村的农业生产服务是连续下降的,其他乡村的农业生产服务水平在年际间存在波动性,年际间出现波动的乡村主要位于城区周边。另外,也有较多乡村的产水服务和土壤保持服务在研究期内是连续提升的,这些乡村集中分布于杭州市西南地区。产水服务和土壤保持服务变化在空间上均有明显的分异,且两者的分异情况在空间上有所重叠,主要原因在于,产水服务和土壤保持服务与降雨量密切相关,较大程度地受制于外在因素的影响,而降雨量的变化使得这两个服务出现此类变化。未来预计这类变化仍会有较大波动,因为气候因素本身就存在波动性,并非是持续性的增长或下降。相反,基础设施服务、美学服务、固碳释氧服务、生境支持服务在研究期内服务水平的下降是比较明显的,前文已进行过分析,不再赘述。娱乐休闲服务、居住服务的变化在空间上看起来是比较零散的。其中,娱乐休闲服务还表现出距离城区较近的乡村中服务水平提升的占比较多、而偏远地区的乡村娱乐休闲服务水平下降的占比较多的特征;而居住服务在空间上的变化几乎表现不出任何规律性,居住服务与各地的自然和社会经济条件密切相关,也与乡村聚落景观面积在各个乡村的增减有直接关系,因此,因各乡村情况各异,居住服务水平变化也各不相同。

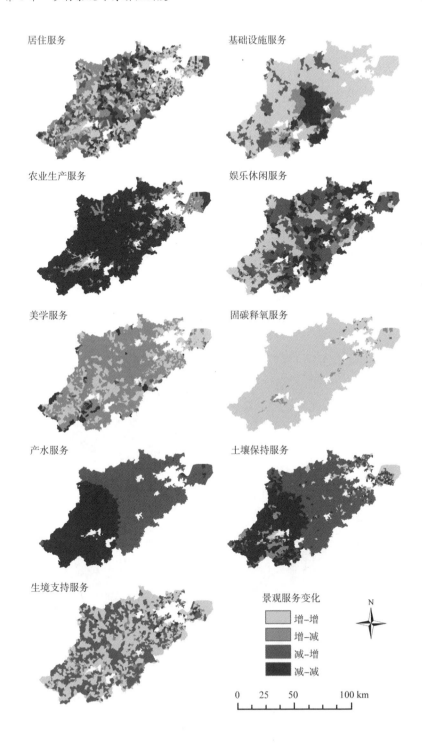

图 6.1　2009—2013—2017 年杭州市乡村景观服务变化空间分异

### 6.1.2　基于时间维度的景观可持续性测度结果

在时间维度上的景观可持续性测度基于景观服务综合能力的变化分析而展开。景观服务综合能力计算过程及结果已在前文做了阐述,根据研究区景观服务综合能力评价结果,完成时间维度上的景观可持续性测度。具体而言,同前文单项景观服务能力变化分析一样,将 2009—2013 年期间景观服务综合能力"提升"或"下降"作为前位指标,简称其为"增"或"减";将 2013—2017 年期间景观服务综合能力"提升"或"下降"作为后位指标,同样表示为"增"或"减"。研究期内两个时间段的景观服务综合能力变化结果如图 6.2 所示。根据景观服务综合能力连续提升(增-增)、上下波动(减-增、增-减)、连续下降(减-减)结果,将时间维度上的景观可持续性分级为"强可持续、一般可持续、弱可持续"三个等级,结果如图 6.3 所示。

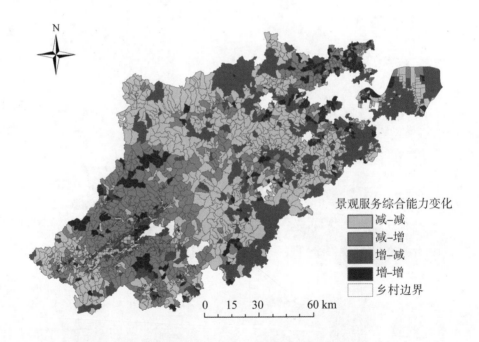

图 6.2　2009—2013—2017 年杭州市乡村景观服务综合能力变化

从图 6.3 可以看出,基于时间维度的景观强可持续性的乡村主要分布在城区周边及杭州市西部地区。其中,变化比较明显的是,景观服务综合能力在 2009—2017 年连续提升的村庄并不多见,仅有 275 个乡村,占比为11.9%。杭州市景观服务能力总体上处于下降趋势。景观一般可持续性的乡村与景观强可持续性乡村在空间上交错分布,同样大多位于城区周边和城市西部地区。其中,位于杭州西部的淳安县和建德市的乡村占据绝大部分,杭州市中部地区也有部分乡村属于景观一般可持续性。在这些乡村中,西南及中部的大部分乡村的生态类服务水平较高,城区周边的大部分乡村的生活或生产类服务水平较高。相比而言,景观弱可持续性的乡村分布比较集中,大体在杭州市中部区域,也有一部分乡村位于城市边缘的西南部地区。

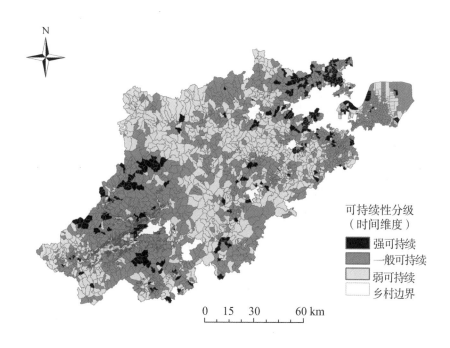

图 6.3　基于时间维度的杭州市乡村景观可持续性分级

## 6.2　基于空间维度的景观可持续性测度

### 6.2.1　基于空间维度景观可持续性测度理论基础

景观服务与生态系统服务具有的一个共同特性便是存在景观服务流(生态系统服务流)。在生态系统服务研究领域,生态系统服务流是生态系统服务从供给区传递到受益区的中间过程,即生态系统服务在自然和人为作用的驱动下会形成生态系统服务流(刘慧敏等,2016)。例如,粮食生产服务的直接受益区在大部分情况下会同供给区密切相关,但仍会存在很多其他地方的间接受益区,尤其娱乐休闲等服务的受益者大部分来自远处的游客。景观服务的内涵与生态系统服务流一致,因此,基于景观服务流的内涵可知,景观服务的供给区与受益区并非是一致的。本研究前文已做的相关评估分析均尚未考虑景观服务流的问题,其主要原因在于景观服务流是一个无形的、难以量化的存在,当前对生态系统服务流的研究也仍处于起步阶段,还未形成成熟的方法体系。

　　由于景观服务流可以传递且客观存在,对于可持续性而言,便会面临小尺度下的可持续性并不是强可持续性的问题。虽然景观服务的供给存在区域差异,但是不同服务在空间中、社会系统中传递,会使景观服务的供给区和受益者发生改变。在景观服务流存在的情况下,小范围的、高水平的景观服务供给不一定能满足该地区及其周边地区的需求,因此不可视为强可持续性。综上,基于空间维度的景观可持续性测度的核心观点是:乡村虽然是人们生活的一个相对完整单元,但不是一个封闭系统,物质能量和社会关系在不同乡村、城市与乡村甚至更广的空间范围内流通。景观服务的流动会影响局部地区的可持续性。因此,小范围的可持续性并非强可持续性,需要结合景观服务能力的空间聚集特征加以综合判断。

### 6.2.2　基于景观服务空间聚集的景观可持续性测度方法

　　空间自相关分析可针对某一变量的集聚特征进行分析,可反映相关地理学或生态学变量在空间上是否相关及相关程度(姜广辉等,2015)。空间自相关包括两种:全局空间自相关和局部空间自相关。全局空间自相关能够反映整个研究区域内各个地域单元之间的相似性。在满足全局自相关的前提下,通过局部空间自相关的计算可准确地把握局部空间要素的聚集性和分异特征(雷金睿等,2019)。采用空间自相关的方法对景观服务综合能力的高、低值聚集进行空间分析,进而可对空间维度上的景观可持续性进行分级。

　　(1)全局空间自相关(Global Moran's I)

Global Moran's I 计算公式(式 6.1)为:

$$I = \frac{p\sum_{j=1}^{p}\sum_{k=1}^{p}w_{jk}z_{j}z_{k}}{s_{0}\sum_{j=1}^{p}z_{j}^{2}} \qquad (式 6.1)$$

式中:$p$ 为观测值;$z_{j}$、$z_{k}$ 分别为第 $j$、$k$ 个乡村观测值与所有观测值的均值之差;$s_{0} = \sum_{j}^{p}\sum_{k}^{p}w_{jk}$。$w_{jk}$ 为空间权重,若乡村 $j$ 与 $k$ 相邻,则 $w_{jk} = 1$;否则,$w_{jk} = 0$。$I$ 为正值时,观测值表现为空间正相关;$I$ 为负值时,观测值表现为空间负相关。可用标准化统计量 $Z$ 来表征空间自相关的显著性,

计算公式(式 6.2)为:

$$Z = \frac{I - E(I)}{\sqrt{\text{VAR}(I)}} \tag{式 6.2}$$

式中: $E(I)$ 为 $I$ 的期望值; $\text{VAR}(I)$ 为 $I$ 的方差。在 0.05 的置信水平下 $|Z| = 1.96$, 以 $|Z| > 1.96$ 表示该区域的空间自相关是显著的。

(2)局部空间自相关(Local Moran's I)

局部空间自相关采用 Moran's I 系数衡量景观服务综合能力的空间自相关度,在 $Z$ 检验的基础上($P < 0.05$)绘制空间自相关图,计算公式(式 6.3)为:

$$I_l = \frac{Z_j \sum_{j=1}^{p} w_{jk} z_k}{\frac{1}{p} \sum_{j=1}^{p} z_j^2} \tag{式 6.3}$$

根据 $I_l$、$Z_j$ 与显著性检验的结果,可以将第 $j$ 个乡村与周边乡村观测值的相关性划分为 5 种类型,分别是高值中心且周围被高值区域包围(即高-高集聚,H-H 型)、低值中心且周围被低值区域包围(即低-低集聚,L-L 型)、高值中心且周围被低值区域包围(即高-低集聚,H-L 型)、低值中心且周围被高值区域包围(即低-高集聚,L-H 型)、集聚情况不显著。

前文已对 2009 年、2013 年、2017 年进行了景观服务综合能力的评估,也重点考虑了时间尺度上景观服务综合能力的变化对景观可持续性的影响。本研究仅考虑景观服务综合能力在空间上的聚集,不再考虑这类聚集在时间尺度上的变化,因此,仅选取 2017 年的景观服务综合能力为基准进行空间维度上的景观可持续性测度。

### 6.2.3　基于空间维度的景观可持续性测度结果

全局空间自相关分析结果显示,2017 年杭州市景观服务综合能力全局 Moran's I 指数为 0.77($P < 0.05$),表明杭州市景观服务综合能力存在显著的空间聚集分布。根据杭州市景观服务综合能力的局部空间自相关指数结果(图 6.4),不显著及高-高集聚型的乡村占绝大部分,分别有 1041 个和 1073 个乡村;而高-低集聚型、低-高集聚型及低-低集聚型的乡村分别有 83 个、10 个和 102 个。根据空间自相关结果,进行景观可持续性的分级,分级标准为:①强可持续性,景观服务综合能力在空间上的高-高聚类;②一般可持续性,景观服务综合能力在空间上的高-低聚类、低-高聚类;③弱可持续性,景观服务综合能力在空间上的低-低聚类。

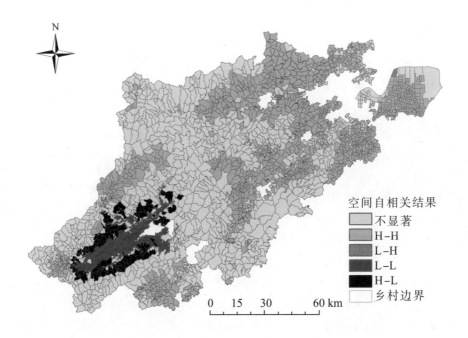

图 6.4　2017 年杭州市乡村景观服务综合能力局部空间自相关

空间维度上的景观可持续性测度结果如图 6.5 所示。处于景观弱可持续性的乡村较少,仅集中分布在淳安县的千岛湖一带区域,这片区域从景观服务综合能力来看是全市范围内最弱的(图 5.37),并具有空间集聚特征。千岛湖区域虽然从包含生产、生活、生态"三生空间"在内的乡村景观服务角度看属于弱可持续性,但其对于整个杭州市具有特殊的重要生态意义。从景观的生态意义上看,千岛湖区域并非属于弱可持续性范畴。

一般可持续性的乡村占据了绝大部分,其大部分都属于空间自相关性不显著的乡村,即这些乡村在杭州市范围内的景观服务整体水平中,并没有表现出高值的聚集或低值的聚集,属于景观服务综合能力一般的乡村。这些乡村主要分布在杭州市的中部和西部,大部分距离城市较远,生产生活服务水平不高。也有部分乡村虽然距离城市比较近,但也属于景观一般可持续性,这些乡村主要位于海拔、坡度相对较高的地方。海拔、坡度等地形地貌因素是相对难以逾越的障碍因子,这些地方虽然生态系统良好,但是对人们在此生产生活的吸引力是有限的,农田景观和乡村聚落景观分布零散且面积规模小,存在随城镇化进程逐渐走向不可持续的很大可能性。

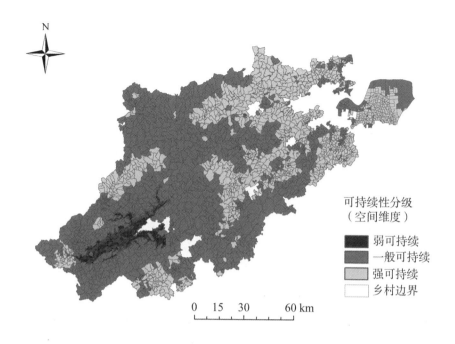

**图 6.5　基于空间维度的杭州市乡村景观可持续性分级**

　　强可持续性的乡村主要分布在城区周边,尤其是主城区周围的绝大部分乡村都属于强可持续性。由此可见,杭州市的快速城镇化扩张并没有使得城市周边的生态系统遭到严重破坏。这些乡村凭借良好的区位条件拥有较高水平的居住、基础设施、娱乐休闲等服务,具有较高的景观服务综合能力,且形成了空间上的高-高聚集。另外,杭州的西南部地区也有少数乡村在空间上呈现出景观服务综合能力的高值聚集,这些乡村大部分位于地势相对平坦的地方,相对周边其他地区而言,居住服务、基础设施服务、娱乐休闲服务、农业生产服务水平都较高,且各类生态服务的水平也不低,因此,表现出了乡村景观的强可持续性特征。

## 6.3　基于供需维度的景观可持续性测度

### 6.3.1　基于供需维度景观可持续性测度理论基础

　　景观服务需求是人类可以从景观或生态系统中受益的前提,例如,人们对土壤侵蚀风险高的居住地产生的土壤保持服务需求。作为自然系统和人类系统共同作用的结果,景观服务不仅受到景观本底(景观类型和景观格局)

的影响,而且还受到社会经济系统的影响(Wei et al.,2017)。生态系统服务供给和需求的相互关系早已引起了学界的关注,而从景观服务与生态系统服务的内涵看,景观服务供需关系与生态系统服务供需关系类似。景观服务需求是景观服务的社会维度,而可持续性科学是一门以人类为中心的科学,可持续与否很大程度上取决于资源是否能够满足人类当前和未来的需要,因此,景观服务需求是景观可持续性研究的一个关键领域。例如,某一特定区域的景观服务供给虽然较高,但其人口密度也很高,人们对景观服务的需求自然也就非常高,这种情况下,景观服务供给显然难以满足需求,从可持续性的角度而言其便不具有强可持续性。因此,景观服务供给能否满足需求是测度景观可持续性的另一个重要维度。

景观服务供给或生态系统服务供给是客观存在的,虽然有主观偏好的成分,但评估指标、方式、方法等均较为成熟且可操作。无论是景观服务需求还是生态系统服务需求都需回归到人类这个中心,但由于不同地区、不同群体的需求具有很强的主观性和异质性,目前还没有出现某一特定方法、模型能够完全精准地评估各类服务的供给和需求(郭朝琼等,2020)。当前,针对景观服务需求的研究并不多见,而针对生态系统服务需求的相关研究却在不断拓展。有学者认为,生态系统服务需求可用在一定时间段内特定范围的人们使用或者消耗的生态系统产品或服务的总和来衡量(Burkhard et al.,2012);也有学者认为,生态系统服务需求可以通过人类对享受的生态系统服务的偏好来表达,偏好程度越高,则需求越高,而直接消耗或使用的生态系统产品或服务不一定是人们的真实需求(Schröter et al.,2014);还有学者认为,生态系统服务需求是指被人类社会消耗或者希望获得的生态系统服务的数量(Villamagna et al.,2013)。本研究的景观可持续性测度基于景观服务供给的综合能力,因此,供需维度上的景观服务需求的评估对象也应是综合需求,即借鉴最后一种对生态系统服务需求理解的观点。

### 6.3.2　景观服务需求核算

(1)需求评价方法

考虑生态系统服务需求的影响因素及数据的可获取性,基于上述对生态系统服务需求的理解,本研究借鉴彭建等(2017b)构建的基于土地利用开发程度、人口密度、地均 GDP 三个社会经济指标的生态系统服务需求分析方法。其中,土地利用开发程度采用不透水面占每个乡村土地总面积的百分比表示,乡村景观的不透水面界定为乡村聚落、公路、采矿等用地类型,通过遥感解译获得,反映人类对景观服务的消耗强度。一般认为,自然化程度越高,人类对景观服务的消耗程度越低。人口密度反映一定范围内的人口对景观服务需求的数量,人口密度越大,需求量越大。地均 GDP 反映地区的经济水平,可以间接反映人们对景观服务的偏好水平,越富裕的地方越期望获得更高水平的景观服务。由于少数极发达地区人口与经济指标波动会使地区需求值产生显著差异,因此对人口与经济指标进行对数处理,以削弱极端数据对研究区域生态系统服务需求能力的评估。计算公式如式 6.4:

$$X = X_1 \times \lg(X_2) \times \lg(X_3) \qquad (\text{式 } 6.4)$$

式中:$X$ 为景观服务需求;$X_1$ 为土地开发强度;$X_2$ 为人口密度;$X_3$ 为地均 GDP。

(2)需求评价结果

图 6.6 为景观服务的需求评估结果。景观服务需求在杭州市不同地区的差距较大,且空间分异也十分明显。位于杭州东部的余杭区、西湖区、萧山区的景观服务需求明显高于其他地区;沿着东北-西南方向,富阳区、桐庐县、建德市一带的景观服务需求也明显高于其他地区;临安区、淳安县的景观服务需求指数几乎都在 1.0 以下,几乎没有出现景观服务需求非常高的乡村。

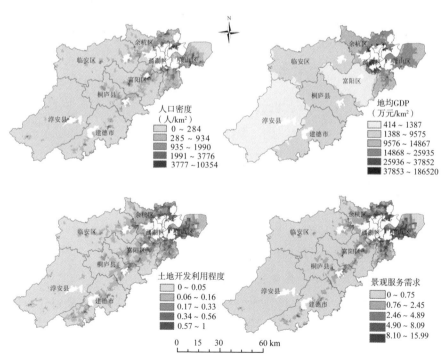

图 6.6  2017 年杭州市乡村景观服务需求空间分异图

从图 6.6 同样可以看出,人口密度、地均 GDP、土地开发利用强度在空间上的差异也都很显著。例如,主城区周边的较多乡村的人口超过 2000 人/km²,而位于临安区、淳安县、建德市等山地丘陵区的乡村人口密度大多不到 200 人/km²。地均 GDP 是在利用中国科学院资源环境科学数据中心的 2015 年杭州市 GDP 1km 网格数据的基础上,再以杭州市统计年鉴中 2015 年和 2017 年的县级 GDP 数据为依据,计算得到两个年度的 GDP 之比,进而推算得到的杭州市 2017 年 GDP 栅格数据(1km×1km)。从此数据结果来看,地均 GDP 存在明显的县域分异,余杭区、萧山区、西湖区属于地均 GDP 的第一梯队,临安区、桐庐区、建德市属于地均 GDP 的第二梯队,富阳区、淳安区属于地均 GDP 的第三梯队,在各县区界的交汇处地均 GDP 差异并不明显。而土地开发利用程度的空间分异与人口密度类似。

### 6.3.3　景观服务供需匹配分析及可持续性测度结果

(1)景观服务供需关系构建

由于以上景观服务供给和景观服务需求的评估结果之间不具有可比性,因此,引入 Z-score 方法进行数据标准化,以 X、Y 轴分别表征标准化后的景观服务供给值、需求值,划分四个象限:一、二、三、四象限分别表示高供给-高需求、低供给-高需求、低供给-低需求及高供给-低需求。

数据标准化公式(式 6.5、式 6.6、式 6.7)如下:

$$x = \frac{x_i - \bar{x}}{s} \qquad\qquad (式 6.5)$$

$$\bar{x} = \frac{1}{n}\sum_{i=1}^{n} x_i \qquad\qquad (式 6.6)$$

$$s = \sqrt{\frac{1}{n}\sum_{i=1}^{n}(x_i - \bar{x})^2} \qquad\qquad (式 6.7)$$

式中:$x$ 表示标准化后景观服务供给(需求)值;$x_i$ 表示第 $i$ 个乡村景观服务供给(需求)值;$\bar{x}$ 表示杭州市景观服务供给(需求)平均值;$s$ 表示杭州市景观服务供给(需求)标准差;$n$ 为乡村个数。

(2)景观服务供求关系分析

图 6.7 为杭州市乡村景观服务供给和需求标准化结果,分别分为低供给/高供给、低需求/高需求两级。总体而言,杭州市北部地区,景观服务处于高供给的乡村居多;相反,杭州市南部地区,景观服务处于低供给的乡村居多;余杭区、西湖区、萧山区大部分乡村都属于景观服务高供给。而景观

服务需求则呈现出明显的空间聚集性,具体情况在前文需求评价中已阐述,不再赘述。

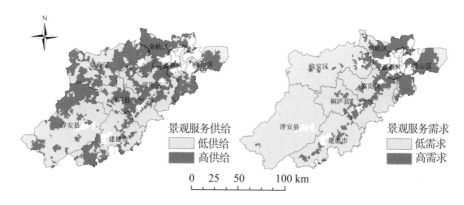

**图 6.7　2017 年杭州市乡村景观服务供给/需求空间分异标准化**

　　将各乡村的景观服务供给值和需求值进行关联,得到图 6.8 象限图。由图 6.8 可知,处于低供给-高需求的乡村较少,为 290 个;另外三类供求关系的乡村个数相当,高供给-高需求的、高供给-低需求的、低供给-低需求的分别为 657、634 和 727 个。

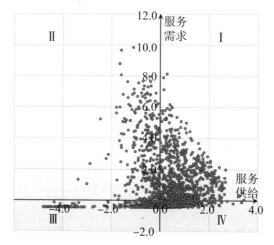

**图 6.8　杭州市乡村景观服务供给与景观服务需求分区**

　　(3)基于供需维度的景观可持续性测度结果

　　根据上述景观服务供给和需求的分区结果,进行基于供需维度的景观可持续性分级,分级标准为:①强可持续性,景观服务属于高供给-低需求,即景观服务的供给是完全能满足需求的,此类乡村被认为具有强可持续性;②一般可持续性,景观服务属于高供给-高需求或低供给-低需求,即景观服务的供给和需求处于"紧平衡"状态,随时可能因供给或需求的变化演变为可持续或不可持续,此类乡村被认为具有一般可持续性;③弱可持续性,景观服务属于低供给-高需求,即景观服务的供给满足不了当地人民的需求,此类乡村被认为具有弱可持续性。

基于供需维度的景观可持续性测度结果如图 6.9 所示。从图 6.9 可以看出,仅有少部分的乡村属于弱可持续性(290 个),其余乡村属于强可持续性或一般可持续性。从供需角度来看,属于弱可持续性的乡村大多紧邻城市周边,这些地方大多正在或即将往城镇化进程迈进,居住着大量的人口,而且,随着人类活动的不断加剧,生态系统功能逐渐衰退,使得景观服务供给总体上满足不了需求,乡村景观难以可持续。

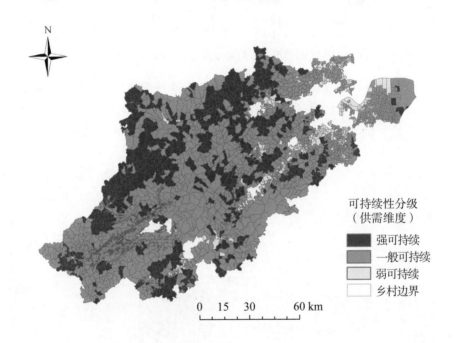

**图 6.9　基于供需维度的杭州市乡村景观可持续性分级**

强可持续性的乡村主要位于杭州市的西北部地区,这些地区本身的景观服务供给综合能力较强,且人口密度和土地开发利用程度不高,供给完全能满足居民需求,从供需角度来看,这些乡村具有强可持续性。

## 6.4　乡村景观可持续性综合测度

### 6.4.1　乡村景观可持续性综合测度思路

考虑到上述三个维度上的乡村可持续性测度存在非一致性,时间、空间、供需任何单一维度对景观可持续性测度的结果均不完整,且其可靠性均较低,而这三个维度又有各自的可持续性表征的意义。因此,本研究提出应用"三维魔方"模型综合测度乡村景观可持续性。以空间维度为 X 轴,时间维度为 Y 轴,供需维度为 Z 轴,构建三维空间坐标体系,并将上述各维度评价结果中的强可持续性划分为 1 级,一般可持续性为 2 级,弱可持续性为 3 级,构建 3×3×3 的三维魔方,最终可得到 27 种分类结果(表 6.1)。

**表 6.1　乡村景观可持续性测度三维魔方综合评价体系**

| 景观可持续性分级 | 魔方图单元坐标(X,Y,Z) |
|---|---|
| 强可持续性 | (1,1,1) (1,2,1) (1,1,2) (1,2,2) (2,1,1) (2,2,1) |
| 一般可持续性 | (1,3,1) (2,1,2) (2,2,2) (2,3,1) |
| 弱可持续性 | (1,2,3) (1,3,3) (1,3,2) (1,1,3) (2,2,3) (2,3,2) (2,3,3) (2,1,3) (3,1,1) (3,2,1) (3,1,2) (3,2,2) (3,2,3) (3,2,2) (3,3,3) (3,3,1) (3,1,3) |

基于 27 种分类结果进行乡村景观可持续性的综合测度,同样将最终测度结果划分为强可持续性、一般可持续性及弱可持续性 3 个级别。相关分级原则主要体现在以下两个方面。

(1)优先考虑供需关系

供给能否满足需求是可持续性的基础。在时间维度上由于本研究仅涉及前后 8 年的时间跨度、3 期的时点数据,从长时间序列维度上的可持续性来看,所选择的时间研究尺度较短,从而使得研究结果可能存在不确定性;在空间维度上,可持续性测度也仅基于景观服务综合能力的空间聚集,涉及的评价指标单一,存在一定的不确定性。因此,所有供需维度上可持续性评级为 3 级(低供给-高需求)的乡村,在景观可持续性综合评级中均被评为 3 级(弱可持续性);另外,若供需维度上可持续性为 2 级(一般可持续性),而在时间维度和空间维度上可持续性出现 3 级(弱可持续性),则乡村在景观可持续性综合评级中也被评为 3 级(弱可持续性)。

(2)底线原则

景观可持续性的综合分级应坚持底线思维,首先关注 3 个维度中的弱可持续性,而不是以强可持续性为主导。上述优先考虑供需维度的评级,实则已体现了底线原则。在空间维度上也是如此,若景观服务综合能力处于低-低聚集,在研究期内即使时间维度上有所提升,要从低供给转变为高供给也是一个相对漫长的过程。因此,若空间维度上的景观可持续性为3级,则在综合评级中也划为3级。但相对而言,由于时间尺度较短,时间维度上的不确定性更高。景观可持续性若在时间维度上为弱可持续性,但只要供需维度上是强可持续性,在综合评级中则为2级(一般可持续性)。依据底线思维原则,在景观可持续性综合评级中,强可持续性要求时间、空间、供需任何一个维度都不能出现弱可持续性的级别。

### 6.4.2　乡村景观可持续性综合测度结果

根据"三维魔方"评估框架,乡村景观可持续性测度的结果如图6.10所示。从图6.10可以看出,在全市范围内,乡村景观强可持续性、一般可持续性和弱可持续性的分布未呈现明显的空间分异或集聚,景观可持续性与不可持续性之间是相互交杂的。

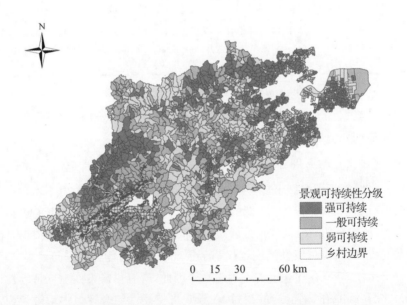

**图 6.10　杭州市乡村景观可持续性综合分级**

在城市景观周边,大部分乡村属于景观强可持续性,这些乡村的主要特征是:区位条件好,基础设施完善,能吸引较多的人来居住;乡村聚落景观、农田景观占比高,可为乡村带来活力;但乡村活力高的同时也会消耗更多的生态服务和产品;生态系统尚未在城镇化进程中遭到明显破坏,仍保留相对完整的自然景观或半自然景观,生态系统稳定性较高。因此,这些乡村处于一个生活便利且生态环境良好的状态。

也有部分城市周边的乡村景观属于弱可持续性的范畴。这些乡村大多在城镇化的进程中,自然景观正因人类活动的加剧而发生演变,景观服务的供给能力有限,且随着城镇化进程中人口增加、经济发展、建设用地扩张,其对景观服务需求更高,从而使得乡村景观在乡村发展这条路上走向不可持续。

另外,在淳安县的南部及建德市的北部区域,也集中分布着一些属于景观强可持续性的乡村。这些乡村的景观服务综合能力在整个杭州市西南部山地丘陵区是比较高的,且在研究期内大部分乡村景观服务综合能力没有衰退,并在空间上形成了高-高聚集。

相比之下,景观一般可持续性的乡村分布比较零散,但在淳安县、建德市也分布着较多属于景观一般可持续性的乡村。这些乡村大部分位于海拔较高、地形起伏较大的地区,人口密度低。虽然生态服务水平较高,但是由于森林景观占据了整个乡村的绝大部分面积,其生产、生活类的景观服务水平是比较低的,进而景观服务能力属于中等水平。虽然这些地方几乎没有受到城镇化的直接影响,但普遍存在劳动力外流的现象。总体上,这些乡村景观虽然客观上属于可持续的,但是从乡村景观内在吸引力来看,或许属于不可持续的。

除了城市周边由于城镇化进程的影响乡村景观属于弱可持续性的部分乡村之外,在杭州市的中部地区和西部地区也零散分布着一些属于景观弱可持续性的乡村。这些乡村大多位于自然资源禀赋和社会经济条件相对较差的区域。由于自然条件的限制,大部分景观是森林景观,农田景观、乡村聚落景观等以生产、生活服务功能为主的景观较少,乡村景观及其服务供给的完整性欠缺,因此表现为不可持续性。

此外,本研究还进一步根据不同县(市、区)不同级别的乡村景观可持续性的个数进行了汇总统计,江干区、拱墅区、西湖区、萧山区、余杭区并非全区的乡村都纳入了景观可持续性测度,尤其是江干区和拱墅区仅有个别社区属于乡村景观类型,在整体分析中便忽略不计。

由表 6.2 和图 6.11 可知,在全市所有乡村中,属于景观强可持续性的乡村个数最多,景观弱可持续性乡村个数次之,景观一般可持续性乡村个数最少。分县(市、区)来看,萧山区、余杭区、西湖区这三个社会经济发展水平最高的区中,景观强可持续性的乡村占比也是最高的,分别达到60.47%、60.20% 和 53.97%。但这三个区的乡村景观可持续性两极分化也比较严重,属于弱可持续性的乡村个数占比也较高,而属于景观一般可持续性的乡村个数占比明显低于其他两类。桐庐县、建德市、临安区中属于强、一般、弱可持续性的乡村个数占比较为平均,桐庐县、富阳区中属于景观弱可持续性的乡村个数占比较高。

表 6.2　杭州市乡村景观可持续性分级统计

| 行政区名称 | 行政村个数 | | | 合计 |
|---|---|---|---|---|
| | 景观强可持续性 | 景观一般可持续性 | 景观弱可持续性 | |
| 江干区 | 2 | 4 | 6 | 12 |
| 拱墅区 | 1 | 1 | 3 | 5 |
| 西湖区 | 34 | 5 | 24 | 63 |
| 萧山区 | 260 | 21 | 149 | 430 |
| 余杭区 | 121 | 21 | 59 | 201 |
| 桐庐县 | 52 | 51 | 77 | 180 |
| 淳安县 | 179 | 186 | 182 | 547 |
| 建德市 | 83 | 79 | 95 | 257 |
| 富阳市 | 81 | 69 | 160 | 310 |
| 临安市 | 90 | 118 | 95 | 303 |
| 合计 | 903 | 555 | 850 | 2308 |

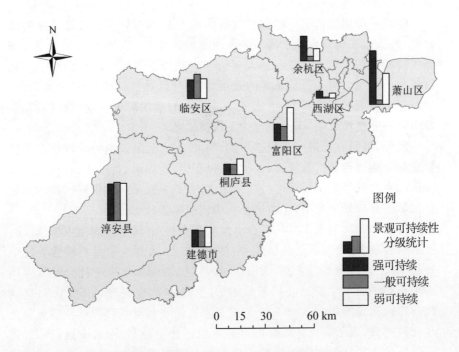

图 6.11　杭州市乡村景观可持续性分级统计

## 6.5 本章小结

景观服务能力是景观可持续性的根源所在,既包括纵向时间维度上的持续性供给能力,也包括不同景观服务供给在横向上的空间流动平衡,同时也体现出景观服务对于人类需求的供需匹配关系。但截至目前,相关实证研究成果并不多见。本章创新性地提出基于乡村景观服务能力的"时间-空间-供需""三维魔方"景观可持续性综合评估模型,为探索景观可持续性管理路径及策略提出了一种可供操作的评估途径和方法。

从评价结果看,杭州市乡村景观强可持续性、一般可持续性和弱可持续性的空间分布并未呈现明显的空间分异或集聚,景观可持续性与不可持续性之间彼此穿插、相互交织。具体而言,城市周边的、生态系统保存相对完好的大部分乡村景观可持续性要强于其他地区的乡村景观;相反,若距离城市较近、生态系统状况受城镇化进程影响较大,则乡村景观可持续能力较弱。总之,乡村景观可持续能力通常与其所处区位条件、自然地理环境、乡村社会经济发展水平密切相关。杭州市乡村景观可持续性在不同县区之间具有明显的区域差异,而在城镇化水平与社会经济发展水平相当的区域,又表现出类似的可持续性特征。社会经济发展及城镇化进程是乡村景观演变及可持续性的重要驱动力量。

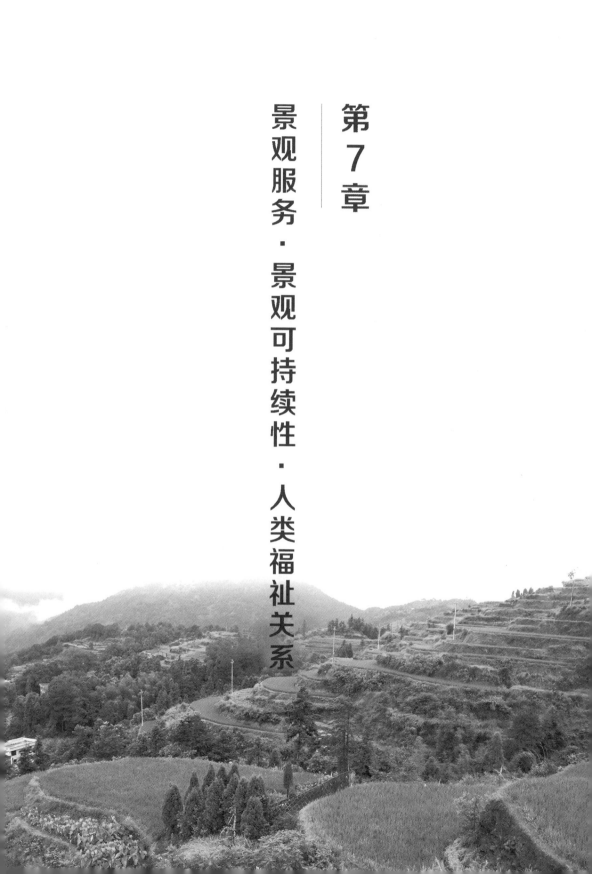

# 第 7 章

景观服务·景观可持续性·人类福祉关系

　　景观服务是景观生态系统所具有的生产、生态、生活等各种内在功能的体现,景观可持续性是以景观服务为基础进行的综合测度指征。换言之,景观可持续性基于景观服务能力。虽然景观服务和景观可持续性评估的出发点是以人为本,但评估结果仍是一个客观结果,并没有充分考虑当地人的真实感受。从以人为本的景观服务与景观可持续性评估的逻辑起点看,只有当评估结果与"人类"所处的环境和状态产生关联时才能形成一个完整的研究框架。理论上,景观服务是人类福祉的来源,人类最基本的食物和能源等生计必需品在很大程度上依赖景观尺度上自然生态系统的供给,人类生活条件能否改善也与当地景观服务供给的程度密切相关。景观可持续性与人类福祉之间更是相辅相成。根据景观可持续性是"特定景观所具有的能够长期且稳定地提供生态服务、维护和改善区域人类福祉的综合能力"这一概念界定,人类福祉高低可以认为是景观可持续性与否的直接体现。基于此,本章重点探讨"景观服务-景观可持续性-人类福祉"之间的关系,以为景观格局优化、景观服务能力提升及景观可持续性管理提供"人类"角度的依据。

## 7.1　人类福祉的内涵及界定

### 7.1.1　人类福祉的多维理解

　　人类福祉是一个相对宽泛的概念,具有多种解释,尚没达成普遍共识的定义。自近 50 多年前社会指标(social indicator)发布以来(Bauer,1966),在针对社会发展和社会指标的研究领域,随着人类福祉内涵的拓宽,人类福祉研究范式已逐渐发生了变化。从最初狭义地对客观福祉的经济状况、住房、教育、福利等指标的评估转向如今复杂且多维度的评估,外延已拓展至包括主观福祉和生态要素等在内的诸多福祉种类。前文中多次提到的千年生态系统评估(MEA)所提及的人类福祉便是如此。

　　为了对人类福祉进行系统地理解,本节将从以下几个方面进行阐述。

　　(1)客观福祉

　　从评估人类福祉水平的相关指标上便可以直接地理解人类福祉的内涵。政府、企业和整个社会用来衡量人类福祉水平的最常见指标就是人均

GDP；也有部分研究用人类发展指数（HDI）来衡量，HDI 包括预期寿命、平均教育年限、预期受教育年限、人均国民总收入等指标，可以在不同人之间进行直接比较，且较易评估某一特定时间段内的变化。然而，人均 GDP 只是一项"平均指标"，忽略了一个国家或区域财富的非均匀分配特性。此外，根据边际效应理论，物质财富和福祉水平并非是线性正比关系。

除了财富水平，多数学者和政策制定者都认为客观福祉的基本要素还包括食物、住房、清洁水、健康、教育和人身安全。作为对人类福祉内涵研究最具有影响力的学者之一，Sen 认为人类福祉是高度主观且因人而异的，因此，相关政策制定应着重于通过提供满足每个人实现自我价值的需求提升人类福祉水平（Sen，1985；Nussbaum and Sen，1993）。基于此，衡量人类福祉的方法或理论包括基本人类价值观方法、中间需求方法、普遍心理需求方法、主观幸福感理论等，常见指标有 HDI 中的预期寿命、识字率等。总之，人类福祉的内涵及衡量指标从最初关注收入和效用延伸，如今是一个涵盖人类生活各个方面的多维概念。

（2）主观福祉

通过幸福指数等主观福祉衡量指标，可以发现不同个体在不同情况下的社交和情感状态，但很难在个体之间进行描述和比较。近年来，使用幸福指数来衡量福祉水平的相关研究越来越多。相关主观福祉研究表明，人类福祉不仅与收入或其他福祉相关的客观指标（如身体健康）紧密相关（Kahneman et al.，2006），其他类似于自尊、社会地位、平等、社会关系等社会和情感因素的作用也会在一定程度上影响个人的幸福感。例如，社会关系的平等对人们也很重要，很多情况下，对于处于社会底层的人而言，遭遇的不平等对福祉的影响要大于收入对福祉的影响。这种在幸福感层面上来衡量的主观福祉，属于一个无形且不易比较的维度。在实际的研究中，也有很多研究从满意度层面来表征福祉水平，主要是对所处环境的一个满意情况，诸如住房满意度、社会服务满意度、空气质量满意度等（任婷婷和周忠学，2019），这其中也有部分将本可以客观衡量的福祉指标转化为了人们的主观感受。

（3）综合福祉

人类福祉的综合性内涵及其评估指标是多维的、复杂的。Clark（2006）在南非的人类福祉衡量指标调查中发现，当地的人们认为，可以大体表征其福祉水平的指标主要有以下三个方面。①生存和发展的客观保障方面：教育普及、工作保障、合理的工作时间、法律保护、经济维持、医疗保障、良好的生态环境、人身安全保障等。②心理方面：心情愉悦、较低压力等。③美好生活状况方面:娱乐休闲时间、睡眠时间、陪伴家人时间等。因此,人类福祉的内涵非常丰富,包括收入、物质资料、教育、工作、安全、健康、娱乐休闲、生态环境、社会关系等。但是,绝大部分研究都无法做到全面且精准地评估某一地区人们的福祉水平。不同地区的人因生活的自然环境、社会环境、文化传统不同,各类需求或追求有所不同,进而对人类福祉的感受也会不一,这使得针对某些具体问题之中人类福祉的内涵也会发生改变,因此,多维的人类福祉不可一概而论。

### 7.1.2　生态系统服务与人类福祉之间的关系

自然生态系统提供了人类文明赖以生存的基本生命支持服务。虽然在大多数情况下,人们不需要为这些服务"付费",但人们其实正为某些对自然生态系统不利的行为付出代价,这些代价包括空气污染、极端气候、疾病增加、土壤肥力降低等,这都会影响到人类福祉(Summers et al.,2012)。生态系统服务和人类福祉已成为人类社会与自然环境之间联结的桥梁,并引起了广泛关注,将生态系统服务和人类福祉纳入可持续性管理是当前基础理论研究和应用实践的新途径(Wang et al.,2017)。

全世界的学者、政策制定者和从业者都非常关注"人类福祉",但是,自然环境及其生态系统服务为人类福祉所做出的贡献却是不明晰的。MEA提供了探讨生态系统服务与人类福祉之间关系的最初框架。从福祉的角度看,MEA的价值在于它认识到不能孤立自然环境来考虑福祉,并明确提出了自然环境向人类不断地提供了商品和服务。而更广泛的哲学、社会、经济类的人类福祉相关研究还未曾深入地考虑这方面的问题。

人类最基本的需求包括食物、水和住所等。生态系统服务的重要功能就是供给服务,包括供给粮食、果蔬、鱼类、肉制品等食物,这些都必须建立在生态系统之上;同样,水源涵养、净化水质等是许多湿地生态系统提供的主要服务。此外,生态系统服务还提供了用于供暖、电力生产、燃料生产和水力发电的产品,如木材、泥炭、化石燃料等。基本就业是对人类福祉的另一明确而至关重要的需求。虽然就业行为可能与生态系统服务无关,但许多工作类型(如与农业、林业、环境保护等密切相关)的工作与生态系统服务直接相关,自然生态系统服务通常为基本的人类生计提供支持。另外,身体健康、心理健康和生态系统服务之间也相互作用,许多研究表明,生态系统服务对身体健康也有影响。例如,莱姆病的发病率和暴露、媒介寄生虫传播疾病的地理范围和发病率的变化、污染水源的灌溉对人类的影响(Srinivasan and Reddy,2009)等均已被证明与生态系统有关。除了基本需求以外,许多学者也已经指出了生态系统服务的环境效益(Daily,

1997),如生态系统服务对空气和水质量的直接影响是显而易见的(de Groot et al.,2002),每个人也都渴望获得尽可能好的空气质量和水质。另外,幸福感或满意度是整体人类福祉中主观福祉要素的主要组成部分之一。需要注意到的是,即使是生活在城市中的人们,其生活的方方面面也是离不开大自然的,大自然在无形中给予人类很多心灵上的慰藉,从而提升了人们对生活的满意度以及幸福感。但是,生态系统服务与人类福祉的主观福祉之间的关系则是难以清晰且具体地表述和表征的。

### 7.1.3　人类福祉的界定

人类福祉的衡量既有有形的客观指标,也有无形的主观指标,针对不同的人群、不同的研究目的,用来界定和衡量人类福祉的指标各异。本研究中景观服务内涵源自生态系统服务,且景观服务的评估大多也是基于生态系统服务评估的方法体系,因此,本研究中人类福祉的界定和评价指标选取主要参考 MEA 中提出的生态系统服务对人类福祉的贡献。MEA 对人类福祉相关具体指标的界定已在前文做了阐述,本节基于该报告的人类福祉指标体系、综合考量数据的可获得性,从客观福祉和主观福祉两部分构建人类福祉指标体系,与 MEA 四大类人类福祉的对应关系如图 7.1 所示。

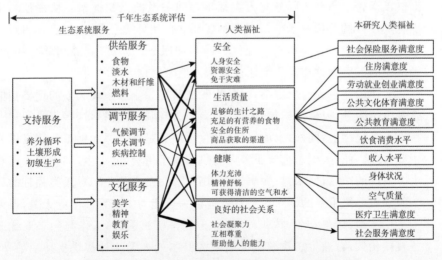

**图 7.1　基于千年生态系统评估的人类福祉指标体系**

(1)客观福祉指标

1)空气质量

在 MEA 的报告中,有一个健康维度的人类福祉指标要素为可获得清洁的空气和水,这两者是维持人类生存极为重要的非生物环境,与人类的生存密不可分。受限于相关数据的获取,本研究仅采用空气质量指标PM2.5 值来进行表征,PM2.5 值越低,空气质量越好。

2)身体状况

健康维度是人类福祉中很重要的一个方面,健康的身体是人们生活的根本。空气质量是外在环境,会对身体状况有一定影响,而身体状况则是人类福祉健康维度中最重要且最直接的一个指标。本研究关于身体状况指标数据通过调研方式获取,通过对"与同龄人相比的身体状况"(分为5级)具体问题的调查得到。本研究认为该指标并非是一个主观感受,而属于一个客观比较,因此将其作为客观福祉指标。

3)饮食消费水平

MEA 报告认为生活质量也是一个重要福祉。健康是人类福祉的根本或基础,而生活质量便是人类福祉的核心,也是福祉水平的直接体现。其中,MEA 报告中"充足的有营养的食物"指标在本研究中以饮食消费水平来表征,即每个月的伙食费,通过对每户家庭的调研获得。伙食费越高,说明在饮食消费层面的生活质量越高,福祉水平也就越高。

4)收入水平

收入水平一直以来是人类福祉研究中运用最普遍的指标,收入也是提高生活质量的根本保障。在绝大部分情况下,收入过低(贫穷)的人们的福祉水平是较低的。本研究的收入水平数据通过入户调研获得,为每个家庭的实际总收入。

(2)主观福祉指标

主观福祉指标的数据获取源于入户调查,调查内容均为对某项福祉的满意度。选择以下主观福祉指标并用满意度来衡量的原因在于,这些指标即便有客观数据,但因每个人的需求差异较大,同样的指标在同样的情况下对不同的人而言,主观福祉水平还是存在较大个体差异,因此,主观角度上便采用满意度来衡量。

1)社会保险服务满意度

安全性是人类福祉的一个基本保障,MEA 中安全维度的福祉有人身安全、资源安全、免于灾难。人身安全主要是考虑治安问题,在当前的文明社会中,绝大多数人是没有这方面顾虑的;至于资源安全、免于灾难方面,其在本研究区范围内基本都能得到安全保障。基于此,安全维度上的福祉,本研究考虑采用社会保险服务满意度指标,具体是指当地政府提供的养老保险、医疗保险、生育保险、失业保险、工伤保险等社会服务保险的满意度,尤其在乡村地区,社会保险服务则显得更为重要。这一系列保险可以在某些方面保障人们的安全和生活,也属于生活质量福祉的一部分。

2)住房满意度

住房一方面是人们生活的基本保障,但同时相比于食物、商品获取渠道等其他有关生活质量的福祉指标,住房会在更大程度上影响福祉水平。另外,客观上住房是可以统计面积的,但是房屋所在区位、户型、新旧等都会对住房的主观感受造成影响,且不同的人或家庭对住房的需求也不同。因此,本研究用住房满意度来表征此福祉,同样将其归为一个主观福祉指标。

3)劳动就业创业满意度

MEA 将有足够的生计之路作为生态质量层面的指标之一。生计是住房、食物及收入的前提。对于乡村地区而言,工作机会远少于城市地区。基本劳动就业创业主要是指当地政府提供的就业创业服务、就业援助、招聘服务等。因此,劳动就业创业满意度也是本研究中乡村地区人类福祉的重要指标。

4)公共文化体育满意度

上述人类福祉的多重内涵中,娱乐休闲方面的指标多次被提及,其可以提高生活的丰富性,增加人们的愉悦感,而文体活动是娱乐休闲活动的一部分。本研究的公共文化体育满意度主要针对当地提供的公共文化设施免费开放、广播/电视/电影及送戏下乡等方面服务,公共体育设施免费开放、全民健身服务等,属于主观福祉的一部分。

5)公共教育满意度

以人类发展指数(HDI)作为人类福祉的多数研究体系中,教育是重要的一个指标,虽然 MEA 并没有体现此福祉指标,但本研究仍将其纳入。本研究的基本公共教育服务主要是指当地政府提供的免费义务教育、学生营养补助以及高中/中等职业教育学生助学金等,这些对于乡村地区而言都是重要的基本保障。

6)医疗卫生满意度

身体状况作为人类福祉的重要健康指标,与人的年龄显著关联。理论上,老年人的身体状况远不如年轻人,但这并不能简单地认为老年人在健康层面的福祉水平就一定会低于年轻人。作为人类福祉的另一个重要方面,本研究中的医疗卫生服务主要是指当地政府提供的各种健康管理服务,如对儿童、孕产妇、老年人、慢性病及精神病患者的健康管理,传染病的预防接种,食品药品安全管理等。如果医疗卫生满意度高,则会在一定程度上提高人的健康水平,进而提升福祉水平。

7)社会服务满意度

自身的物质保障、安全、健康显然对人类福祉而言都至关重要,但是作为社会的人,MEA 还把良好的社会关系维度界定为另一福祉,本研究采用社会服务满意度来表征。社会服务具体是指当地政府提供的最低生活保障、特困人员求助供养、医疗救助、各自临时救助、留守儿童及困境儿童关爱保护、退役军人安置、各种优待抚恤等服务。这类服务若满意度高,将会在一定程度上建立更为良好的社会关系,进而提升福祉水平。

## 7.2　受访者信息及其福祉水平

### 7.2.1　数据来源

本研究使用的人类福祉数据主要来自浙江大学"中国家庭大数据库"(Chinese Family Database,CFD)和西南财经大学中国家庭金融调查与研究中心的"中国家庭金融调查"(China Household Finance Survey,CHFS)。经对其 2017 年调查数据汇总和整理,本研究选取的人类福祉指标主要有(表 7.1):住房满意度、社会保险服务满意度、医疗卫生满意度、社会服务满意度、劳动就业创业满意度、公共文化体育满意度、公共教育满意度、身体状况、饮食消费水平、收入水平。其中,主观福祉的指标、客观福祉中的身体状况指标均以李克特量表的形式获得,而饮食消费水平和收入水平都是具有实际意义的数值。另外,空气质量指标是以 PM2.5 值为表征,通过遥感影像数据获取。

由于现有数据库的调查范围来自全国各地,因此,本研究区杭州市范围内仅有部分乡村调研数据样本。经归纳整理,本研究从全国调查数据库中收集整理得到的数据共覆盖 11 个乡村(图 7.2)。其中,身体状况数据是以"个人"为单位的调研数据,共有 814 人参与调研,其他数据都是以"家庭"为单位的调研数据,共有 278 个家庭参与调研。

表 7.1　人类福祉指标及表述含义

| 福祉分类 | 福祉指标 | 指标含义 |
|---|---|---|
| 主观福祉 | 住房满意度 | 非常满意＝1　基本满意＝2　一般＝3<br>不太满意＝4　非常不满意＝5 |
| | 社会保险服务满意度 | 非常满意＝1　基本满意＝2　一般＝3<br>不太满意＝4　非常不满意＝5 |
| | 医疗卫生满意度 | 非常满意＝1　基本满意＝2　一般＝3<br>不太满意＝4　非常不满意＝5 |
| | 社会服务满意度 | 非常满意＝1　基本满意＝2　一般＝3<br>不太满意＝4　非常不满意＝5 |
| | 劳动就业创业满意度 | 非常满意＝1　基本满意＝2　一般＝3<br>不太满意＝4　非常不满意＝5 |
| | 公共文化体育满意度 | 非常满意＝1　基本满意＝2　一般＝3<br>不太满意＝4　非常不满意＝5 |
| | 公共教育满意度 | 非常满意＝1　基本满意＝2　一般＝3<br>不太满意＝4　非常不满意＝5 |
| 客观福祉 | 身体状况 | 非常好＝1　好＝2　一般＝3　不好＝4<br>非常不好＝5 |
| | 空气质量 | PM2.5 数值,单位:$\mu g/m^3$ |
| | 饮食消费水平 | 平均伙食费(包括在外就餐),单位:元/月 |
| | 收入水平 | 家庭总收入,单位:元/年 |

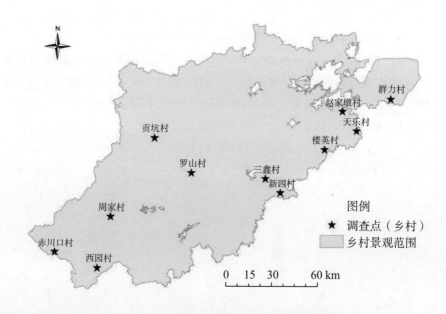

图 7.2　人类福祉调查数据样本点(乡村)分布

### 7.2.2　受访者信息分析

作为调查样本点的 11 个乡村中的 278 户家庭及其涉及的 814 人相关基本信息如表 7.2 所示。被调查者男、女比例较为均匀,年龄以 40 岁以上为主,大约有 56% 的被调查者年龄在 40～70 岁,这是由于城镇化和工业化的发展,城市地区有更多的工作机会,大量原本生长在农村的年轻人已工作生活在城市,乡村中老年人数量较多。乡村地区受教育水平普遍较低,在被调查者中,有约 67% 的人学历在初中及以下,17% 的人未上过学,而拥有大学本科及以上学历的被调查者仅占 9%。

### 7.2.3　受访者福祉水平分析

每个乡村的家庭调研样本在 20～40 户,通过家庭调研样本中人类福祉指标数据,获得每个村的人类福祉平均值。

从表 7.3、表 7.4 的 11 个乡村整体人类福祉水平看,住房满意度和劳动就业创业满意度是相对较低的,这两者的平均值在 3.5 左右,大部分处于一般满意和不太满意之间,但这两者的标准差数值也相应地大于其他人类福祉指标。11 个乡村中住房满意度和劳动就业创业满意度的标准差平均值分别达到了 1.72 和 1.81,说明在各个乡村中大家对住房满意度和劳动就业创业满意度的两极分化情况较为严重。其次满意度较低的是社会服务满意度和公共文化体育满意度,这两者的平均值在 3.0 左右,处于一般满意的水平。同样地,社会服务满意度和公共文化体育满意度的标准差平均值仅次于住房满意度和劳动就业创业满意度,分别为 1.68 和 1.58,两极分化情况较为严重。社会保险服务满意度、医疗卫生满意度、公共教育满意度是相对最高的,这三者的平均值在 2.5 左右,处于一般满意和基本满意之间,标准差平均值都小于 1.5,说明这几个指标体现出的福祉水平差异不大。身体状况指标则普遍较好或为一般水平。根据《环境空气质量指数(AQI)技术规定(试行)》(HJ 633—2012)对空气质量指数划分及评级的标准,单从 PM2.5 指标来看(其值在 0～35μg/m³ 空气质量为优、值在 35～70μg/m³ 空气质量为良),11 个乡村的空气质量处于优或良的水平,空气质量较好。总体上,空气质量从 PM2.5 值的范围来看差异并不显著。而伙食费和总收入在不同乡村之间的差异是非常明显的。

从不同乡村之间的人类福祉差异来看,11 个乡村中并没有表现出明显的具体某个指标高或低的空间分布规律。相对而言,距离主城区最远且位于杭州市行政边界线附近的赤川口村的福祉水平是最低的,而赵家墩村、天乐村表现出相对较高的福祉水平,但并未在其他村庄之间表现出具有规律性的分异特征。

**表 7.2　调查人群样本基本信息**

| 基本信息 | | 人数 | | | | | | | | | | | |
| --- | --- | --- | --- | --- | --- | --- | --- | --- | --- | --- | --- | --- | --- |
| | | 楼英村 | 赵家墩村 | 天乐村 | 群力村 | 罗山村 | 三鑫村 | 新四村 | 西园村 | 赤川口村 | 贡坑村 | 周家村 | 总数 |
| 性别 | 男 | 44 | 52 | 52 | 37 | 26 | 35 | 27 | 51 | 22 | 34 | 22 | 402 |
| | 女 | 45 | 49 | 52 | 39 | 26 | 38 | 29 | 54 | 26 | 30 | 24 | 412 |
| 教育程度 | 未上过学 | 7 | 18 | 8 | 12 | 17 | 11 | 11 | 4 | 15 | 11 | 9 | 123 |
| | 小学 | 19 | 22 | 18 | 15 | 8 | 21 | 12 | 10 | 19 | 18 | 13 | 175 |
| | 初中 | 30 | 15 | 30 | 26 | 17 | 17 | 10 | 7 | 6 | 18 | 13 | 189 |
| | 高中 | 10 | 14 | 9 | 5 | 4 | 7 | 11 | 16 | 6 | 4 | 7 | 93 |
| | 中专/职高 | 3 | 3 | 1 | 1 | 0 | 2 | 2 | 7 | 1 | 0 | 2 | 22 |
| | 大专/高职 | 5 | 13 | 9 | 4 | 0 | 2 | 3 | 15 | 1 | 2 | 0 | 54 |
| | 大学本科 | 5 | 6 | 13 | 6 | 2 | 2 | 2 | 24 | 0 | 3 | 1 | 64 |
| | 硕士研究生 | 0 | 0 | 0 | 0 | 0 | 0 | 0 | 1 | 0 | 0 | 0 | 1 |
| 年龄 | <20 岁 | 12 | 16 | 18 | 11 | 4 | 14 | 6 | 25 | 3 | 9 | 3 | 121 |
| | 20—29 岁 | 12 | 12 | 6 | 8 | 6 | 4 | 3 | 8 | 1 | 4 | 7 | 71 |
| | 30—39 岁 | 5 | 10 | 20 | 10 | 1 | 8 | 0 | 5 | 0 | 7 | 1 | 67 |
| | 40—49 岁 | 16 | 17 | 9 | 9 | 2 | 14 | 19 | 35 | 5 | 12 | 7 | 145 |
| | 50—59 岁 | 24 | 17 | 20 | 15 | 18 | 13 | 13 | 3 | 6 | 11 | 10 | 160 |
| | 60—69 岁 | 11 | 14 | 22 | 12 | 13 | 14 | 15 | 12 | 17 | 15 | 11 | 156 |
| | ≥70 岁 | 9 | 15 | 9 | 11 | 8 | 6 | 10 | 7 | 16 | 6 | 7 | 104 |

表 7.3　受访者平均福祉水平

| 行政区 | 调查户数 | 住房满意度 | 社会保险服务满意度 | 医疗卫生满意度 | 社会服务满意度 | 劳动就业创业满意度 | 公共教育满意度 | 公共文化体育满意度 | 身体状况 | PM2.5 ($\mu g/m^3$) | 伙食费 (元/月) | 总收入 (元/年) |
|---|---|---|---|---|---|---|---|---|---|---|---|---|
| 楼英村 | 26 | 3.81 | 2.85 | 2.85 | 2.92 | 3.81 | 2.19 | 3.31 | 2.47 | 42 | 1389 | 22016 |
| 赵家墩村 | 24 | 3.54 | 2.54 | 2.29 | 2.75 | 3.17 | 2.96 | 2.58 | 2.21 | 50 | 2048 | 46614 |
| 天乐村 | 35 | 3.03 | 2.40 | 2.29 | 2.86 | 3.14 | 2.71 | 2.63 | 2.49 | 47 | 1960 | 62500 |
| 群力村 | 22 | 3.41 | 2.64 | 2.68 | 2.73 | 3.41 | 2.68 | 3.41 | 2.32 | 50 | 1702 | 63001 |
| 罗山村 | 20 | 2.85 | 2.55 | 2.50 | 3.35 | 2.90 | 2.45 | 2.70 | 2.80 | 38 | 924 | 15520 |
| 三鑫村 | 25 | 4.08 | 2.36 | 2.40 | 3.20 | 3.72 | 2.52 | 2.72 | 2.85 | 35 | 1145 | 19100 |
| 新四村 | 24 | 4.00 | 2.46 | 2.46 | 3.58 | 4.00 | 2.33 | 2.83 | 2.70 | 35 | 855 | 22189 |
| 西园村 | 36 | 3.00 | 2.50 | 2.56 | 3.08 | 3.03 | 2.61 | 2.78 | 2.21 | 30 | 2225 | 40792 |
| 赤川口村 | 23 | 4.04 | 2.39 | 2.70 | 3.39 | 4.52 | 2.17 | 3.17 | 3.07 | 36 | 861 | 10325 |
| 贡坑村 | 23 | 3.13 | 2.09 | 1.96 | 2.35 | 3.30 | 2.00 | 3.09 | 2.44 | 37 | 1027 | 22610 |
| 周家村 | 20 | 4.10 | 2.40 | 2.45 | 3.30 | 4.00 | 2.15 | 3.25 | 2.46 | 35 | 644 | / |

注：满意度指标数值越小则满意度越高（数值 1 为非常满意，数值 5 为非常不满意）；身体状况和空气质量类似。

表 7.4　受访者福祉水平标准差

| 行政区 | 调查户数 | 住房满意度 | 社会保险服务满意度 | 医疗卫生满意度 | 社会服务满意度 | 劳动就业创业满意度 | 公共教育满意度 | 公共文化体育满意度 | 身体状况 | PM2.5 (μg/m³) | 伙食费 (元/月) |
|---|---|---|---|---|---|---|---|---|---|---|---|
| 楼英村 | 26 | 1.74 | 1.67 | 1.64 | 1.62 | 1.79 | 1.17 | 1.72 | 0.74 | 908 | 9566 |
| 赵家墩村 | 24 | 1.86 | 1.32 | 1.04 | 1.54 | 1.74 | 1.52 | 1.25 | 0.40 | 1128 | 11137 |
| 天乐村 | 35 | 1.44 | 1.17 | 1.30 | 1.50 | 1.88 | 1.56 | 1.31 | 0.71 | 857 | 52724 |
| 群力村 | 22 | 1.79 | 1.36 | 1.29 | 1.28 | 1.87 | 1.46 | 1.84 | 0.54 | 1058 | 62807 |
| 罗山村 | 20 | 1.46 | 0.89 | 1.32 | 1.90 | 1.52 | 1.61 | 1.59 | 0.82 | 684 | 3964 |
| 三鑫村 | 25 | 1.91 | 0.76 | 1.26 | 1.94 | 1.99 | 1.85 | 1.74 | 0.81 | 733 | 5931 |
| 新四村 | 24 | 1.74 | 1.14 | 1.18 | 1.77 | 1.87 | 1.61 | 1.43 | 0.88 | 651 | 9941 |
| 西园村 | 36 | 1.35 | 0.85 | 0.73 | 1.50 | 1.46 | 1.27 | 1.29 | 0.79 | 1487 | 18278 |
| 赤川口村 | 23 | 1.82 | 1.12 | 1.46 | 1.75 | 1.86 | 1.15 | 1.8 | 0.76 | 603 | 1308 |
| 贾坑村 | 23 | 2.05 | 1.35 | 1.19 | 1.37 | 2.01 | 1.41 | 1.83 | 0.9 | 1018 | 5034 |
| 周家村 | 20 | 1.71 | 1.39 | 1.15 | 1.78 | 1.89 | 1.18 | 1.59 | 0.8 | 729 | / |

## 7.3　景观服务与人类福祉的关系

通过测算景观服务与人类福祉的相关系数,可以分析景观服务能力与人类福祉之间的相关性。其中,景观服务能力的指标采用前文以"乡村"为单位的归一化后的数值,人类福祉指标则采用表 7.3 中的数据。

从图 7.3 可以看出,居住服务、基础设施服务、娱乐休闲服务与各人类福祉指标之间有着较为一致的相关性,主要表现为这三类景观服务水平越高,饮食消费水平、总收入、社会服务满意度、身体状况方面的福祉水平就越高,乡村的区位条件、社会经济发展情况均处于比较好的水平;相反,这三类服务能力高的地方,其社会保险满意度、公共教育满意度、空气质量方面的福祉水平较低。其他指标并没有表现出明显的相关性。

农业生产服务、美学服务、产水服务仅从本研究的案例来看,与人类福祉之间的整体相关性较低。农业生产服务和产水服务两者属于食物和水的供给,在当前的城乡、区际频繁交互下,其供给区和受益区往往是分离的。也就是说,某个乡村的农业景观有很好的农业生产服务,但大量的农产品最终却销往了各地。当地农民获得的更多的是经济收益,但因农产品本身的经济收益有限,所以从经济效益角度上对人类福祉的贡献是较低的。

固碳释氧服务、土壤保持服务、生境支持服务与各人类福祉指标之间也有着较为一致的相关性,主要表现为这三类景观服务水平越高,社会服务满意度、身体状况、饮食消费水平、总收入方面的福祉水平越低,公共教育满意度、空气质量方面的福祉水平越高。同时可以看到,在这三类生态类服务水平越高的地方,会在空气质量这种环境层面的人类福祉上表现出显著的正相关性,但是因为生态类服务水平越高意味着越"原生态",即社会经济的发展是相对滞后的,这也就使得部分主观福祉的水平较低。

总之,若仅从这 11 个乡村的案例分析结果来看,景观服务与人类福祉之间虽然有一定的相关关系,但总体上仍是比较薄弱的。人类福祉在很大层面上受制于社会经济发展水平,而社会经济发展处于领先水平的地方往往难以保证生态的完整性,这也就使得景观服务与人类福祉之间的相互作用和影响存在很多不确定性。

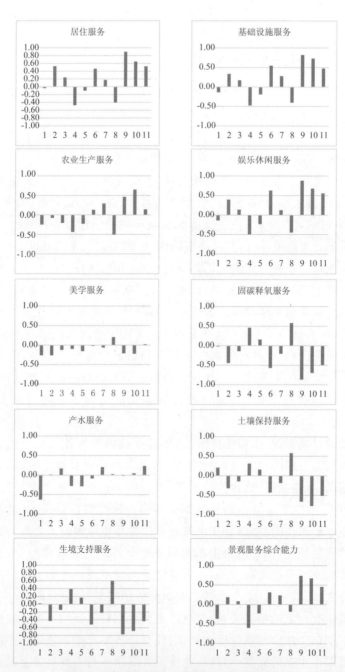

图 7.3　景观服务与人类福祉之间的相关性

注:横坐标为人类福祉,其中,1—住房满意度;2—社会保险服务满意度;3—医疗卫生满意度;4—社会服务满意度;5—劳动就业创业满意度;6—公共教育满意度;7—公共文化体育满意度;8—身体状况;9—空气质量;10—饮食消费水平;11—总收入。纵坐标为各类景观服务与人类福祉之间的相关系数。

## 7.4　景观可持续性与人类福祉的关系

通过测算景观可持续性与人类福祉的相关系数,分析景观可持续性与人类福祉之间的相关性。其中,景观可持续性的数值同样采用前文以"乡村"为单位的可持续性测度与分级结果,强可持续性、一般可持续性、弱可持续性的数值分别赋值 1、2、3,人类福祉指标则采用表 7.2 中的数据。

从图 7.4 中可以看出,景观可持续性在供需维度和时间维度上,与人类福祉之间有较为明显的相关性,且正、负相关性表现较为一致;在空间维度上,由于考虑的是景观服务能力的高、低值聚集,因此景观可持续性具有空间聚集特征,这导致在研究区范围内难以与各个乡村的人类福祉水平形成明显的相关性。从供需维度和时间维度来看,社会保险服务满意度、公共教育满意度与景观可持续性之间表现出较高的负相关性。基于景观服务能力的景观可持续性强,并不意味着某些维度的人类福祉水平会高;但是相对而言,景观可持续性与饮食消费水平、总收入方面的客观福祉呈现出一定的正相关性。

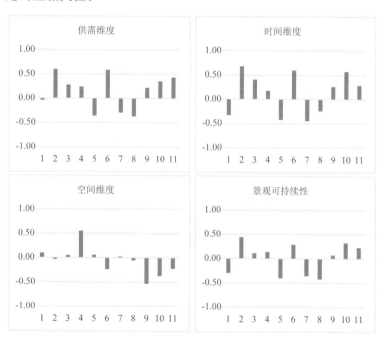

**图 7.4　景观可持续性与人类福祉之间的相关性**

注:横坐标为人类福祉,其中,1—住房满意度;2—社会保险服务满意度;3—医疗卫生满意度;4—社会服务满意度;5—劳动就业创业满意度;6—公共教育满意度;7—公共文化体育满意度;8—身体状况;9—空气质量;10—饮食消费水平;11—总收入。纵坐标为各维度景观可持续性与人类福祉之间的相关系数。

综合三个维度的结果来看,景观可持续性与人类福祉也没有表现出明显的相关性。可见仅以本研究的案例而言,客观上基于景观服务能力的景观可持续性与相对主观的人类福祉之间还不能建立明确的关系,人类福祉还受到人们生活中其他各类因素的影响,较为复杂。本研究仅做了一个初步的探索。

## 7.5  本章小结

本章借鉴一直以来社会、经济、哲学等领域中人类福祉的理念,尝试探索景观服务、景观可持续性与人类福祉之间的关系,试图将景观服务、景观可持续性置于社会生态系统当中。但是,因人类福祉的相关分析数据主要来源于"中国家庭大数据库",受样本量所限,当前还难以展开更加深入和系统的探讨。

仅从本章初步的研究结果来看,调查样本中的 11 类福祉指标与景观服务水平、景观可持续性的相关关系表明,饮食消费水平、家庭总收入与生产、生活类服务呈正相关,与生态类服务呈负相关,而空气质量指标与景观服务的相关关系则相反。仅从这 11 个乡村的案例分析结果看,景观服务与人类福祉之间虽然有一定的相关关系,但总体上仍比较薄弱。人类福祉很大程度上受制于社会经济发展水平的影响,而社会经济发展处于领先水平的地方往往难以保证生态的完整性,这也就使得景观服务与人类福祉之间的相互关系存在很多不确定性。而在景观可持续性与人类福祉的研究中,大部分福祉指标与时间及供需维度上的景观可持续性呈正相关关系,但在空间维度上未呈现显著的相关性。可见,以本研究的案例而言,客观上基于景观服务能力的景观可持续性与相对主观的人类福祉之间还不能建立明确的内在关联,人类福祉还受到人们生活中其他各类因素的共同作用和影响,过程和机制较为复杂,是未来研究有待突破的难题。

# 第8章

## 乡村景观可持续性管理路径及政策建议

　　景观作为某一区域内自然、经济和文化等多种要素构成的复合体,是人类生产和生活活动的载体,为人类提供各种物质产品与非物质环境、文化等效用。一方面,这些服务直接影响着人类生存发展与人居环境质量;另一方面,人类活动也正在深刻地影响着景观的分布结构和服务的持续供给。回顾前文的研究成果,景观服务能力评估为景观可持续性测度奠定了基础。乡村景观的可持续性管理一方面需要遵从当前的可持续状态,另一方面需要充分考虑不同乡村景观的主导功能,这样才能对处在不同可持续发展状态中的景观提出合理的未来可持续性管理建议。乡村景观可持续性管理路径是对未来发展方向做出的指引。杭州作为快速城镇化地区的一个缩影,该指引不仅适用于研究区各个乡村,同样也可为其他快速城镇化地区提供借鉴意义。路径是方向,而政策则是实现目标的推动力量和根本保障。本章将结合国家乡村振兴战略以及地方各级政府的乡村振兴规划措施,探讨并提出快速城镇化背景下乡村景观可持续发展的政策建议。

## 8.1　基于乡村景观服务簇的主导功能分区

### 8.1.1　景观服务簇的内涵及识别

　　可持续发展要求在景观的利用过程中,应充分考虑各类景观的承载能力和服务价值,权衡特定景观类型在当代与未来利用的效益分配,综合考量不同类型景观之间的关系,在其中找到一个平衡点,避免人类活动给景观带来不可逆转的破坏,实现景观利用多功能效益最大化,从而保证景观服务供给能力的可持续性。现阶段,对乡村景观的开发利用,往往片面追求经济效益,忽视了其重要的生活和生态功能,导致产业开发无序、居民点布局不合理、环境污染与生态破坏等一系列问题相继出现,直接影响到乡村景观的可持续发展。乡村地区的建设和发展必须考虑如何合理利用景观服务,打造适宜的人居环境,同时减少对自然生境的破坏与干扰。因此,景观可持续性管理的主要挑战之一就是如何应对复杂社会系统中(如乡村地区)多种景观服务的供给和需求。

　　由于乡村地区环境本底和多类景观并存的复杂性,以及人类对乡村景观开发利用方式的多样性,不同类型的乡村景观服务不仅在空间分布上呈现出异质性特征,并且多重服务之间还存在着或相互助益或此消彼长的动态交互关系,这使得不同区域的景观主导功能及其所能供给的服务类型不尽相同。

在社会经济发展和快速城镇化的进程中,人们对于乡村景观的需求日益多样化,依照区域景观主导功能进行科学合理的分区管理,在不同景观功能区有针对性地实行差异性利用和保护,有利于优化乡村景观空间格局,因地制宜地最大化景观多功能价值,对推动乡村地区走上生产发展、生活富裕、生态良好的文明发展道路有着至关重要的作用。

为识别不同区域乡村景观的主导功能,本研究参考"生态系统服务簇"研究体系,构建"景观服务簇"分析框架,以明晰各区域内的优势景观服务类型。生态系统服务簇是近年来提出的、可应用于提高多功能景观管理水平的重要研究方法。Kareiva 等(2007)首次提出了生态系统服务簇这一概念,认为自然界可以被视作各种生态系统服务的集合;此后,Raudsepp-Hearne 等(2010)将生态系统服务簇定义为由给定的生态系统或区域提供的一组关联的服务,通常在时(空)间上重复出现,这一概念目前已受到相关领域研究者的普遍认可。服务簇分析的主要优势在于,借助主成分分析、空间自相关和聚类分析等方法,可以通过研究区内不同服务的正向或负向相关性,来识别服务之间潜在的交互关系及其内在本质,定量分析多重服务在空间上的分布格局和集聚特征,明确不同区域的主导服务,评估结果可为区域功能分区和差异化管理做出指导。

结合前人的定义与研究成果,本研究将景观服务簇定义为,在特定空间上具有关联性,并以某种特定组合形式出现的一组景观服务。基于SPSS 软件的 K-means 聚类方法,以 2017 年杭州市村域上景观服务评估结果的归一化数值为基础,识别研究区乡村景观服务簇。依据相似性原则,以村级评估单元(共包含 2308 个乡村景观单元)进行主导功能区的划分,将相似性较高的乡村划分为同一景观服务簇。基于聚类结果,利用GIS 工具实现主导功能区的空间可视化,并结合各类服务簇的雷达图,分析不同乡村景观主导功能分区的景观服务组成和特征,提出根据各分区具体情况的相应管理策略。

### 8.1.2　乡村景观服务簇测算结果

综合考虑区域的完整性和区域间景观服务簇的差异性,本研究经过多次实验对比发现,研究区景观服务簇的最佳聚类数目为四类。根据四类乡村景观服务簇的测算结果可知,同一景观服务簇在空间上呈现出明显的聚集特征,而不同景观服务簇之间不仅有显著的空间差异性,其内部服务构成结构也大不相同(图 8.1 和图 8.2)。依照各类服务簇中的主导服务类型和服务结构,以生产、生活、生态"三生空间"可持续发展为导向,将杭州市乡村景观分为四大主导功能区,分别为粮食主产区、生活娱乐区、水土涵养区和生态游憩区。

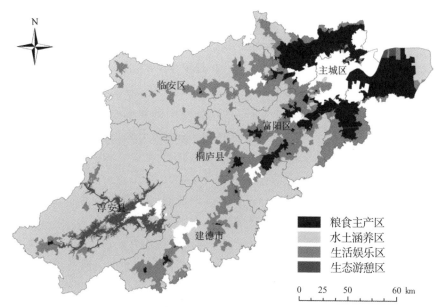

图 8.1　杭州市乡村景观服务簇空间分布格局

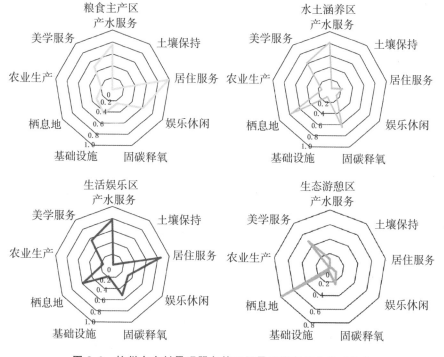

图 8.2　杭州市乡村景观服务簇不同景观服务能力构成结构

(1)粮食主产区

粮食主产区主要分布于余杭区、西湖区、萧山区、富阳区、桐庐县等的663个乡村,占乡村总数量的 28.7%。该功能区面积占杭州市乡村景观总面积的 11.3%,在四类主导功能区中面积相对较小。从空间分布格局来看,粮食主产区分布较为集中,主要分布在杭州市东北部城市景观周边区域,以余杭区和萧山区为主,少数延伸至富阳区和桐庐县。从景观类型来看,该功能区的景观类型以农田景观为主,包含了杭州市乡村景观中绝大多数集中连片的农田景观,以及与其邻近的园地景观和乡村聚落景观等。从景观服务能力来看,该功能区的农业生产服务在四类服务簇中最突出,表现出明显的生产空间导向,这是由于该功能区具有地处近郊区的区位优势,农田景观集中且质量高,从事农业生产的乡村居民相对集中,有机农业、绿色农业、循环农业和观光农业等现代农业均有发展,是半自然半人工景观和新型城镇化有机融合的重点区域,可以有效满足区域粮食生产的需求,保障粮食安全。此外,该功能区的产水服务、居住服务、娱乐休闲、基础设施和美学服务等多种景观服务供给能力均超出研究区四类主导功能区的平均值,多种景观服务功能均衡。产水量和基础设施能够充分支持粮食及其他农作物的生产;人居环境良好,兼具休闲功能和美学价值,能够在支撑主导生产功能的同时,满足当地居民和城区游客日益多样化的景观服务需求。

(2)生活娱乐区

生活娱乐区主要分布在余杭区、萧山区、临安区、富阳区、桐庐县、建德市等的 549 个乡村,占乡村总数量的 23.7%,功能区面积占乡村景观总面积的 18.2%,规模上比粮食主产区略大一些。从空间分布格局来看,生活娱乐区大致呈条带状环绕在粮食主产区外围,并且沿着钱塘江向杭州市西部和西南部地区延伸,此外,在淳安县千岛湖区域附近也有少量分布。从景观类型来看,该功能区的景观类型以乡村聚落、农田、园地和湿地景观为主,以西北-东南走向的湿地景观为主要延展线,包含了与湿地景观邻近的较为碎片化的农田景观和乡村聚落景观。从景观服务能力来看,该功能区的居住服务为服务簇中的主导景观服务,娱乐休闲、基础设施和美学服务等和居民生活娱乐相关的服务供给能力普遍在四类服务簇平均值之上,固碳释氧和栖息地两项景观服务功能也相对较强,利于打造人与自然、人与人和谐共生的人居环境,与生活空间具有较高的适配性。之所以如此,主要得益于该功能区的部分区域沿城市景观近郊的粮食主产区外侧环绕分布。一方面,这部分区域受到城镇化带来的基础设施提升和生活环境改善等有益影响；另一方面，其可被粮食主产区的大面积农田景观隔绝于城市景观之外，由高强度人类干扰活动带来的生态破坏和环境污染等问题相对较少，给乡村居民提供了较为舒适的生活环境。另一部分区域则以钱塘江为轴向西部延伸，基本能够满足乡村聚落空间分布的特征和条件，水源充足，交通条件相对便利，适合乡村居民聚居生活。

（3）水土涵养区

　　水土涵养区主要分布于临安区、富阳区、桐庐县、淳安县、建德市等的991个乡村，占乡村总数量的42.9%，占乡村景观总面积的67.2%，是四类主导功能区中覆盖面积最大的一个。从空间分布格局来看，水土涵养区广泛分布于杭州市乡村景观之中，主要集中在远离城市景观的中部和西部地区，以临安区、淳安县和建德市境内的山地丘陵地区为主，其余部分则呈块状分布于富阳和桐庐县，极少数零星分布在余杭区和萧山区边缘。从景观类型来看，该功能区的景观类型以森林、草地等自然景观为主，也有一些园地、湿地及其他半自然半人工景观掺杂其中，基本涵盖了杭州市乡村景观中所有的森林和草地景观。从景观服务能力来看，该功能区的产水服务、土壤保持、固碳释氧和栖息地等有助于维持自然生境的景观服务在四类服务簇中都占据优势地位，而居住服务、娱乐休闲、基础设施、农业生产和美学服务等与人类活动及其景观需求高度相关的、侧重于人们生活和生产功能的景观服务普遍较弱，表现出显著的多功能生态空间导向。这是由于该功能区大多处于远离城市景观的乡村地区，少有农村居民点分布，因而受人类活动干扰较少。森林景观这一自然景观类型被相对完整地保留下来，成为功能区范围内的主导景观类型，破碎度较低。该区域植被覆盖率远高于其他区域，有效土层较厚，具有良好的渗透性，生态环境质量好，在维护杭州市的生态安全方面发挥着不可或缺的作用，适宜划定为涵养水源、保持水土的生态保护区并加以保护。

（4）生态游憩区

　　生态游憩区主要分布于淳安县、临安区、萧山区等的105个乡村，占乡村总数量的4.5%，占乡村景观总面积的3.3%，是四类主导功能区中面积最小的一个。从空间分布格局来看，生态游憩区集中分布于杭州市西南部的淳安县境内，基本与千岛湖区域重合，另有少数零星分布在临安区和萧山区境内，也与其内部的湿地景观有高度相关性。从景观类型来看，该功能区的景观类型较为单一，基本只含有湿地景观这一类型。从景观服务能力来看，该功能区的主导景观服务为栖息地，其次是美学服务，再次是占比相近的固碳释氧、娱乐休闲和产水服务，而农业生产和土壤保持两项服务供给能力相对较弱,从而表现为在生态导向突出的基础上兼具生产和生活空间的特征。在这些景观服务的综合作用下,千岛湖区域既满足发展特色旅游产业的得天独厚的优势,又具备调节气候、蓄洪防旱、维持生物多样性等多重生态功能。且千岛湖区域当前也是数千种动植物重要的生存和繁衍栖息地,鱼类、鸟类、兽类、爬行类、两栖类等野生动物资源丰富,得益于当地政府和居民的重视,千岛湖区域的生态保护措施和环境治理工程都卓有成效;同时,千岛湖风景区也先后被评为国家森林公园和国家 5A 级旅游景区,被誉为"天下第一秀水",旅游及相关产业已经形成体系,游客众多,实现了区域旅游产业的品牌效应和生态效应。主导生态游憩功能的划定可以更好地促进该功能区以生态为核心的多样化价值的提升。

### 8.1.3　基于服务簇的景观主导功能分区管理策略

（1）粮食主产区

粮食生产是农业发展的重要基础,也是关系国家安全和社会稳定的头等大事。在我国人多地少的基本国情以及高质量耕地少、耕地后备资源少的总体耕地资源特征的综合影响下,保障粮食安全始终是我国乡村发展和振兴的首要目标,也是乡村景观主导功能区可持续性管理的基本原则之一。十九大报告更是鲜明地指出:"确保国家粮食安全,把中国人的饭碗牢牢端在自己手中。"2020 年中央一号文件《中共中央国务院关于深入推进农业供给侧结构性改革、加快培育农业农村发展新动能的若干意见》也明确指出,"确保粮食安全始终是治国理政的头等大事。粮食生产要稳字当头,稳政策、稳面积、稳产量。"

但从乡村景观的演变来看,在快速推进城镇化和工业化的大环境下,城市景观的持续向外扩张,仍然在不断侵占乡村地区的农田、园地及其他类型景观。虽然在坚守 18 亿亩耕地红线以及城乡建设用地增减挂钩等耕地保护政策之下,乡村地区的耕地数量得到一定保障,且农田景观依旧是空间占比较高的主要乡村景观类型,但耕地质量仍存在诸多问题。杭州的城市蔓延侵占的大部分为城市周边质量较高的耕地,而补充的则有些源于山地丘陵区的森林、园地、草地等景观,而今面临着中低产田占耕地总量比例较大,高标准基本农田建设面临多重挑战等问题。再加上随着经济发展和社会进步,乡村地区的大量青年劳动力流向就业机会更多的城市地区,常住人口呈现衰减趋势,空心村现象日益严重,农业发展亟须创新管理模式。从乡村景观可持续发展的立体视角出发,科学合理地稳定并优化粮食生产,凸显乡村景观在发展高效、生态的新型农业现代化道路上的全方位

综合效益,激发乡村地区发展振兴的内生动力,可促进乡村景观可持续
发展。

基于乡村景观服务簇测算及分区结果,各类功能区的主导方向在空间
上得到显化。相比其他区域,粮食主产区在农业生产服务上表现出明显的
优势,属于能为杭州市粮食安全和农产品供给提供保障的重要生产功能
区,必须保障该功能区范围内农田景观的数量和质量,以达到维护其持续
生产能力的目的。另外,在推进城乡一体化发展的大趋势下,城乡居民对
于乡村景观的需求也逐渐增多,生态农业、观光农业和休闲农业等现代农
业兴起,农业结构不断调整,农田、园地和乡村聚落等景观所发挥的调节、
支持和文化服务的作用也随之增强。因此,粮食主产区的可持续管理目标
是维持并提高乡村景观的粮食生产能力,在保护景观生态功能的前提下,
挖掘景观多功能性,满足人们的多样化需求。

粮食主产区的管理策略主要提出以下几点。

1)划定农田景观保护线,保障并提升粮食生产功能

农田景观作为承载人类耕作活动的环境要素,与粮食生产的数量和质
量有着不可分割的联系。粮食主产区包含了杭州市绝大多数集中连片的
农田景观,耕作质量高、生产能力强,需要划定农田景观红线实施严格保
护,严格防止城镇和农居点扩张随意占用,同时避免农田"非粮化"问题,保
障农田景观的数量和质量;遵从当地自然景观自然地理条件基础上,因地
制宜,施行集约化经营管理,提升该功能区的粮食生产功能。

2)借助现代科技发展现代农业,依托景观格局优化农业结构

为加强和提升粮食主产区的生产能力,通过引进现代农业产业高新技
术,加强现代农业基础设施建设,发展资源节约型、环境友好型的现代农
业,探索集约化经营与生态化生产有机耦合的有效途径,实现我国"藏粮于
地,藏粮于技"的战略目标。此外,粮食主产区并非仅仅包含农田景观这种
单一类型景观,还存在少量园地、湿地和乡村聚落等其他景观。在保障区
域粮食生产的基础上,可以基于不同景观条件因地制宜地调整农业结构,
生产果蔬花卉等特色农产品,打造多样化农业生产产业链,发挥景观多功
能性,助力农业产业升级。

3)重视景观生态功能,推进生态廊道与景观美学建设

以农田景观为主导的粮食主产区,在满足农业生产需要的同时,可以
在保持景观原貌的基础上,利用农田的原始肌理和作物生长期的色彩季节
变化,通过景观设计与保护,形成当地独特的自然生态美景。在实现农业
生产和美学价值的同时,该功能区环绕城市景观的特殊地理位置,也使其
成为城乡之间的生态廊道,可作为连接城乡绿色空间、改善区域生态环境

的重要缓冲带。在管理中须重视该功能区保持水土、调节小气候的生态功能,避免因农业集中经营活动而破坏景观功能。

(2)生活娱乐区

乡村景观作为自然、社会、经济等多要素集成的复杂综合体,兼具生产、生活、生态和文化等多重功能,与城市景观相互联系、相互作用,在空间上共同构成人类聚居生活的主要环境。作为乡村居民赖以生存和发展的基础,乡村景观,尤其是乡村聚落景观的功能,对提升当地居民的生活质量具有重要作用。而我国城乡之间的二元结构形成已久,乡村地区与城市地区的产业分工明显,在基础设施状况、公共服务条件和社会保障体系上均存在较大差距,乡村地区大量年轻劳动力选择进城务工或定居,乡村人口非农化逐年增长,"空心村"成为一种普遍现象。在这种情况下,乡村居民对于乡村景观改造和建设的参与度和积极性不高,导致乡村聚落景观空间分布散乱、宅基地占地不合理等问题难以得到解决,以牺牲生态环境为代价的粗放型建设方式往往造成不可挽回的破坏;不同区域的特色风貌和民俗文化未被合理挖掘,部分简单标准化改造和新建的村庄表现出生搬硬套、"千村一面"的同质化现象;在以政府为主导的整村拆迁和搬迁中,也可能会忽视乡村景观作为生活空间的生态功能和文化功能,乡村人居环境亟须改善。

乡村振兴战略事关我国现代化全局,其内涵在于产业兴旺、生态宜居、乡风文明、治理有效、生活富裕,其中"生态宜居"和"乡风文明"两项要求都依赖于"三生空间"的生活空间规划和管理。本研究划定的生活娱乐区,以居住服务为主导景观功能,以乡村聚落景观为主要景观类型,承担着为当地乡村居民提供必要的生活和娱乐空间的使命。因此,对于生活娱乐区而言,必须考虑人与自然、人与人之间的和谐共生和协调发展,秉承因地制宜和可持续发展原则,积极寻找乡村与城市之间的互补环节并加以联系与融合,打破原本存在的城乡二元结构,在城乡一体化发展进程中以城市现代化带动乡村现代化建设;以保持农业产业发展为基础,转型联动第二、第三产业,充分拓展乡村景观中蕴含的经济价值;尊重乡土特色文化和历史遗产,在保持乡村景观完整性的前提下,改善乡村居住环境,提高乡村居民的生活水平,促进乡村景观的可持续协调发展。

生活娱乐区的管理策略主要提出以下几点。

1)尊重景观原始风貌,维持生态可持续性

乡村景观是自然景观与人工景观的有机结合体,本底环境是乡村景观后期建设的首要考量。生活娱乐区的管理,需要遵循可持续性原则,维护乡村景观原生态地域特色和原始聚落风貌;在合理利用现代技术的基础上,通过转变当地各类景观要素的形态、规模、布局,优化构建生态景观格局,将尊重乡土自然的理念和生态科学的思想内涵融合为一,提升当地景观开发利用质量,完善居住和休闲的相关配套设施,打造出人与自然、原始风貌与现代化统一和谐的乡村景观。

2)以人为本,因地制宜彰显地域特色

生活娱乐区是乡村居民生活休闲的基本空间,须以人为本、为人服务,将居民在乡村景观中生活的切身感受作为乡村景观管理的出发点和落脚点。在乡村建设与发展中,应以乡村聚落景观为基,结合乡村原本的地形地貌、气候、水文、土壤和植被等自然条件,注重对村落历史文化的传承和发展,挖掘当地特色风土人情并有效融入现代化景观建设中,彰显地域特色,提升景观多功能价值,营造舒适的生活环境,让当地居民从生活空间中获得幸福感和认同感。

3)合理设计改造,实现景观多样化

不应盲目效仿城市景观构建模式,以防建设千篇一律的村庄,应当保留乡村景观原有的"山水林田湖草"等自然景观组分,同时结合各地实际的产业结构和基础设施状况,增加乡间道路、休息亭廊、文化礼堂等人工景观要素,以满足当地居民多样化的生活需求;对于有提升生态功能需要的区域,可设计水体和花木等景观元素以美化环境,通过促使乡村景观多样化构建生态宜居的生活空间。

(3)水土涵养区

随着社会经济的迅速发展和人口数量的不断增长,城市地区人口、产业密集,水和土地等多种资源紧缺,生态环境遭到污染和破坏。乡村地区粗放型的发展方式同样使其面临相似的生态安全问题,而且乡村的生态环境还需为城市的发展"保驾护航"。相比被均质化人工景观要素所主导的城市景观,内部景观类型复杂多样的乡村景观天然具有更高的绿色资源属性和更强的生态服务功能。保障乡村景观的可持续发展,对现阶段生态文明建设具有重要意义。

十八大报告首次将生态文明建设提升到国家战略的高度,明确提出"建设生态文明,是关系人民福祉、关乎民族未来的长远大计。""面对资源约束趋紧、环境污染严重、生态系统退化的严峻形势,必须树立尊重自然、顺应自然、保护自然的生态文明理念,把生态文明建设放在突出地位。"十九大报告进一步指出,"要建设人与自然和谐共生的现代化,既要创造更多物质财富和精神财富以满足人民日益增长的美好生活需要,也要提供更多优质生态产品以满足人民日益增长的优美生态环境需要。"既然过去乡村地区不合理的开发利用模式已经导致环境资源与经济发展之间出现失衡，那么对乡村景观的可持续管理需以生态优先、绿色发展为导向，修复和保护自然景观，发挥乡村景观的生态功能，保证资源开发与利用的可持续性，促进人与自然和谐共生。

水土涵养区的主导景观服务是产水服务，辅助景观功能为生境支持、固碳释氧和美学服务。另外，横向对比四类功能区，水土涵养区的土壤保持功能最为突出。该功能区几乎囊括了杭州市乡村景观中所有的森林景观和草地景观，也包含了湿地景观和园地景观等半自然景观，是唯一一个自然景观占据优势地位的主导功能区。这些自然景观给人类带来了多种有形、无形的景观服务，不仅可以提供食物、水、原料和其他生产生活资料，通过保持水土、调节气候和维护生物多样性等功能维持着人类生存与发展所必需的生态环境，同时还能够满足人类娱乐休闲、美学愉悦与精神享受等需求，具有多功能复合价值。由此可见，水土涵养区对改善区域生态、维持环境质量有着不可替代的重要意义，对水土涵养区的可持续管理要以保护生态环境为前提，引导并调控该功能区内自然景观的利用方式，将该功能区涵养水源和保持土壤的生态功能发挥到最大化。

水土涵养区的管理策略主要提出以下两点。

1）以生态优先为首要原则，划定基本生态控制线，控制开发强度，最大程度降低对原有景观生态的破坏

水源涵养和土壤保持等景观功能的实现依赖于森林、草地、园地等自然景观的植被和土壤机能，过度的人类活动会破坏自然景观中的原始植被和土壤结构，造成水土流失、水质污染、土壤肥力下降等问题。基本生态控制线能将水土涵养区中具有较高生态价值的乡村景观统一划入保护范围，通过底线约束和刚性管理，贯彻"绿水青山就是金山银山"的生态文明理念，避免人类活动中的无序开发利用问题破坏自然景观，从而维护生态系统的科学性、完整性和连续性，保护森林等自然景观涵养水土的生态功能。

2）针对生态功能受损区域，推进生态化综合整治工程，实施国土空间生态修复举措，治理生态环境中的突出问题，增强乡村景观水土保持能力

距离农田景观和乡村聚落景观较近的自然景观往往会更易受到人类活动的影响，其中多数活动的经济目的性较强，易对自然景观的生态功能产生负面作用，需要及时修复并加以保护。生态化综合整治与国土空间生态修复工程是改善乡村景观功能、提升生态环境质量的重要手段之一，通过改变乡村景观中各类斑块、廊道和基质的形状、大小和空间结构组成，能够起到调节地表径流、提高植被覆盖率、保护土壤环境等作用，增强乡村景观保水蓄水、防止水土流失的生态能力。

　　（4）生态游憩区

　　乡村景观不仅是承担农业生产、居民生活和维持生态等"三生"功能的空间载体，还是乡村地区旅游及相关产业发展的核心吸引力。目前，快节奏的生活方式使得人们生活压力不断增加，而城市景观中的生态空间趋于狭窄恶化，人们迫切需要一个远离城市的生态休憩场所来释放压力、休闲娱乐。此时，兼具原生态自然风景和地域人文特色的乡村景观就成为人们竞相追逐的稀缺游憩资源。作为与城市景观功能分工大不相同的景观类型，乡村景观既包含宁静悠闲的田园风光，又能因地制宜地挖掘自然风景资源和历史文化资源，发展多种类生活化的特色旅游产业，打造乡村景观特色旅游品牌项目，足以满足多层次、多样化的旅游市场需求。

　　本研究基于乡村景观服务簇划定的生态游憩区与千岛湖区域基本重合，该功能区以生境支持和美学服务为主导景观功能，动植物资源丰富，水体景观风貌独特，配套基础设施建设完善，旅游资源综合品质高，适合作为城乡居民闲暇时间游憩娱乐的理想选择。对生态游憩区的可持续性管理同样应以保护景观生态为第一原则，以旅游及相关产业为依托，科学推进美丽乡村建设，达到提高乡村景观环境质量和生态旅游业兴旺发展的双重效果，全面打造乡村旅游知名品牌。

　　生态游憩区的管理策略主要提出以下几点。

　　1）将保护生态环境、保障乡村景观栖息地功能作为首要原则，实现人与自然的和谐统一

　　山、水、林、岛等乡村景观要素向旅游景区的转变，须保留景观组分的自然风貌和乡村的民俗风情；在进行有必要的建设开发时，尽量不破坏原有的植被本底，严格限制开发范围，提高相关建设建筑标准；将旅游产业与当地生态环境及历史文化特色相结合，利用千岛湖区域独特的山水资源和秀丽的田园风光，打造并发展生态型休闲旅游业，定期进行生态环境评价并及时采取修复措施，避免游憩活动对当地生物的栖息地造成不可逆转的破坏。

　　2）综合考虑当地居民、旅游经营者和游客三者的实际需求，实现农业生产、居民生活和生态旅游的融合渗透

　　首先，要尊重当地历史文化，最大程度保护并修复旅游景区范围内的古文化遗址，建立定期检查和监管制度；其次，要坚持和继承不同村落的特色民俗，挖掘文化底蕴，在特色文化与乡村景观两相融合的基础上，创新旅游发展内涵，激活乡村振兴内在动力；最后，将居民原本的生产活动和乡村生活与生态旅游进行有机结合，做到生产、生活与生态并举，保障自然生态、人居环境和旅游风景的和谐共生，从而提高乡村居民的生活品质和游

客的游憩体验。

3)塑造旅游品牌,推动乡村一二三产业融合,实现城乡统筹发展

生态游憩区可以立足于旅游资源优势,打造具有乡村生态特色的产业链,形成有竞争力的产业集群,带动乡村居民收入水平和生活质量的提升。乡村旅游的发展要能够逐渐呈现出内容丰富化和形式多样化的特征,能够带动特色水产养殖、餐饮住宿接待和民俗文化消费等产业的全面发展,将农民收入结构从依靠单一农业生产转变为以生态旅游为主、农业为辅的多元化经营,促进乡村地区第一产业与第二、第三产业融合,以产业转型升级推动乡村经济发展,打造城乡双赢的发展格局。

## 8.2　基于乡村景观可持续性综合测度的管理路径

基于服务簇的景观主导功能分区是从相对宏观的角度出发,对杭州市乡村景观进行功能区划分,有针对性地提出差异化管理建议,具体到某个或某类村庄则需要更贴近实际的落脚点。因此,本节结合前文杭州市乡村景观可持续性综合测度结果,从强可持续性、一般可持续性和弱可持续性三个方面分类讨论乡村景观管理路径。

### 8.2.1　强可持续性乡村景观管理路径

强可持续性乡村景观意味着该乡村的景观服务能力在时空和供需上都具有较强的可持续性,因此,这类乡村景观的管理目标是延续目前的主导功能分区,维持景观功能的可持续性。从空间分布格局来看,粮食主产区和生活娱乐区范围内的大部分乡村属于强可持续性类型,水土涵养区西部和北部各有相对成片的强可持续性乡村分布,而生态游憩区则几乎不存在强可持续性乡村。

从各类主导功能区生产、生活和生态"三生融合"的导向出发,在强可持续性乡村景观管理中可采取以下路径。

1)对于以农田景观为优势景观、第一产业为主导产业的粮食主产区的乡村,可以结合当地自然状况和社会经济条件,发展现代农业和生态农业。粮食主产区中的大部分乡村地形平坦、农田景观集中连片、耕地质量高,因而农业生产服务能力显著高于其他乡村,适宜发展新型现代化农业。期间可以借助田块合并、平整等整治工程,使其能够满足机械化作业和集约化经营的基本条件,逆转城市周边景观破碎化趋势。这些乡村虽然在当前看来,属于以农业生产为主,且兼具一定生态功能的、具有强可持续性的乡村,但是这些乡村大多位于城市周边,较易受到城镇化的影响。同时,农田

整治本身也会破坏原有的生态完整性,从而导致其自身的调节、支持等生态类景观服务受到威胁,因此,所有农业生产活动的前提是保证生态系统功能不降低。通过培育以农田景观为基底、田水路林村和谐交融的乡村特色景观,将单一利用景观生产功能的传统农业转变为兼顾高效生产和维护生态功能的生态化现代农业,调整乡村产业结构,显化乡村景观的多功能价值。此外,多数乡村位于城市景观附近,受城市辐射影响,社会经济发展水平相对较高。通过将现代科学技术引入农业生产的方式为这些乡村提供配套设施和资金支持,从而提高农业劳动生产率和农产品商品率。还可以借助大面积农田景观优势,还可以利用农作物生长特性打造色彩丰富、层次分明、四季变换的农耕景观,为城乡居民提供田园风光的视觉享受,适当提升粮食生产区乡村的娱乐休闲、美学服务等景观文化能力。

2)对于以乡村聚落为主,农田、园地和湿地景观为辅的生活娱乐区乡村,可以依托当地原有景观空间格局特征,根据乡村自然本底条件、产业结构及其与城市景观之间的距离等因素,因地制宜地发展休闲农业和都市农业及相关特色产业。该类乡村的农田景观相对分散,但乡村景观的生产和生活功能同样具有重要价值。将农业与旅游业相融合,延伸农业全产业链,将农田、园地和乡村聚落等乡村景观作为核心吸引力,挖掘各地乡村中独特的自然风貌、乡土人情和历史文脉,完善与乡村景观相协调的基础设施和公共服务建设,发挥其生产功能以外的休闲、生态和文化等多重价值,发展旅游观光、农家民宿、生态采摘、农事体验、有机绿色农产品生产、非遗传承展示基地等各类具有当地乡村特色的创意产业,打造各地知名品牌,满足城市居民和外地游客对于乡村生态休憩、旅游观光需求的同时,也可为乡村居民带来更多的经济收入。

3)对于森林景观占据主导地位、草地和湿地等自然或半自然景观夹杂散布的水土涵养区乡村,可以从生态环境保护优先原则入手,划定生态保护区,实施天然林保护等生态工程;在森林、草地和湿地等自然资源永续利用的基础上,适度开展林业、牧业和渔业等产业的可持续性经营和管理模式。乡村景观的水源涵养和土壤保持能力与区域植被类型、林地枯落物组成、土层厚度、土壤结构及其物理性质等诸多因素相关,相比其他类型自然景观,森林景观保持水土的能力最强,能够为区域生态环境提供调节径流、净化水质、防止水土流失等多种生态服务。而森林景观形成所需要的生长年份较长,一旦遭遇粗放式采伐森林等人类活动破坏,往往给整体景观带来不可逆的负面影响。因此,在具有景观强可持续性的水土涵养区,乡村发展应以自然景观保护为主,在生态保护红线范围之外,合理开展环境友好型农林牧渔等产业,尽量减少乡村聚落和道路等人工景观建设对自然环境的干扰,保护生态系统的完整性和稳定性,为区域提供长期可持续的水土涵养功能。

### 8.2.2　一般可持续性乡村景观管理路径

一般可持续性的大部分乡村,其景观综合能力处于研究区乡村景观平均水平上下,只是在时间、空间或供需的某一个维度上略有不足。因此,这类乡村景观的管理目标是秉承绿色发展、生态优先理念,调整、创新乡村发展方式,提高景观功能的协调性和可持续性。从空间分布格局来看,生活娱乐区和水土涵养区中都有一般可持续性乡村分布,而粮食主产区仅有少量零散村庄属于一般可持续性乡村景观,生态游憩区则基本不包含一般可持续性乡村。

在一般可持续性乡村景观管理中,可以采取以下路径。

1)在生产方向上,依据不同乡村景观本底条件,推动乡村产业转型升级,振兴乡村经济。生产是生活的保障。当前,很多乡村处于人口流失、景观服务能力下降的恶性循环。从生产上将乡村"盘活"是乡村景观可持续的重要路径。基于各乡村主导景观类型和功能,就地取材,差异化发展乡村产业,走循环经济、良性发展的可持续道路。以农业耕作为主的乡村,可以保持农田景观风貌,结合村庄作物特色,提升农田景观质量,打造创意田园综合体;以市场需求为导向,规划蔬果采摘园、苗圃基地、水产养殖、特色农产品加工等现代农业产业园区和参与式旅游产业,提高农业附加值,提升乡村居民收入。对第二、第三产业已有发展的乡村,可以保留原有的产业建设,并在此基础上,深挖乡村景观资源和历史文化内涵,将各类乡村分别建设为以观光摄影、传承历史、文旅体验、休闲养生等为功能定位的乡村景观,以提升乡村发展的综合效益和竞争力为目标,创新推动乡村现有产业的转型升级和融合发展,将产业与生产结合,促进乡村的健康发展。

2)在生活方向上,遵循乡村景观整体风貌和布局,按照以人为本的原则改善和恢复乡村环境,推进美丽乡村建设,提升乡村居民的生活品质。在对乡村景观进行规划、设计和调整的过程中,必须充分考虑当地地形地貌、气候特征和水文条件等自然限制因素,结合地域特征构建生态化人居环境。在自然景观改造上,依托自然资源禀赋,利用山势、水域与植被等要素条件丰富景观类型和层次,为乡村居民提供生态休闲空间。在人工景观建设上,尽量使用原木、砖瓦等乡土元素,在不破坏乡村特色和整体和谐性的情况下,完善相关配套基础设施,提升公共服务水平;在延续现有道路网布局的基础上,通过优化和新建交通线来增强可达性及便利性,满足乡村居民日常出行和社会交往的需要。美丽乡村建设不是单纯对乡村景观进行美化,而是对农田、水域等生态景观和社区文化景观的全面提升,综合解决人居环境质量差、基础设施和公共服务落后等问题,为乡村居民打造一个可持续生存和发展的居住环境。

3)在生态方向上,通过景观结构与空间格局的调整,保护和修复乡村景观中关键的生态屏障。事实上,由于自然地理条件的限制,并非每一个乡村都适宜人们在此生产生活。对于位于山地丘陵区的乡村,人们生产生活多有障碍,但并不意味着其就不可持续,因其景观具有重要的生态功能,生态可持续性是乡村景观可持续性的重要路径。对于距离城市景观较近的乡村,可在不改变原有主导景观及其功能的前提下,以农田、森林、草地、湿地和乡村聚落等现有景观资源为基础,开展以生态旅游、自然观光为主的郊野公园建设。通过调整区域景观斑块和廊道,优化整体空间格局,以生态优先为原则,完善交通和水电等基础设施条件;聚焦城市居民的休闲游憩需求和乡村景观的可持续发展目标,结合景观生态学理念,增强区域景观的生态和美学功能,建成可作为城乡之间生态屏障的多功能郊野公园,以绿色生活理念满足城乡居民生态需求,间接推进城乡一体化发展。对于其他散乱交杂分布于研究区范围内的一般可持续性乡村,可以利用农田和森林等景观要素,通过创意搭配形成维护生态和精神享受兼顾的特殊景观表征。例如,对于农田景观,综合考虑以农作物为主要表现力的农田基质和路沟林渠等生态廊道,将农业生产和视觉艺术相结合,形成与乡村特色或时令年节相关的景观图案,构建生态化乡村景观体系,实现农田景观生产、生活和生态功能的交织显化。对于森林景观,在生态保护林工程之外,还可以在植树造林活动中,对植被景观进行生态化改造,通过抚育、补植等多种手段促进立木均匀分布,帮助森林景观恢复繁茂,以实现其生态功能;按照区域气候等自然条件,增添部分有色树种,优化林相中的色彩配置,提升森林景观的美学服务价值。

### 8.2.3  弱可持续性乡村景观管理路径

弱可持续性乡村景观的综合功能相对较差,因此,这类乡村景观的管理目标是因地制宜,采取多种手段提升乡村景观的可持续性。从空间分布格局来看,粮食主产区、生活娱乐区和水土涵养区中各自分布着少量弱可持续性乡村,生态游憩区乡村景观大多数表现出弱可持续性。景观主导功能分区中的生态游憩区,即千岛湖区域,景观类型多为湿地景观,水域覆盖面积大。虽然从本研究定义的乡村景观服务角度进行测度时,该区域呈现出弱可持续性,但是该区域是生产、生活和生态科学合理融合,实现景观综合效益的典型区域,对研究区整体而言具有不可替代的重要意义,并不能简单地界定为弱可持续性乡村景观。换句话说,本研究中构建的景观可持续性测度体系,对景观类型非常特殊的千岛湖区域或许并不适用。

因此,在管理路径中,该区域千岛湖景区所涉及的乡村并不包含在内。在弱可持续性乡村景观管理中,可以采取以下路径。

1)乡村景观生态功能脆弱和退化的区域,需开展生态环境综合治理工程。人类不合理的生产和生活活动都可能对乡村景观的生态功能产生负面影响。在明确不同乡村生态环境问题的特征及其成因的基础上,要针对性地采取相应的生态修复和环境治理措施。例如,对于乡村聚落景观,优化其空间分布格局,限制村庄中建设用地的无序蔓延和扩张;对于农田景观,根据各地实际情况,实施废弃建设用地和低效用地复垦,增加农田景观数量,提升农田景观质量,进而提升农业生产服务能力;通过田块调整实现合理耕作规模,提高农业生产效率;借助生态化技术手段,完善沟渠路林等配套景观组分,在农田质量低劣或土壤被污染地区进行土壤改良、污染治理及生态修复,修复并保护农田生态系统,提升农田景观的生产和生态质量;对于森林、草地和湿地等自然景观,依据各类乡村具体现状特征及条件,分别实施封山育林、植树造林、完善林草治理体系、湿地保护修复等措施,增强自然景观的生态功能,全面提升乡村景观保护管理水平。

2)生产活动与生态保护相结合,实现乡村景观绿色发展。目前,乡村地区大多以第一产业为主导,因此,可以在综合考虑乡村自然地理环境和原有产业结构的基础上,以兼顾农业生产和生态保护为原则,引导传统农业向循环农业、清洁农业、健康农业转变。合理统筹规划农业产业各要素空间布局,减少配套设施等工程建设对农田景观自然状态的破坏,避免或改善景观破碎程度过高的问题;在农田景观中增添小水域斑块或防护林带,通过不同景观的互相作用,保持并提升区域生态环境质量;通过物理、生物或化学手段,减少或及时处理农业生产过程中的垃圾排放和化学污染,严格防范农业产业发展以牺牲农田景观的数量或质量为代价,以生态化可持续发展为标准,合理利用农田景观。

3)顺应乡村景观的发展规律和演变趋势,对生态环境脆弱和人口流失严重的乡村实施搬迁撤并。在快速城镇化进程中,乡村景观正随着人类活动的强烈变化而发生着演变。一方面,由于乡村景观服务供给能力的相对有限性,无法持续满足人口增加和经济建设带来的多样化景观服务需求,部分乡村景观因不合理的开发利用活动遭受不可逆的损失,生态环境脆弱性不断上升,不再适宜人类生活居住;另一方面,一些原本就被地形、水资源等自然因素限制的乡村,资源禀赋较差,农田景观和乡村聚落景观不足以支撑其生产和生活的基本需要,乡村人口逐渐外流,表现出乡村景观的不可持续性。对于出现类似生境脆弱和空心村问题的乡村,虽投入巨大成本来规划整治,但也难以获取应有的预期效益,应当遵循客观规律,顺应其发展趋势,在充分尊重乡村居民意愿及其积极主动参与的前提下,结合周边乡村现状,实施村庄聚落的搬迁撤并。

## 8.3　快速城镇化背景下乡村景观可持续发展的政策建议

### 8.3.1　快速城镇化背景下乡村景观现存的共性问题

20 世纪 80 年代以来,中国社会经济迅猛发展,城镇化进程不断加快。根据国家统计局发布的数据,到 2019 年底,我国城镇化率已经达到 60.60%,户籍人口城镇化率达到 44.38%。十八大报告指出,新型城镇化是以城乡统筹、城乡一体、产业互动、节约集约、生态宜居、和谐发展为基本特征的城镇化,是大中小城市、小城镇、新型农村社区协调发展、互促共进的城镇化。在城乡一体化的发展趋势下,新型城镇化进程的加快对乡村景观产生了直接或间接的深刻影响,也给乡村景观的可持续保护与管理带来了挑战。

(1)乡村建设缺乏合理规划,生态环境遭受破坏

村落是乡村景观的主要组成部分,随着社会经济的快速发展和经济收入水平的不断增长,乡村居民对居住面积和生活条件的要求也在逐步提高,但自发性的住宅建造往往缺乏规划设计,乱搭乱建现象较为严重,甚至会侵占并破坏农田和其他乡村景观要素,对乡村景观风貌产生了负面影响,对土地的不合理利用也导致了优质土地资源浪费、乡村景观配置不协调等问题。而原本村庄中的老旧破宅,随着居民进城务工或搬入新宅,逐渐变为闲置宅基地,使得"空心村"现象日趋严重,长期废弃的宅基地也可能面临坍塌风险。此外,许多乡村建筑物形式单一,公共基础设施条件以及后期管理水平并未得到显著提高,水体、植被等自然景观的完整性和多样性屡遭破坏,直接影响乡村居民的生活水平和乡村景观的生态质量。乡村景观统一建设规划的缺失,导致乡村景观功能无法完全发挥,甚至使得区域生态环境遭受破坏。

(2)乡村景观与城市景观趋于同质化

受不同地区自然条件、历史文化和生活需求等因素的影响,各地乡村景观会呈现出差异化的地域风貌。而在不断加快的新型城镇化进程中,城市对乡村的辐射带动作用逐渐增强,城市景观的建设及构造方式也在潜移默化地影响着乡村景观的发展方向。现阶段,乡村景观建设中的一大问题

就是缺乏因地制宜的规划思路,忽视各地乡村景观的地域特色和当地的实际条件,片面地追求、效仿现代化城市景观建设模式,将城市的发展套路生搬硬套到乡村景观建设中来,抛弃原本具有乡村特色的景观和建筑,甚至将当地独有的自然或人文景观盲目地改造为千篇一律的人造景观,导致"千村一面"的模板化现象出现,乡村与城市景观同质化问题严重,破坏了乡村地区自然风光和乡土人情的原始风貌,对类型丰富、结构复杂的乡村生态环境保护不足,难以满足乡村居民对生产、生活和生态的多样化需求。

(3)基础设施和公共服务水平落后,人居环境质量不佳

目前,我国城乡二元结构尚未得到实质性改善,这一问题在很大程度上制约着乡村地区的发展,城市与乡村之间的社会、经济和文化等发展水平依旧存在较大差距。相比城市景观,乡村景观的基础设施和公共服务整体水平较为落后,水电、信息网络、道路和环卫设施不到位,教育、医疗、卫生和社会保障等公共服务水平尚待提升,人居环境未达到生态宜居的要求。即便在国家和地方政府频繁倡导并深入实施乡村振兴战略和新农村建设政策的情况下,"村村通"路网建设进度不断推进,乡村地区的道路条件仍然存在路况较差、缺少绿化等问题;在废弃物处置方面,也暴露出设施欠缺、管理不到位的短板,需要进一步开展垃圾污水治理和"厕所革命"等综合整治工程,提升环境基础设施配套质量;其他与休闲游憩和文化教育相关的设施和服务也无法在短期内显化效益,建设水平则更为薄弱,亟须完善。

(4)乡村景观缺乏内涵,文化传承断代化现象频现

各个地区的乡村环境不同,地域文化特征和思想观念也各有特色。乡土文化是一定区域内乡村居民共同的精神认知,是人们对故乡形成认同感和归属感的来源和基石。但在乡村景观的规划与设计中,对区域特色风俗和历史文脉的延续与保护是被忽视的,很多地区在开发与建设乡村景观的过程中,将追求短期经济效益放在首位,而不重视对人文景观和历史内涵的挖掘,一味引入与乡村景观截然不同的现代化景观元素,过度改造具有乡村特色的自然景观和建筑物,导致当地的乡土元素和民俗风情逐渐消失,乡村景观的独特内涵也不断消失,乡土地域文化的传承与创新面临着断代危机。

### 8.3.2 乡村景观可持续管理的原则

与传统城镇化不同,新型城镇化的核心在于不以牺牲农业和粮食、生态和环境为代价,着眼农民,涵盖农村,实现城乡基础设施一体化和公共服

务均等化,促进经济社会发展,实现共同富裕。针对快速城镇化背景下乡村景观中普遍存在的问题,提出在乡村景观可持续管理中应当遵循的以下基本原则。

(1)生态优先

要实现乡村景观的可持续管理,必须遵循生态优先的原则。十八大报告中指出,"建设生态文明,是关系人民福祉、关乎民族未来的长远大计。"十九大报告也提出,"人与自然是生命共同体,人类必须尊重自然、顺应自然、保护自然。""要建设人与自然和谐共生的现代化,既要创造更多物质财富和精神财富以满足人民日益增长的美好生活需要,也要提供更多优质生态产品以满足人民日益增长的优美生态环境需要。"在乡村景观管理中,需要尊重乡村景观本底条件,坚持生命共同体的生态理念,以生态保护、绿色发展为先,在合理限度内开发利用各类景观资源,妥善处理原有自然景观与新建人工景观间的关系,避免不必要的开发活动对景观造成的浪费和破坏,维持生态环境的稳定与和谐,实现乡村景观人与自然的可持续发展。

(2)因地制宜

从当地的自然地理条件和社会经济特征出发,应用景观生态学的基本原理,充分利用农田、湿地、森林和聚落等乡村景观要素的原始风貌,借助基本农田保护、生态红线划定、乡村综合整治及国土空间生态修复等措施手段或工程技术,有针对性地对乡村景观"斑块-廊道-基质"模式进行调整与优化,构建生态宜居的乡村景观格局,提升人居环境的品质。注重对历史文化和民俗特色的继承,为传统民居、祠堂、名树古树、文化古迹等制定相应的配套保护措施,注重乡土元素和地域符号的运用和发扬,保留乡村中原有的传统地域特征和民俗习惯;在改造和新建景观中立足当地特色资源和技艺,就地取材,凸显乡村景观的本土特色;增加乡村居民在景观规划设计中的公众参与度,选择当地市民普遍认同的景观规划和管理方案,建设"望得见山、看得见水、记得住乡愁"的美丽乡村,增加乡村居民的认同感和幸福感。

(3)保持景观多样性

乡村景观与城市景观的本质区别之一就在于乡村景观的复杂性与多样性。为维护乡村景观的可持续性,应当保持并发挥乡村景观多样性的优势。乡村景观作为乡村居民生产、生活和生态需求的基本依托,是兼具生产、生活和生态多功能性的景观类型。实现乡村振兴应当景观先行,以景观建设助推乡村发展。在尊重维护区域生境的自然景观的基础上,对已有景观进行维护和调整,从景观角度出发,解决乡村及周边地区的生态环境问题,提升乡村环境质量;深入调查当地产业发展现状和居民生活条件,结合具体情况适当增加聚落、道路和其他基础设施等人工景观,以人为本,增强乡村居民日常生活和生产的便利性,做到自然景观、人工景观和文化景观的和谐相融,丰富乡村景观的多样性,实现乡村景观与社会经济的可持续发展。

### 8.3.3 乡村景观可持续管理制度创新与政策建议

(1)推动乡村景观可持续评价体系与管理机制创新

1)转变观念,正视乡村景观多功能性价值。现阶段,乡村景观的生产功能是其最基本的功能,但生产功能并不是其唯一的功能,乡村景观的社会、生态、文化和景观美学等功能同等重要。在对乡村景观进行管理和保护的过程中,需要转变过去以生产功能为主导的发展理念,充分重视乡村景观的多功能性价值,实现乡村景观"三生融合"的可持续发展。

2)建立乡村景观可持续性评价体系,创新管理机制。乡村景观的服务供给能力在时空上都表现出显著的异质性,应当在显化其多功能性价值的基础上,建立并完善乡村景观可持续性的评价体系,寻找精确量化乡村景观服务能力和可持续性的评价体系,得到科学系统的测度结果。此外,乡村景观各类功能之间还存在复杂的动态关系,导致不同区域乡村景观的主导功能和服务结构都不尽相同。因此,依据乡村景观本底条件和主导功能区的划分,能够帮助乡村景观规划把控宏观方向和微观设计,优化乡村景观的空间布局。在可持续性和主导功能的评价结果之上,可对不同层级可持续性的乡村景观采取不同措施,实施差异化管理,以实现乡村景观生产、生活、生态的有机融合与良性循环。

(2)完善生产性乡村景观管理机制

1)加强耕地保护,完善耕地占补平衡政策。耕地占补平衡是指非农建设经批准占用耕地,按照"占多少,补多少""占优补优"的原则,补充数量和质量相当的耕地。目前,耕地占补平衡正在由注重数量向数量和质量并重转变,但在实践中依然存在片面追求数量平衡、占优补劣的现象,造成水土流失、旱涝灾害频繁等生态问题。农田景观是乡村地区最主要的生产性景观,随着农田景观生态和美学功能逐步显现,在农用地质量分等定级和耕地占补平衡制度的落实中,也要充分认识到耕地生态效益的重要性,将补充耕地的数量、质量和生态效益与被占用耕地质量等级挂钩,在保障粮食安全的基础上,实现耕地数量、质量、生态"三位一体"平衡保护。

2)健全耕地保护补偿与激励机制。结合各地实际情况与农业补贴等制度,探索建立耕地保护制度与补偿激励机制,统筹安排财政资金,依据"谁保护、谁受益"的原则,加大耕地保护经济补偿力度,最大限度地调动各类耕地保护主体的主动性,落实耕地保护共同责任机制;在耕地资源数量、质量和生态综合保护的基础上,建立耕地保护责任目标考核机制,对耕地保护成效突出的农村集体经济组织和农户给予奖补;健全"以奖代补"激励约束机制,将以奖代补资金用于永久基本农田保护、高标准农田建设和农业基础设施配套等,保障耕地粮食生产的主导功能。

3)全面推进农用地土壤污染防治制度。在乡村景观土壤修复治理中,强调预防为主、保护优先,建立土壤污染预警机制,通过控制各类污染源排放和农业用水监测等措施,保护可能遭受污染的土壤;推进清洁能源和绿色技术在农业生产中的应用,在生产、生活和生态三方面展开综合防控,有效切断各类土壤污染源;实现土壤污染与大气污染、水污染等防治的协同联动,化解土壤污染对农产品安全和人居环境健康的威胁,提升乡村景观的生态可持续性。

(3)提升生活性乡村景观管理机制

1)完善农村宅基地有偿退出机制。宅基地有偿退出是指进城落户的农民自愿退出宅基地,由集体经济组织或政府给予一定补偿,退出的宅基地属于集体经济组织集体所有。借助宅基地有偿退出机制,可以实现农村土地资源的有效整合和集约利用,引导乡村生活空间集中合理规划,从而优化乡村聚落的空间布局;乡村居民在获得经济补偿之外,还可以通过村集体依法将闲置宅基地转变为集体经营性建设用地,取得与国有土地同等入市、同权同价的收益,提高乡村居民的财产性收入水平。

2)落实城乡建设用地增减挂钩政策。依据国土空间总体规划,通过拆旧建新和土地整理复垦等措施,实现城乡用地合理统筹安排,在严格保护耕地数量与质量和建设用地总量不增加的前提下,推动土地节约集约利用,为乡村景观保留充足的发展空间;在补偿安置方面,加强土地权属和增减挂钩收益管理工作,保障乡村居民的应得收益,改善生产生活条件,让城乡居民共享新型城镇化发展成果;对具有特殊历史文化价值的建筑予以重点保护,传承并发展各地区的乡土文化和特色民俗,提升乡村居民的认同感和幸福感。

3)完善乡村居民参与机制。乡村聚落是居民日常生活的基本载体,乡村居民是乡村景观管理中受影响最为直接的群体。在乡村景观的规划与管理中,应当搭建公众参与决策平台,广泛听取群众意见与建议,提高群众参与管理的积极性,形成尊重民众意愿、保障民众利益的管理方案,让乡村居民真正成为乡村景观的参与者、管理者和监督者,进一步提高乡村景观管理的科学性和民主性。

(4)创新生态性乡村景观管理机制

1)创新生态环境保护管理制度。明确相关行政管理部门在生态环境保护管理中的责任,编制乡村景观生态环境保护利用总体规划和水资源、林地、湿地等专项保护规划;划定禁止开发区、限制开发区、生态脆弱区和生态敏感区等生态管控边界,采取相应的有效保护措施,对自然生境进行修复;应用大数据和遥感监测等措施,建立生态环境保护监管系统,实现数据实时更新和资源公开共享;完善社会监督机制,确保相关主体履行生态环境管理保护义务。

2)健全生态保护综合补偿机制。依据"受益者付费和破坏者付费"原则,为自然保护区、重要生态功能区、矿产资源开发和流域水环境保护等领域建立生态补偿标准体系,通过经济激励政策,调整生态环境保护和相关各方的利益关系,促进人与自然和谐共生;促进生态补偿方式多样化,积极探索政府补偿与市场化补偿相结合的新型生态补偿机制,将单一的经济补偿方式转变为资金补偿、市场交易、跨区域制度改革等多种手段交叉的综合补偿方式;通过建立配套考核与奖惩机制,激励、保障相关主体自发进行生态保护。

## 8.4　本章小结

明确各乡村景观的主导功能有助于为乡村景观可持续管理提供科学依据。为识别主导功能,本章参考"生态系统服务簇"的研究体系,构建了"景观服务簇"分析框架,将景观服务簇定义为:在特定空间中具有关联性、并以某种特定组合形式出现的一组景观服务。基于 K-means 聚类方法,将杭州市乡村景观分为粮食主产区、生活娱乐区、水土涵养区和生态游憩区四大主导功能区类型,并提出相应管理策略。

(1)粮食主产区:划定农田景观保护线,保障粮食生产功能;发展现代农业,依托乡村景观格局优化农业结构;重视景观生态功能,推进生态廊道与景观美学建设。

(2)生活娱乐区:尊重景观原始风貌,维持生态可持续性;以人为本,因地制宜,彰显地域特色;合理规划与设计改造,实现景观多样化。

(3)水土涵养区:划定基本生态控制线,控制开发强度;实施国土空间生态修复举措,增强乡村景观水土保持能力。

（4）生态游憩区：保护生态环境、保障乡村景观栖息地功能，实现人与自然和谐统一；综合考虑当地居民、旅游经营者和游客的实际需求，实现农业生产、居民生活和生态旅游融合渗透；塑造生态化旅游品牌，推动乡村第一、第二、第三产业融合，实现城乡统筹发展。

在此基础上，结合前文景观可持续性综合测度结果，本章进一步从强、一般和弱可持续性三个方面探讨了乡村景观管理路径：对于强可持续性乡村，结合当地优势景观，依托原有景观空间格局优化产业发展模式，并开展生态环境保护；对于一般可持续性乡村，基于景观本底条件，推动产业转型升级，提升人居环境质量，保护并修复生态屏障；对于弱可持续性乡村，开展国土空间生态修复及生态环境综合治理工程，推动生产活动与生态保护相结合，针对生态环境脆弱和人口流失严重的乡村，实施撤并搬迁。

在快速城镇化背景下，乡村景观暴露出一些共性问题：缺乏合理规划，生态环境遭受破坏，乡村景观与城市景观趋于同质化发展，基础设施和公共服务水平落后，人居环境质量不佳，文化传承断代化现象频现，等等。针对这些问题，本章还遵循生态优先、因地制宜和保持景观多样性的基本原则，从推动乡村景观可持续评价体系与管理机制创新、完善生产性乡村景观管理机制、提升生活性乡村景观管理机制、创新生态性乡村景观管理机制四个方面为乡村景观可持续管理提出了制度创新与政策建议。

# 第9章

## 结论与展望

## 9.1　主要结论

（1）相比生态系统服务，景观服务仍是一个较新的概念。目前，针对景观服务领域的研究，大多仍处于初步的理论探讨阶段。本研究将景观服务的内涵界定为：首先，景观服务是建立在生态系统服务基础之上的，更加强调不同生态系统类型间相互作用关系以及景观要素空间分布格局与生态学过程之间的耦合和协同作用。其次，在不同的尺度下，景观表现出不同的生态过程和空间异质性。景观服务要求考虑景观空间格局与生态过程之间的相互作用。景观服务评估的尺度则位居"地块-生态系统-景观-区域-国家-全球"尺度层级的中间级别。在这个中间尺度下，景观服务评估体现了景观格局-过程对服务的影响。再者，生态系统服务较为重视基于生态过程的调节、支持、供给等服务，而景观服务则包含景观要素提供的所有有形服务和无形服务，更加深化景观文化服务的内涵。此外，景观服务的概念离不开以人为本的理念，"服务"一词对人类而言本身就有具备某种功能且能够被人类所感知和利用的意义，因此景观服务离不开人类对其功能的感知。总之，景观服务可被视为一种特殊的生态系统服务，其服务的供给依赖于景观格局的综合作用结果，并且将关注焦点从传统的"生态系统"转向"社会生态系统"。

（2）景观可持续性科学构成了当前可持续性科学研究的重要组成部分。在可持续性发展研究领域，相较于传统意义上的全球或国家尺度，景观和区域尺度是研究可持续性过程和机制最具操作性和实践性的研究尺度。景观可持续性概念的关键内涵是指特定景观所具有的、能够长期而稳定地提供景观服务以维护和改善区域性人类福祉的综合能力。景观生态学是景观可持续性科学的理论根基，景观服务是景观生态学与景观可持续性科学之间的桥梁。

（3）乡村景观作为典型的人类活动与自然生态系统频繁相互作用而形成的自然-半自然、人工-半人工的乡村地域综合体，不仅具有类型丰富的森林、草地、河流、湿地等自然生态系统，还拥有人类赖以生存的半自然生态系统——农田生态系统，以及农居点、道路、灌溉水渠等人工用地类型。乡村景观既具备物质与原材料生产、调蓄洪水、涵养水源、净化水质、调节气候、保护生物多样性等各种自然生态系统服务功能，同时兼具重要的经济、社会、人文与文化价值及美学价值叠加的多功能性内涵。

（4）在我国快速城镇化发展背景下，乡村景观及其蕴含的景观功能、社会结构的变化同样是非常剧烈的，面临着劳动力流失、基础设施薄弱、生态环境退化、资源短缺等多重问题，乡村可持续性研究逐渐受到学界关注。乡村景观服务能力被认为是乡村可持续性的根基，乡村景观可持续发展导向的核心就在于通过景观格局的调整与优化提升乡村景观服务能力，从而满足人类生产生活的需要。本研究概括了可持续性科学视角下的乡村景观可持续性内涵：从乡村景观的生活功能看，乡村聚落景观是乡村的灵魂，需要具备相对完善的基础设施来保障乡村居民生活的便利性，并能够拥有一定数量的休憩和娱乐场所，以增强乡村居民生活的趣味性；对于乡村景观的生产功能而言，农业生产是乡村可持续发展的命脉，需要整合乡村景观资源，尽可能形成集中连片的规模化农田、园地景观，并能够配以沟渠、田间道路等基础设施，提升农业景观的生产服务能力；而从乡村景观的生态功能看，乡村景观拥有大量的湿地、森林、草地等重要的景观生态类型，其生态功能是乡村景观可持续性的基础保障，需要以资源保护和生态效益为优先导向，避免人为干扰和开发利用活动对生态环境敏感区域的破坏，保护区域范围内的景观多样性、生态完整性及生态稳定性。

（5）杭州市作为我国快速城镇化的典型区域，本研究以杭州市乡村景观为对象，综合考量研究区景观覆被特征及其主要景观功能，将整个研究区划分为城市和乡村两大景观类型，进而将乡村景观细分为乡村聚落、农田、园地、草地、森林、湿地及其他等七种景观类型。整体上，2009—2017年，农田、森林、湿地及园地等景观类型被乡村聚落和城市侵占的现象较为明显，部分森林、湿地、园地景观也向农田景观转化；全域景观的破碎化程度不断增加，优势景观类型的控制程度有所下降，景观聚集度及连接度水平也有所降低，各类型景观格局指数虽差异较大，但随时间的动态变化幅度并不显著。村域尺度上，近年来，由农田景观主导转为乡村聚落和城市景观主导，以及由乡村聚落景观主导转为城市景观主导的景观变化现象较为普遍。杭州市中心城区周边区域的景观破碎化、景观多样性程度均较高，景观聚集度和连通性水平均较低；被大面积森林景观覆被的中心城区周边区域外围的丘陵地区景观连通度、聚集度均较高，但景观多样性、景观均匀度水平较低。村级尺度上的各景观格局指数随时间的动态改变幅度同样不大。

（6）基于景观服务的生产、生活、生态多功能性内涵，分别从供给、支持、调节、文化四大方面建立乡村景观服务分类体系，将杭州市乡村景观服务类型细分为居住、基础设施、农业生产、娱乐休闲、美学、固碳释氧、产水、土壤保持及生境支持等九大类型。空间分布上，杭州东北部区域范围内的乡村景观服务综合能力是相对较高的,自东北往西南方向乡村景观服务综合能力有逐渐递减的趋势,尤其是淳安县的千岛湖及其周围地区的景观服务水平是全市中最低的。时间变化上,整体而言,杭州市乡村景观服务能力于 2009—2013 年有所降低,2013—2017 年景观服务能力有所提升。其中,居住服务、基础设施服务、固碳释氧服务及生境支持服务表现为 2013 年前后先升高后降低的变化特征;农业生产服务和娱乐休闲服务的表现则与之相反,先降后升;美学服务、产水服务和土壤保持服务则在两个时间段内均有所降低。总之,近年来杭州市乡村景观服务综合能力的动态变化呈现出各区县之间明显的地域空间分异特征。

(7)乡村景观可持续性的实质是景观服务综合能力持续供给的能力呈现,既包括纵向上时间维度的可持续性供给能力,也包括不同景观服务供给在横向上的空间传递和区域之间的流动平衡,同时也体现出景观服务对于人类需求的供需匹配。因此,基于"时间-空间-供需""三维魔方"分析框架的景观可持续性综合测度模型,杭州市乡村景观强、一般、弱可持续性的空间分布并未呈现出明显的空间分异或集聚,但总体表现为城市周边区域、生态系统保存相对完好的乡村景观可持续性较强,且同时与乡村所处区位条件、自然地理环境、社会经济发展水平密切相关。

(8)理论上,景观服务是人类福祉的来源,人类最基本的食物和能源等生计必需品在很大程度上依赖于景观尺度上自然生态系统的供给,人类生活条件能否改善也与当地景观服务供给能力密切相关。可持续发展的最终目标是提高人类福祉水平。11 类福祉指标(基于"中国家庭大数据"调查样本)与景观服务水平、景观可持续性的相关关系分析结果表明,饮食消费水平、家庭总收入与生产、生活类服务呈正相关,与生态类服务呈负相关,而空气质量指标与服务的相关关系则相反;大部分福祉指标与时间及供需维度上的景观可持续性呈正相关关系,但在空间维度上未呈现出显著相关。

(9)景观可持续性管理路径及决策具有典型的跨领域、多学科有机融合交叉的综合性研究特色,是从基础研究迈向决策实践的重要方向。本研究通过引入景观服务簇的概念,基于景观服务簇聚类分析结果,将研究区划分为粮食主产区、生活娱乐区、水土涵养区和生态游憩区四类主导功能区。综合考量乡村景观可持续性测度结果,对于强可持续性、一般可持续性和弱可持续性三种级别下的乡村,分别提出有针对性的可持续性管理路径:依托优势景观,发展高效生态现代化农业和特色产业,助力乡村振兴;通过乡村综合整治项目和产业转型升级,优化景观布局和功能,推进美丽乡村建设;多手段开展国土空间生态修复与环境污染治理工程,保护自然生境,实现乡村景观绿色发展等。

(10)新时期,新型城镇化对乡村景观产生了直接或间接的深刻影响。在快速城镇化地区,乡村景观存在着缺乏合理空间规划、与城市景观趋于同质化、基础设施和公共服务水平落后、文化传承断代风险压力较大等共性问题。而新型城镇化建设强调以人为核心。结合生态文明建设和乡村振兴战略,本研究为乡村景观可持续管理提出生态优先、因地制宜和保持景观多样性的基本原则。在可持续管理制度创新与政策建议方面,提出应当树立乡村景观多功能性价值观,建立乡村景观可持续性评价体系,创新差异化管理机制:对于生产性乡村景观,可健全耕地占补平衡政策和耕地保护补偿与激励机制,推进土壤污染防治制度创新,加强以农田景观为主导的生产性景观保护;对于生活性乡村景观,可完善农村宅基地有偿退出机制,落实城乡建设用地增减挂钩政策,拓宽乡村居民参与渠道,提升乡村人居环境质量;对于生态型乡村景观,可创新生态环境保护管理制度,健全生态保护综合补偿机制,实现人与自然和谐共生的乡村景观可持续发展。

## 9.2　研究展望

景观服务作为连接自然生态系统和人类社会经济系统的纽带,对景观可持续性具有重要作用及意义。本研究创新性地构建了从景观外在的"格局"到景观内在的"服务",进而过渡到对人类发展至关重要的可持续性层面的研究分析理论框架,并通过实证研究进行了深入和系统的探讨。在景观服务分类及评估体系上,本研究基于乡村景观的生态、生活、生产功能,为弥补现有生态系统服务分类体系的不足,首次增加居住服务和基础设施服务评估类型。此外,基于景观格局与景观服务的耦合效应理念,在传统的生态系统服务评估体系基础上,创新发展了农业生产、美学、娱乐休闲、生境支持等服务的量化评估体系。在乡村景观可持续性测度上,本研究创新性地提出基于乡村景观服务能力的"时间-空间-供需""三维魔方"景观可持续性综合评估模型,为探索景观可持续性管理路径及策略提出了一种可供操作的评估途径和方法。

但是,关于景观服务与景观可持续性的研究,当前仍然处于初步的探索阶段,本研究也还存在一些不足和局限,未来的研究重点可从以下几个方面进一步展开和探索。

### 9.2.1　景观服务分类与评估体系研究

生态系统服务的分类与评估体系已趋向成熟,但其本身仍存有一定的局限性。例如,文化服务一直属于生态系统服务的边缘化类型,且对其的评估也没有较为系统的理论支撑。此外,生态系统服务研究尚未特别关注到空间格局-生态过程的相互作用关系及其内在机制。景观服务概念的提出,可以在一定程度上弥补这些局限和不足。但由于本研究提出的景观服务分类体系仅针对特定研究区,其普遍意义还有待在更多的实证案例中加以验证。再加上诸多评估数据获取的局限,本研究提出的景观服务分类体系尚不系统和全面,在后续研究中还有待进一步深入完善。

在景观服务定量化评估方法体系方面,本研究虽然对部分服务的评估在生态系统服务基础上结合景观服务的概念进行了深化和改进,但就景观格局和生态过程对景观服务的考虑,还没有较深入地融入景观服务的评估之中,仅是采用了部分景观格局指数等相关简单的定量化指标,结果还存在一定的不确定性,未来的研究可以从生态过程角度进行更深入的探索和完善。

### 9.2.2　景观可持续性测度模型研究

本研究虽然借助景观服务能力实现了对景观可持续性的测度,突破了原有只是根据简单的相关评价指标体系对可持续性进行评价的局限,综合考虑景观可持续性的时间、空间、供需等多维度特征,提出了"三维魔方"评估模型,但提出的"三维魔方"评估模型仍然属于基于简单"分级"的可持续性测度方法。另外,本研究的时间维度因受数据获取的限制,时间跨度不长,较少的时间动态数据样本会使景观可持续性的测度结果存在一定的不确定性,而对供需维度的评估还有待在需求评估方面进一步加强。

因此,未来该领域的研究可以通过进一步细化时间、空间、供需等各个维度的评估体系,丰富和完善评估数据,进而不断调整和修正综合评估模型,进一步提升评估结果的科学性、合理性和准确性。

### 9.2.3　景观服务-景观可持续性-人类福祉关系研究

生态系统服务与人类福祉的关系研究,一直是近年来生态系统服务领域的研究热点和前沿。本研究提出的"景观服务-景观可持续性-人类福祉"的研究逻辑框架,是对该研究领域的进一步深化,也有较多学者从理论层面上指出了这三者之间的相关关系,其研究成果对促进可持续发展与人类福祉提升具有重要的研究意义。

本研究虽然从实现定量化客观福祉和主观福祉的角度,对景观服务与人类福祉间的关系进行了初步探讨,但是仍然受限于所获取数据的样本数量,且针对其相互关系分析的显著性也并不明显,因此,未来可在进一步完善人类福祉指标体系基础上,不断丰富和扩充研究数据的样本数量,以对景观服务-景观可持续性-人类福祉相互关系及其作用机制展开更加深入的研究和探索。

# 参考文献

Almenar JB，Rugani B，Geneletti D，et al. Integration of ecosystem services into a conceptual spatial planning framework based on a landscape ecology perspective. Landscape Ecology，2018，33：2047-2059.

Angelstam P，Munoz-Rojas J，Pinto-Correia T. Landscape concepts and approaches foster learning about ecosystem services. Landscape Ecology，2019，34：1445-1460.

Arki V，Koskikala J，Fagerholm N，et al. Associations between local land use/land cover and place-based landscape service patterns in rural Tanzania. Ecosystem Services，2020，41：101056.

Bagstad KJ，Johnson GW，Voigt B，et al. Spatial dynamics of ecosystem service flows：A comprehensive approach to quantifying actual services. Ecosystem Services，2013，4：117-125.

Bastian O，Grunewald K，Syrbe R，et al. Landscape services：The concept and its practical relevance. Landscape Ecology，2014，29：1463-1479.

Bateman IJ，Harwood AR，Mace GM，et al. Bringing ecosystem services into economic decision-making：Land use in the United Kingdom. Science，2013，341：45-50.

Bauer R A. Social indicators. Cambridge：MIT Press，1966.

Becker P. Sustainability science：Managing risk and resili-ence for sustainable development. Amsterdam：Elsevier Science Ltd，2014.

Bommarco R，Vico G，Hallin S. Exploiting ecosystem services in agriculture for increased food security. Global Food Security，2018，17：57-63.

Boumans R，Roman J，Altman I，et al. The Multiscale Integrated Model of Ecosystem Services（MIMES）：Simulating the interactions of coupled human and natural systems. Ecosystem Services，2015，12：30-41.

Budyko M，Miller DH. Climate and life. New York：Academic

Press，1974.

Burkhard B，Kroll F，Nedkov S，et al. Mapping ecosystem service supply，demand and budgets. Ecological Indicators,2012,21:17-29.

Carpenter SR，Mooney HA，Agard J，et al. Science for managing ecosystem services: Beyond the Millennium Ecosystem Assessment. Proceedings of the National Academy of Sciences,2009,106:1305-1312.

Cassman KG，Matson PA，Naylor R，et al. Agricultural sustainability and intensive production practices. Nature, 2002, 418: 671-677.

Chabert A，Sarthou J. Conservation agriculture as a promising trade-off between conventional and organic agriculture in bundling ecosystem services. Agriculture，Ecosystems and Environment，2020，292:106815.

Cheng X，van Damme S，Li L，et al. Evaluation of cultural ecosystem services: A review of methods. Ecosystem Services, 2019,37: 100925.

Ciftcioglu GC. Assessment of the relationship between ecosystem services and human wellbeing in the social-ecological landscapes of Lefke Region in North Cyprus. Landscape Ecology，2017,32:897-913.

Clark DA. Concepts and perceptions of human well-being: Some evidence from South Africa. Oxford Development Studies，2003,31: 173-196.

Clark WC，Dickson NM. Sustainability science: The emerging research program. Proceedings of the National Academy of Sciences of the United States of America，2003,100:8059-8061.

Cord AF，Bartkowski B，Beckmann M，et al. Towards systematic analyses of ecosystem service trade-offs and synergies: Main concepts, methods and the road ahead. Ecosystem Services，2017,28:264-272.

Costanza R，D'Arge R，de Groot R，et al. The value of the world's ecosystem services and natural capital. Nature,1997,387:3-15.

Costanza R，de Groot R，Braat L，et al. Twenty years of ecosystem services: How far have we come and how far do we still need to go? Ecosystem Services，2017,28:1-16.

Costanza R，de Groot R，Sutton P，et al. Changes in the global value of ecosystem services. Global Environmental Change，2014，26:

152-158.

Costanza R, Farber S. Introduction to the special issue on the dynamics and value of ecosystem services: Integrating economic and ecological perspectives. Ecological Economics, 2002,41:367-373.

Crutzen PJ. Geology of mankind: The anthropocene. Nature, 2002, 415: 23.

Cumming GS, Epstein G. Landscape sustainability and the landscape ecology of institutions. Landscape Ecology, 2020. https://doi. org/10. 1007/s10980-020-00989-8.

Dade MC, Mitchell MGE, McAlpine CA, et al. Assessing ecosystem service trade-offs and synergies: The need for a more mechanistic approach. Ambio, 2018,48:1116-1128.

Daily GC, Matson PA. Ecosystem services: From theory to implementation. Proceedings of the National Academy of Sciences of the United States of America, 2008,105:9455-9456.

Daily GC, Polasky S, Goldstein J, et al. Ecosystem services in decision making: Time to deliver. Frontiers in Ecology and the Environment, 2009,7: 21-28.

Daily GC. Nature's services: Societal dependence on natural ecosystems. Washington DC: Island Press, 1997.

Daly H. On wilfred Beckerman's critique of sustainable development. Environmental Values, 1995,4:49-55.

de Groot RS, Alkemade R, Braat L, et al. Challenges in integrating the concept of ecosystem services and values in landscape planning, management and decision making. Ecological Complexity, 2010, 7: 260-272.

de Groot RS, Wilson MA, Boumans RMJ. A typology for the classification, description and valuation of ecosystem functions, goods and services. Ecological Economics, 2002,41:393-408.

de Groot RS. Functions of nature: Evaluation of nature in environmental planning, management and decision making. Amsterdam: Wolters-Noordhoff, 1992.

Dittrich A, Seppelt R, Václavík T, et al. Integrating ecosystem service bundles and socio-environmental conditions: A national scale analysis from Germany. Ecosystem Services, 2017,28:273-282.

Fagerholm N，Torralba M，Moreno G，et al. Cross-site analysis of perceived ecosystem service benefits in multifunctional landscapes. Global Environmental Change，2019,56:134-147.

Fang X，Zhao W，Fu B，et al. Landscape service capability，landscape service flow and landscape service demand: A new framework for landscape services and its use for landscape sustainability assessment. Progress in Physical Geography，2015,39:817-836.

FAO. The state of the world's biodiversity for food and agriculture. Rome: FAO Commission on Genetic Resources for Food and Agriculture Assessments，2019.

Foley JA. Global consequences of land use. Science，2005,309:570-574.

Forman R，Gordon M. Landscape Ecology. New York: Wiley Press,1986.

Fraser EDG，Mabee W，Slaymaker O. Mutual vulnerability，mutual dependence: The reflexive relation between human society and the environment. Global Environmental Change，2003,13:137-144.

Fu BJ，Bruce JK. Landscape ecology for sustainable environment and culture. Berlin: Springer-Verlarg，2013.

Fukamachi K. Sustainability of terraced paddy fields in traditional satoyama landscapes of Japan. Journal of Environmental Management，2017, 202:543-549.

Gawith D，Hodge I. Focus rural land policies on ecosystem services，not agriculture. Nature Ecology & Evolution，2019,3:1136-1139.

Gerecke M，Hagen O，Bolliger J，et al. Assessing potential landscape service trade-offs driven by urbanization in Switzerland. Palgrave Communications，2019,5:1-13.

Groten SME. NDVI: Crop monitoring and early yield assessment of Burkina Faso. International Journal of Remote Sensing，1993,14:1495-1515.

Gu F，Zhang Y，Huang M，et al. Climate-driven uncertainties in modeling terrestrial ecosystem net primary productivity in China. Agricultural and Forest Meteorology，2017,246:123-132.

Gulickx MMC，Verburg PH，Stoorvogel JJ，et al. Mapping landscape services: A case study in a multifunctional rural landscape in the Netherlands. Ecological Indicators, 2013,24:273-283.

Haines-Young RH, Potschin MB. Proposal for a common international classification of ecosystem goods and services (CICES) for integrated environmental and economic accounting. 2010. http://www.nottingham. ac. uk/cem/pdf/UNCEEA-5-7-Bk1. pdf.

Hargreaves GH, Samani ZA. Reference crop evapotranspiration from temperature. Applied Engineering in Agriculture, 1985, 1: 96-99.

He S, Su Y, Shahtahmassebi AR, et al. Assessing and mapping cultural ecosystem services supply, demand and flow of farmlands in the Hangzhou metropolitan area, China. Science of the Total Environment, 2019,692:756-768.

Hermann A, Kuttner M, Hainz-Renetzeder C, et al. Assessment framework for landscape services in European cultural landscapes: An Austrian Hungarian case study. Ecological Indicators, 2014,37:229-240.

Hermann A, Schleifer S, Wrbka T. The concept of ecosystem services regarding landscape research: A review. Living Reviews in Landscape Research, 2011,5:1-37.

Johnson KM, Lichter DT. Rural depopulation: Growth and decline processes over the past century. Rural Sociology, 2019,84:3-27.

Kahneman D. Would you be happier if you were richer? A focusing illusion. Science, 2006,312:1908-1910.

Kareiva P, Watts S, McDonald R, et al. Domesticated nature: Shaping landscapes and ecosystems for human welfare. Science, 2007, 316:1866-1869.

Kates RW. Sustainability science. Science, 2001,292:641-642.

King MF, Renó VF, Novo EMLM. The concept, dimensions and methods of assessment of human well-being within a socioecological context: A literature review. Social Indicators Research, 2014, 116: 681-698.

Leigh A, Wolfers J. Happiness and the human development index: Australia is not a paradox. The Australian Economic Review, 2006,39: 176-184.

Leisher C, Samberg LH, van Beukering P, et al. Focal areas for measuring the human well-being impacts of a conservation initiative. Sustainability, 2013,5:997-1010.

Lélé S, Norgaard RB. Sustainability and the scientist's burden. Conservation Biology, 1996,10:354-365.

Liang X, Jia H, Chen H, et al. Landscape sustainability in the loess hilly gully region of the Loess Plateau: A case study of Mizhi County in Shanxi Province, China. Sustainability, 2018,10:3300.

Liao C, Qiu J, Chen B, et al. Advancing landscape sustainability science: Theoretical foundation and synergies with innovations in methodology, design, and application. Landscape Ecology, 2020,35:1-9.

Liu L, Liang Y, Hashimoto S. Integrated assessment of land-use/coverage changes and their impacts on ecosystem services in Gansu Province, northwest China: Implications for sustainable development goals. Sustainability Science, 2020,15:297-314.

Liu YS, Li YH. Revitalize the world's countryside. Nature, 2017, 548: 275-277.

Mander U, Wiggering H, Helming K. Multifunctional Land Use: Meeting Future Demands for Landscape Goods and Services. Berlin: Springer-Verlarg, 2007.

McCluney KE, Poff NL, Palmer MA, et al. Riverine macrosystems ecology: Sensitivity, resistance, and resilience of whole river basins with human alterations. Frontiers in Ecology and the Environment, 2014,12: 48-58.

McNeely JA, Miller KR, Reid WV, et al. Conserving the world's biological diversity. Gland: International Union for the Conservation of Nture (IUCN), 1990.

Millennium Ecosystem Assessment (MEA). Ecosystems and Human Well-Being: Synthesis. Washington DC: Island Press, 2005.

Mitchell MGE, Bennett EM, Gonzalez A. Linking landscape connectivity and ecosystem service provision: Current knowledge and research gaps. Ecosystems, 2013,16:894-908.

Musacchio LR. Key concepts and research priorities for landscape sustainability. Landscape Ecology, 2013,28:995-998.

Nelson E, Mendoza G, Regetz J, et al. Modeling multiple ecosystem services, biodiversity conservation, commodity production, and tradeoffs at landscape scales. Frontiers in Ecology and the Environment, 2009,7: 4-11.

Neumayer E. Weak versus strong sustainability: Exploring the limits of two opposing paradigms. International Journal of Sustainability in Higher Education, 2013,14:54-56.

Nowak A, Grunewald K. Landscape sustainability in terms of landscape services in rural areas: Exemplified with a case study area in Poland. Ecological Indicators, 2018,94:12-22.

Nussbaum M, Sen A. The Quality of Life. Oxford: Clarendon Press,1993.

Opdam P, Luque S, Jones KB. Changing landscapes to accommodate for climate change impacts: A call for landscape ecology. Landscape Ecology, 2009,24:715-721.

Oswald AJ, Wu S. Objective confirmation of subjective measures of human well-being: Evidence from the U. S. A. Science, 2010, 327: 576-579.

Peng J, Hu X, Qiu S, et al. Multifunctional landscapes identification and associated development zoning in mountainous area. Science of the Total Environment, 2019,660:765-775.

Potter CS, Randerson JT, Field CB, et al. Terrestrial ecosystem production: A process model based on global satellite and surface data. Global Biogeochemical Cycles, 1993,7:811-841.

Price C. A comparative look at landscape: New challenges, new opportunities. Council of Europe Celebration of the Tenth Anniversary of the European Landscape Convention 2000—2010. Florence: Italy, 2010.

Quintas-Soriano C, García-Llorente M, Norström A, et al. Integrating supply and demand in ecosystem service bundles characterization across Mediterranean transformed landscapes. Landscape Ecology, 2019, 34: 1619-1633.

Raudsepp-Hearne C, Peterson GD, Bennett EM. Ecosystem service bundles for analyzing tradeoffs in diverse landscapes. Proceedings of the National Academy of Sciences, 2010,107:5242-5247.

Renard KG, Foster GR, Weesies GA, et al. Predicting soil erosion by water: A guide to conservation planning with the Revised Universal Soil Loss Equation (RUSLE). Washington DC: US Department of Agriculture, 1997.

Sannigrahi S, Bhatt S, Rahmat S, et al. Estimating global

ecosystem service values and its response to land surface dynamics during 1995—2015. Journal of environmental management，2018，223：115-131.

Scholte SSK，Daams M，Farjon H，et al. Mapping recreation as an ecosystem service：Considering scale，interregional differences and the influence of physical attributes. Landscape and Urban Planning，2018，175：149-160.

Schröter M，Barton DN，Remme RP，et al. Accounting for capacity and flow of ecosystem services：A conceptual model and a case study for Telemark，Norway. Ecological Indicators，2014，36：539-551.

Sen A. Well-Being，agency and freedom：The Dewey Lectures 1984. The Journal of philosophy，1985，82：169-221.

Sluisvd，T，Peoli GBM，Frederiksen P，et al. The impact of European landscape transitions on the provision of landscape services：An explorative study using six cases of rural land change. Landscape Ecology，2019，34：307-323.

Spake R，Lasseur R，Crouzat E，et al. Unpacking ecosystem service bundles：Towards predictive mapping of synergies and trade-offs between ecosystem services. Global Environmental Change，2017，47：37.

Srinivasan JT，Reddy VR. Impact of irrigation water quality on human health：A case study in India. Ecological Economics，2009，68：2800-2807.

Steffen W. Interdisciplinary research for managing ecosystem services. Proceedings of the National Academy of Sciences of the United States of America，2009，106：1301-1302.

Summers JK，Smith LM，Case JL，et al. A review of the elements of human well-being with an emphasis on the contribution of ecosystem services. Ambio，2012，41：327-340.

Tallis HT，Ricketts T，Guerry AD，et al. In-VEST 2.1 Beta User's Guide：Integrated Valuation of Ecosystem Services and Tradeaffs. Stanford：The Natural Capital Project，2010.

Termorshuizen JW，Opdam P. Landscape services as a bridge between landscape ecology and sustainable development. Landscape Ecology，2009，24：1037-1052.

Terrado M，Sabater S，Chaplin-Kramer B，et al. Model development for the assessment of terrestrial and aquatic habitat quality in conservation planning. Science of the Total Environment, 2016,540:63-70.

Tress G, Tress B, Fry G. Clarifying integrative research concepts in landscape ecology. Landscape Ecology, 2005,20:479-493.

Turner MG, Gardner RH. Quantitative methods in landscape ecology: The analysis and interpretation of landscape heterogeneity. Berlin: Springer-Verlag, 1991.

Turner MG. Disturbance and landscape dynamics in a changing world. Ecology, 2010,91:2833-2849.

Turner MG. Landscape Ecology: What is the state of the science? Annual Review of Ecology, Evolution and Systematics, 2005, 36: 319-344.

Turner MG. Spatial and temporal analysis of landscape patterns. Landscape Ecology, 1990,4:21-30.

United Nations (UN). Transforming our world: The 2030 agenda for sustainable development. 2015. https://sustainabledevelopment. un. org/post2015/transformingourworld/.

United Nations Development Programme (UNDP). Human development reports: Indices & data—Human Development Index (HDI), 2011.

van der Heider CM, Heijman WJM. The economic value of landscapes. London: Routledge, 2013.

Vemuri AW, Costanza R. The role of human, social, built, and natural capital in explaining life satisfaction at the country level: Toward a National Well-Being Index (NWI). Ecological Economics, 2006,58: 119-133.

Vialatte A, Barnaud C, Blanco J, et al. A conceptual framework for the governance of multiple ecosystem services in agricultural landscapes. Landscape Ecology, 2019,34:1653-1673.

Villa F, Ceroni M, Bagstad K, et al. ARIES (Artificial Intelligence for Ecosystem Services): A new tool for ecosystem services assessment, planning, and valuation. Proceedings of the 11th International BioECON Conference on Economic Instruments to Enhance the Conservation and Sustainable Use of Biodiversity, Venice, Italy, 2009.

Villamagna AM, Angermeier PL, Bennett EM. Capacity, pressure, demand, and flow: A conceptual framework for analyzing ecosystem service provision and delivery. Ecological Complexity，2013,15:114-121.

Wang BJ，Tang H，Xu Y. Integrating ecosystem services and human well-being into management practices: Insights from a mountain-basin area，China. Ecosystem services，2017,27:58-69.

Watson JEM，Venter O，Lee J，et al. Protect the last of the wild. Nature，2018,563:27-30.

Wegren SK. The quest for rural sustainability in Russia. Sustainability，2016,8:1-18.

Wei H，Fan W，Wang X，et al. Integrating supply and social demand in ecosystem services assessment: A review. Ecosystem Services，2017,25:15-27.

Wei H，Liu H，Xu Z，et al. Linking ecosystem services supply，social demand and human well-being in a typical mountain-oasis-desert area，Xinjiang，China. Ecosystem Services，2018,31:44-57.

Wiens A，Moss MR. Issues and Perspectives in Landscape Ecology. Cambridge : Cambridge University Press，2005.

Wischmeier WH，Smith DD. Predicting Rainfall Erosion Losses——A Guide for Conservation Planning. Washington DC: Department of Agriculture，Agriculture Handbook，1978.

Wolff S，Schulp CJE，Verburg PH. Mapping ecosystem services demand: A review of current research and future perspectives. Ecological Indicators，2015,55:159-171.

Wu J. Key concepts and research topics in landscape ecology revisited: 30 years after the Allerton Park workshop. Landscape Ecology，2013a,28:1-11.

Wu J. Landscape sustainability science: Ecosystem services and human well-being in changing landscapes. Landscape Ecology，2013b,28:999-1023.

Zhou B，Wu J，Anderies JM. Sustainable landscapes and landscape sustainability: A tale of two concepts. Landscape and Urban Planning，2019,189:274-284.

Zhu Z，Zhou Y，Seto KC，et al. Understanding an urbanizing planet: Strategic directions for remote sensing. Remote Sensing of Environment，2019,228:164-182.

白杨,王敏,李晖,等.生态系统服务供给与需求的理论与管理方法.生态学报,2017,37(17):5846-5852.

包玉斌,刘康,李婷,等.基于 InVEST 模型的土地利用变化对生境的影响——以陕西省黄河湿地自然保护区为例.干旱区研究,2015,32(3):622-629.

鲍梓婷,周剑云,周游.英国乡村区域可持续发展的景观方法与工具.风景园林,2020,27(4):74-80.

毕绪岱,杨永辉,许振华,等.河北省森林生态经济效益研究.河北林业科技,1998,(1):2-6.

邴振华,高峻.九寨沟景观游憩价值评估及空间分异.生态学报,2016,36(14):4298-4306.

蔡崇法,丁树文,史志华,等.应用 USLE 模型与地理信息系统 IDRISI 预测小流域土壤侵蚀量的研究.水土保持学报,2000,14(2):19-24.

蔡雪娇,吴志峰,程炯.基于核密度估算的路网格局与景观破碎化分析.生态学杂志,2012,31(1):158-164.

蔡运龙.持续发展:人地系统优化的新思路.应用生态学报,1995,6(3):329-333.

陈妍,乔飞,江磊.基于 In VEST 模型的土地利用格局变化对区域尺度生境质量的影响研究——以北京为例.北京大学学报(自然科学版),2016,52(3):553-562.

曹智,李裕瑞,陈玉福.城乡融合背景下乡村转型与可持续发展路径探析.地理学报,2019,74(12):2560-2571.

陈昌笃.论地生态学.生态学报,1986,6(4):289-294.

陈利顶,刘洋,吕一河,等.景观生态学中的格局分析:现状、困境与未来.生态学报,2008,28(11):5521-5531.

陈敏.弱可持续性下碳税转移政策的经济与环境效应研究.南京:南京财经大学,2019.

戴尔阜,王亚慧.横断山区产水服务空间异质性及归因分析.地理学报,2020,75(3):607-619.

杜乐山,李俊生,刘高慧,等.生态系统与生物多样性经济学(TEEB)研究进展.生物多样性,2016,24(6):686-693.

封志明,唐焰,杨艳昭,等.中国地形起伏度及其与人口分布的相关性.地理学报,2007,62(10):1073-1082.

冯伟林,李树苗,李聪.生态系统服务与人类福祉:文献综述与分析框架.资源科学,2013,35(7):1482-1489.

冯源,田宇,朱建华,等.森林固碳释氧服务价值与异养呼吸损失量评估.生态学报,2020,40(14):1-11.

冯兆,彭建,吴健生.基于生态系统服务簇的深圳市生态系统服务时空演变轨迹研究.生态学报,2020,40(8):2545-2554.

傅伯杰,陈利顶,马克明,等.景观生态学原理及应用.北京:科学出版社,2001.

傅伯杰,吕一河,陈利顶,等.国际景观生态学研究新进展.生态学报,2008,28(2):798-804.

傅伯杰,吕一河,高光耀.中国主要陆地生态系统服务功能与生态安全研究的重要进展.自然杂志,2012,34(5):261-272.

傅伯杰,张立伟.土地利用变化与生态系统服务:概念、方法与进展.地理科学进展,2014,33(4):441-446.

傅伯杰,周国逸,白永飞,等.中国主要陆地生态系统服务功能与生态安全.地球科学进展,2009,24(6):571-576.

富伟,刘世梁,崔保山,等.景观生态学中生态连接度研究进展.生态学报,2009,29(11):6174-6182.

葛韵宇,李方正.基于主导生态系统服务功能识别的北京市乡村景观提升策略研究.中国园林,2020,36(1):25-30.

巩杰,燕玲玲,徐彩仙,等.近30年来中美生态系统服务研究热点对比分析:基于文献计量研究.生态学报,2020,40(10):1-11.

郭朝琼,徐昔保,舒强.生态系统服务供需评估方法研究进展.生态学杂志,2020,39(6):2086-2096.

郭洪伟,孙小银,廉丽姝,等.基于CLUE-S和InVEST模型的南四湖流域生态系统产水功能对土地利用变化的响应.应用生态学报,2016,27(9):2899-2906.

何山.基于多源信息的耕地多功能评价与用途分区研究.杭州:浙江大学,2019.

贺艳华,邬建国,周国华,等.论乡村可持续性与乡村可持续性科学.地理学报,2020,75(4):736-752.

黄甘霖,姜亚琼,刘志锋,等.人类福祉研究进展:基于可持续科学视角.生态学报,2016,36(23):7519-7527.

黄献明.绿色建筑的生态经济优化问题研究.北京:清华大学,2006.

黄震方,黄睿.基于人地关系的旅游地理学理论透视与学术创新.地理研究,2015,34(1):15-26.

姜广辉,何新,马雯秋,等.基于空间自相关的农村居民点空间格局演变及其分区.农业工程学报,2015,31(13):265-273.

雷金睿,陈宗铸,吴庭天,等.海南岛东北部土地利用与生态系统服务价值空间自相关格局分析.生态学报,2019,39(7):2366-2377.

李慧蕾,彭建,胡熠娜,等.基于生态系统服务簇的内蒙古自治区生态功能分区.应用生态学报,2017,28(8):2657-2666.

李俊梅,龚相澔,张雅静,等.滇池流域森林生态系统固碳释氧服务价值评估.云南大学学报(自然科学版),2019,41(3):629-637.

李丽,王心源,骆磊,等.生态系统服务价值评估方法综述.生态学杂志,2018,37(4):1233-1245.

李曼钰.北京市典型都市农业园景观服务供需及偏好影响因素.北京:中国地质大学(北京),2018.

李苗苗.植被覆盖度的遥感估算方法研究.北京:中国科学院遥感应用研究所,2003.

李奇,朱建华,肖文发.生物多样性与生态系统服务:关系、权衡与管理.生态学报,2019,39(8):2655-2666.

李绍东.试论生态经济效益.社会科学研究,1985,(2):29-33.

李双成,王珏,朱文博,等.基于空间与区域视角的生态系统服务地理学框架.地理学报,2014,69(11):1628-1639.

李双成,谢爱丽,吕春艳,等.土地生态系统服务研究进展及趋势展望.中国土地科学,2018,32(12):82-89.

李双成,张才玉,刘金龙,等.生态系统服务权衡与协同研究进展及地理学研究议题.地理研究,2013,32(8):1379-1390.

李秀彬.全球环境变化研究的核心领域:土地利用/土地覆被变化的国际研究动向.地理学报,1996,51(6):553-558.

李周.中国生态经济理论与实践的进展.江西社会科学,2008(6):7-12.

刘华明,郭运河.新编中国大百科全书.北京:印刷工业出版社,2001.

刘慧敏,范玉龙,丁圣彦.生态系统服务流研究进展.应用生态学报,2016,27(7):2161-2171.

刘黎明.乡村景观规划的发展历史及其在我国的发展前景.农村生态环境,2001,17(1):52-55.

刘民权,俞建拖,王曲.人类发展视角与可持续发展.南京大学学报(哲学.人文科学.社会科学版),2009,45(1):20-30.

刘薇.区域生态经济理论研究进展综述.北京林业大学学报(社会科学版),2009,8(3):142-147.

刘文平,宇振荣.景观服务研究进展.生态学报,2013,33(22):

7058-7066.

刘文平.基于景观服务的绿色基础设施规划与设计研究.北京:中国农业大学,2014.

刘昕,国庆喜.基于移动窗口法的中国东北地区景观格局.应用生态学报,2009,20(6):1415-1422.

刘彦随,龙花楼,陈玉福,等.中国乡村发展研究报告:农村空心化及其整治策略.北京:科学出版社,2011.

刘彦随,周扬,李玉恒.中国乡村地域系统与乡村振兴战略.地理学报,2019,74(12):2511-2528.

刘彦随.中国新时代城乡融合与乡村振兴.地理学报,2018,73(4):637-650.

刘颖,邓伟,宋雪茜,等.基于地形起伏度的山区人口密度修正:以岷江上游为例.地理科学,2015,35(4):464-470.

刘月,赵文武,贾立志.土壤保持服务:概念、评估与展望.生态学报,2019,39(2):432-440.

龙花楼.论土地利用转型与乡村转型发展.地理科学进展,2012,31(2):131-138.

陆大道,郭来喜.地理学的研究核心:人地关系地域系统.地理学报,1998,53(2):97-105.

陆大道.关于地理学的"人-地系统"理论研究.地理研究,2002,21(2):135-145.

吕拉昌,黄茹.人地关系认知路线图.经济地理,2013,33(8):5-9.

马琳,刘浩,彭建,等.生态系统服务供给和需求研究进展.地理学报,2017,72(7):1277-1289.

马能.土地整治项目耕地质量等级更新评价研究.昆明:昆明理工大学,2018.

穆少杰,李建龙,陈奕兆,等.2001-2010年内蒙古植被覆盖度时空变化特征.地理学报,2012,67(9):1255-1268.

欧阳志云,王如松,赵景柱.生态系统服务功能及其生态经济价值评价.应用生态学报,1999,10(5):635-640.

庞海燕,李咏华.基于InVEST的生境质量评估与影响机制研究——以2000-2015年杭州市为例.重庆:中国城市规划学会,2019:141-152.

彭建,胡晓旭,赵明月,等.生态系统服务权衡研究进展:从认知到决策.地理学报,2017a,72(6):960-973.

彭建,刘志聪,刘焱序,等.京津冀地区县域耕地景观多功能性评价.生态学报,2016,36(8):2274-2285.

彭建,王仰麟,刘松,等.景观生态学与土地可持续利用研究.北京大学学报(自然科学版),2004,40(1):154-160.

彭建,杨旸,谢盼,等.基于生态系统服务供需的广东省绿地生态网络建设分区.生态学报,2017b,37(13):4562-4572.

祁宁,赵君,杨延征,等.基于服务簇的东北地区生态系统服务权衡与协同.生态学报,2020,40(9):2827-2837.

任婷婷,周忠学.农业结构转型对生态系统服务与人类福祉的影响:以西安都市圈两种农业类型为例.生态学报,2019,39(7):2353-2365.

沈满洪.生态经济学的定义、范畴与规律.生态经济,2009,(1):42-47.

宋小青.论土地利用转型的研究框架.地理学报,2017,72(3):471-487.

宋章建,曹宇,谭永忠等.土地利用/覆被变化与景观服务:评估、制图与模拟.应用生态学报,2015,26(5):1594-1600.

滕洪芬.基于多源信息的潜在土壤侵蚀估算与数字制图研究.杭州:浙江大学,2017.

王大尚,郑华,欧阳志云.生态系统服务供给、消费与人类福祉的关系.应用生态学报,2013,24(6):1747-1753.

王学义,郑昊.工业资本主义、生态经济学、全球环境治理与生态民主协商制度:西方生态文明最新思想理论述评.中国人口·资源与环境,2013,23(9):137-142.

王艳飞,刘彦随,严镔,等.中国城乡协调发展格局特征及影响因素.地理科学,2016,36(1):20-28.

邬建国,郭晓川,杨劼等.什么是可持续性科学?应用生态学报,2014,25(1):1-11.

邬建国.景观生态学:概念与理论.生态学杂志,2000,19(1):42-52.

邬建国.景观生态学:格局、过程、尺度与等级.北京:高等教育出版社,2000.

吴传钧.论地理学的研究核心:人地关系地域系统.经济地理,1991,11(3):1-6.

吴健,李英花,黄利亚,等.东北地区产水量时空分布格局及其驱动因素.生态学杂志,2017,36(11):3216-3223.

吴健生,钟晓红,彭建,等.基于生态系统服务簇的小尺度区域生态用地功能分类:以重庆两江新区为例.生态学报,2015,35(11):3808-3816.

吴蒙.长三角地区土地利用变化的生态系统服务响应与可持续性情景模拟研究.上海:华东师范大学,2017.

肖笃宁,曹宇.欧洲景观条约与景观生态学研究.生态学杂志,2000,19(6):75-77.

肖笃宁,李秀珍.当代景观生态学的进展和展望.地理科学,1997,(4):69-77.

谢高地,鲁春霞,冷允法,等.青藏高原生态资产的价值评估.自然资源学报,2003,18(2):189-196.

谢高地,肖玉,鲁春霞.生态系统服务研究:进展、局限和基本范式.植物生态学报,2006,30(2):191-199.

谢高地,甄霖,鲁春霞,等.生态系统服务的供给、消费和价值化.资源科学,2008,30(1):93-99.

徐洁,肖玉,谢高地,等.东江湖流域水供给服务时空格局分析.生态学报,2016,36(15):4892-4906.

严岩,朱捷缘,吴钢,等.生态系统服务需求、供给和消费研究进展.生态学报,2017,37(8):2489-2496.

杨光梅,李文华,闵庆文.生态系统服务价值评估研究进展:国外学者观点.生态学报,2006,26(1):205-212.

杨莉,甄霖,李芬,等.黄土高原生态系统服务变化对人类福祉的影响初探.资源科学,2010,32(5):849-855.

杨青山,梅林.人地关系、人地关系系统与人地关系地域系统.经济地理,2001,21(5):532-537.

杨仙.高县庆岭乡乡村景观美学质量评价研究.成都:成都理工大学,2018.

怡凯,王诗阳,王雪,等.基于 RUSLE 模型的土壤侵蚀时空分异特征分析:以辽宁省朝阳市为例.地理科学,2015,35(3):365-372.

尤飞,王传胜.生态经济学基础理论、研究方法和学科发展趋势探讨.中国软科学,2003,11(3):131-138.

余谋昌.生态哲学:可持续发展的哲学诠释.中国人口·资源与环境,2001,(3):3-7.

俞孔坚.景观的含义.时代建筑,2002,(1):14-17.

禹文豪,艾廷华.核密度估计法支持下的网络空间 POI 点可视化与分析.测绘学报,2015,44(1):82-90.

曾辉,陈利顶,丁圣彦,等.景观生态学.北京:高等教育出版社,2017.

翟天林,王静,金志丰,等.长江经济带生态系统服务供需格局变化与关联性分析.生态学报,2019,39(15):5414-5424.

张达,何春阳,邬建国,等.京津冀地区可持续发展的主要资源和环境

限制性要素评价:基于景观可持续科学概念框架.地球科学进展,2015,30
(10):1151-1161.

张惠远.景观规划:概念、起源于发展.应用生态学报,1999,10(3):
373-378.

张玲玲,赵永华,殷莎,等.基于移动窗口法的岷江干旱河谷景观格局
梯度分析.生态学报,2014,34(12):3276-3284.

张娜.生态学中的尺度问题:内涵与分析方法.生态学报,2006,26(7):
2340-2355.

张涛.土地整治新增耕地质量评价指标体系优化及应用研究.杭州:浙
江财经大学,2015.

张学儒,周杰,李梦梅.基于土地利用格局重建的区域生境质量时空变
化分析.地理学报,2020,75(1):160-178.

张宇硕,吴殿廷,吕晓.土地利用/覆盖变化对生态系统服务的影响:空
间尺度视角的研究综述.自然资源学报,2020,35(5):1172-1189.

张志强,徐中民,程国栋.可持续发展下的生态经济学理论透视.中国
人口·资源与环境,2003,13(6):4-10.

赵军,杨凯.生态系统服务价值评估研究进展.生态学报,2007,27(1):
346-356.

赵梦珠.耕地多功能视角下都市区永久基本农田综合评价及分级研
究.杭州:浙江大学,2019.

赵文武,房学宁.景观可持续性与景观可持续性科学.生态学报,2014,
34(10):2453-2459.

赵文武,刘月,冯强,等.人地系统耦合框架下的生态系统服务.地理科
学进展,2018,37(1):139-151.

赵玉涛,余新晓,关文彬.景观异质性研究评述.应用生态学报,2002,
13(4):495-500.

郑华,李屹峰,欧阳志云,等.生态系统服务功能管理研究进展.生态学
报,2013,33(3):702-710.

周伏建,陈明华,林福兴,等.福建省降雨侵蚀力指标的初步探讨.福建
水土保持,1989,(2):58-60.

朱文泉,潘耀忠,何浩,等.中国典型植被最大光利用率模拟.科学通
报,2006,51(6):700-706.